高等院校计算机教育系列教材

HTML+CSS+JavaScript 网页设计与布局实用教程(第 2 版)

胡秀娥　编著

清华大学出版社

北　京

内 容 简 介

胡秀娥，资深 Web 技术专家，有 10 余年网站开发授课经验，是国内较早专业从事 Web 开发的一线技术人员和培训讲师。一直致力于对 HTML、JavaScript、CSS、jQuery、jQUery Mobile 等 Web 开发技术的研究和实践。

本书共 21 章，引导读者从零开始，一步步掌握网页设计与布局的全过程。本书紧密围绕网页设计师在制作网页过程中实际需要掌握的技术，全面介绍了使用 HTML、CSS、JavaScript 进行网页设计和制作的各方面内容和技巧。本书不是单纯讲解语法，而是通过一个个鲜活、典型的实战案例来达到学以致用的目的。每个语法都有相应的实例。每章后面又配有综合小实例，同时配有习题，力求达到理论知识与实践操作完美结合的效果。

本书可作为普通高校计算机及相关专业的教材，并可供从事网页设计与制作、网站开发及网页编程等行业的人员参考。

图书在版编目(CIP)数据

HTML+CSS+JavaScript 网页设计与布局实用教程/胡秀娥编著. —2 版. —北京：清华大学出版社，2018（2021.8重印）
(高等院校计算机教育系列教材)
ISBN 978-7-302-49606-9

Ⅰ. ①H… Ⅱ. ①胡… Ⅲ. ①超文本标记语言—主页制作—程序设计—高等学校—教材 ②网页制作工具—高等学校—教材 ③JAVA 语言—程序设计—高等学校—教材 Ⅳ.①TP312.8 ②TP393.092

中国版本图书馆 CIP 数据核字(2018)第 028906 号

责任编辑：杨作梅
封面设计：李 坤
责任校对：周剑云
责任印制：沈 露
出版发行：清华大学出版社
网 址：http://www.tup.com.cn, http://www.wqbook.com
地 址：北京清华大学学研大厦 A 座　　邮 编：100084
社 总 机：010-62770175　　邮 购：010-62786544
投稿与读者服务：010-62776969, c-service@tup.tsinghua.edu.cn
质量反馈：010-62772015, zhiliang@tup.tsinghua.edu.cn
课件下载：http://www.tup.com.cn, 010-62791865
印 装 者：涿州市京南印刷厂
经 销：全国新华书店
开 本：185mm×260mm　　印 张：24.5　　字 数：594 千字
版 次：2011 年 6 月第 1 版 2018 年 6 月第 2 版　　印 次：2021 年 8 月第 4 次印刷
定 价：59.00 元

产品编号：075588-01

前　　言

1. 选题背景

近年来随着网络信息技术的广泛应用，越来越多的个人、企业等纷纷建立自己的网站，利用网站来宣传推广自己。如果你想从事网页制作或正在从事网页制作的相关工作，就必须要学习 HTML、CSS、JavaScript，哪怕只是简单地了解。因为 HTML、CSS、JavaScript 是网页制作技术的核心与基础。本书的第 1 版在 2011 年出版后，其销售在同类书籍中一直名列前茅，重印十多次。由于此书是在 2011 年 6 月出版的，写此书的时间是 2010 年，已经 7 年了，HTML 5、CSS 3 已经诞生。这次改版重点即增加了 HTML 5、CSS 3 方面的内容。

2. 主要内容

HTML 是 Internet 的基石。本书介绍了 HTML 的基础知识，包括超文本标记语言 HTML 入门基础、HTML 网页文档结构、网页文本与段落排版、网页图像和多媒体信息组织、用 HTML 创建超链接和表单、用表格排列网页数据、HTML 5 入门基础、HTML 5 的结构。接着介绍了 CSS 入门基础、用 CSS 设置文本样式、用 CSS 设计图像和背景、用 CSS 设置表格和表单样式、用 CSS 设置链接与导航菜单、CSS+DIV 布局入门基础、CSS+DIV 布局方法、CSS 3 移动网页开发。还介绍了 JavaScript 语法基础、JavaScript 中的事件、JavaScript 中的函数和对象。最后采用最流行的 CSS+DIV 布局的方法，综合讲述了个人网站、企业网站等制作布局方法。

3. 本书特色

与目前市场上的相关书籍比较，本书具有以下几点特色。

- 知识全面、系统。本书内容完全从网页创建的实际角度出发，将 HTML、CSS 和 JavaScript 的元素进行归类，每个标记的语法、属性和参数都有完整详细的说明，信息量大，知识结构完善。
- 突出实例操作，体现了以应用为核心，以培养学生的实际动手能力为重点，力求做到学与教并重，科学性与实用性相统一。把知识点融汇于系统的案例实训中，并且结合经典案例进行讲解和拓展。
- 配合 Dreamweaver 进行讲解。本书以浅显的语言和详细的步骤介绍了在可视化网页软件 Dreamweaver 中，如何运用 HTML、CSS 和 JavaScript 代码来创建网页，使网页制作更加得心应手。
- 增加 HTML 5 和 CSS 3 的知识，用案例介绍了 HTML 5 和 CSS 3 基础知识以及实际运用技术。
- 配图丰富，效果直观。对于每个实例代码，本书都配有相应的效果图，读者无须自己进行编码，也可以看到相应的运行结果或者显示效果。

- 习题强化。每章最后提供专门的测试习题，供读者检验所学知识是否牢固掌握。

4. 本书读者对象

- 网页设计与制作人员。
- 网站建设与开发人员。
- 大中专院校相关专业师生。
- 网页制作培训班学员。
- 个人网站爱好者与自学读者。

本书是集体的结晶，参加本书编写的人员均为从事网页教学工作的资深教师和具有大型商业网站建设经验的资深网页设计师，他们有着丰富的教学经验和网页设计经验。参加编写的人员包括胡秀娥、徐洪峰、何琛、邓静静、李银修、徐曦、孙鲁杰、何海霞、何秀明、孙素华、吕志彬等。由于时间所限，书中疏漏和不妥之处在所难免，恳请广大读者朋友批评指正。

编　者

目　　录

第 15 章 CSS+DIV 布局方法 257

第 16 章 CSS 3 网页开发 273

第 17 章 JavaScript 语法基础 300

第 1 章　网页标记语言 HTML 入门基础

本章要点

随着网络的不断普及，网页已经被大多数人所熟悉。但是这些页面是怎样搭建起来的呢？又是怎样显示的呢？其实网页是由一种简单的标记语言 HTML 构成的。HTML 语言是组成网页的基本语言，它是一切网页制作的基础。如果能够熟练掌握并应用 HTML 代码，大到做网站，小到做个人网页等都会有很大的好处。这就需要对 HTML 有个基本的了解。因此具备一定的 HTML 语言的基本知识是必要的。本章主要内容包括:

(1)　什么是 HTML;

(2)　HTML 文件的构成;

(3)　HTML 文件的编写方法;

(4)　网页设计与开发的过程。

1.1　HTML 概述

HTML 的英文全称是 HyperText Markup Language，中文通常称作超文本标记语言或超文本标签语言。HTML 是 Internet 上用于编写网页的主要语言，它提供了精简而有力的文件定义，可以设计出多姿多彩的超媒体文件。借助 HTTP 通信协议，HTML 文件可以在全球互联网(World Wide Web，也称万维网)上进行跨平台的文件交换。

HTML 文件为纯文本的文件格式，可以用任何的文本编辑器或者使用 FrontPage、Dreamweaver 等网页制作工具来编辑。至于文件中的文字、字体、字体大小、段落、图片、表格及超链接，甚至是文件名称都是用不同意义的标签来描述的，以此来定义文件的结构与文件间的逻辑关联。简而言之，HTML 是以标签来描述文件中的多媒体信息的。

1. HTML 的特点

HTML 文档制作简单，且功能强大，支持不同数据格式的文件导入，这也是 WWW 盛行的原因之一，其主要特点如下。

(1)　HTML 文档容易创建。只需要一个文本编辑器就可以完成。

(2)　HTML 文件所占存储空间小。能够尽可能快地在网络环境下传输与显示。

(3)　平台无关性。HTML 独立于操作系统平台，它能对多平台兼容，只需要一个浏览器，就能够在操作系统中浏览网页文件。可以使用在广泛的平台上，这也是 WWW 盛行的另一个原因。

(4)　容易学习。不需要很深的编程功底。

(5)　可扩展性。HTML 语言的广泛应用带来了加强功能，增加标识符等要求，HTML 采取子类元素的方式，为系统扩展带来保证。

2．HTML 的历史

HTML 1.0 —— 1993 年 6 月，互联网工程工作小组(IETF)工作草案发布。
HTML 2.0 —— 1995 年 11 月发布。
HTML 3.2 —— 1996 年 1 月 W3C 推荐标准。
HTML 4.0 —— 1997 年 12 月 W3C 推荐标准。
HTML 4.01 —— 1999 年 12 月 W3C 推荐标准。
HTML 5.0 —— 2008 年 8 月 W3C 工作草案。

1.2　HTML 文件的构成

编写 HTML 文件时，必须遵循一定的语法规则。一个完整的 HTML 文件由标题、段落、表格、文本等各种嵌入的对象组成，这些对象统称为元素。HTML 使用标记(也称标签)来分隔并描述这些元素。整个 HTML 文件其实就是由元素与标记组成的。

1.2.1　HTML 文件结构

HTML 的任何标记都用“<”和“>”围起来，如<HTML>。在起始标记的标记名前加上符号“/”便是其终止标记，如</HTML>，夹在起始标记和终止标记之间的内容受标记的控制。超文本文档分为头部和主体两部分，在文档头部，对文档进行了一些必要的定义，而文档主体则包含了要显示的各种文档信息。

基本语法：

```
<html>
<head>网页头部信息</head>
<body>网页主体正文部分</body>
</html>
```

语法说明：

其中<html>在最外层，表示这对标记间的内容是 HTML 文档。一个 HTML 文档总是以<html>开始，以</html>结束。<head>之间包括文档的头部信息，如文档标题等，若不需头部信息则可省略此标记。<body>标记一般不能省略，表示正文内容的开始。

下面就以一个简单的 HTML 文件来熟悉 HTML 文件的结构。代码如下：

实例代码：

```
<!doctype html>
<html>
<head>
<meta charset="utf-8">
<title>简单的 HTML 文件结构</title>
</head>
<body>
<p>HTML 文件的基本结构!
</p>
```

```
</body>
</html>
```

这一段代码是使用 HTML 中最基本的几个标记所组成的，运行代码，在浏览器中预览效果，如图 1-1 所示。

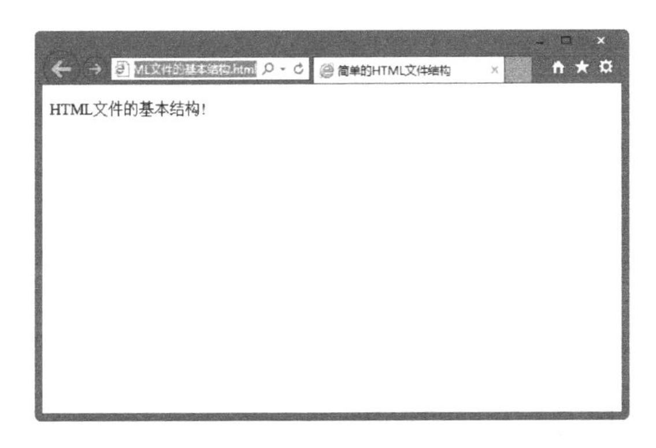

图 1-1　HTML 文件结构

下面解释一下上面的例子。

(1)　HTML 文件就是一个文本文件。文本文件的后缀名是.txt，而 HTML 的后缀名是.html。

(2)　在 HTML 文档中，第一个标记是<html>，这个标记告诉浏览器这是 HTML 文档的开始。

(3)　HTML 文档的最后一个标记是</html>，这个标记告诉浏览器这是 HTML 文档的终止。

(4)　在<head>和</head>标记之间的文本是头信息，在浏览器窗口中，头部信息是不被显示在页面上的。

(5)　在<title>和</title>标记之间的文本是文档标题，它被显示在浏览器窗口的标题栏。

(6)　在<body>和</body>标记之间的文本是正文，会被显示在浏览器中。

(7)　<p>和</p>标记代表段落。

1.2.2　编写 HTML 文件的注意事项

HTML 是由标记和属性构成的。在编写文件时，要注意以下几点。

(1)　“<”和“>”是任何标记的开始和结束。元素的标记要用这对尖括号括起来，并且在结束标记的前面加一个“/”斜杠，如<table></table>。

(2)　在源代码中不区分大小写。

(3)　任何回车和空格在源代码中均不起作用。为了代码的清晰，建议不同的标记之间用回车进行换行。

(4)　在 HTML 标记中可以放置各种属性，如：

```
<h1 align="right">2017年北京欢迎您</h1>
```

其中 align 为 h1 的属性，right 为属性值，元素属性出现在元素的<>内，并且和元素名之间有一个空格分隔，属性值可以直接书写，也可以使用" "括起来，如下两种写法都是正确的。

```
<h1 align="right">2017 年北京欢迎您</h1>
<h1 align=right>2017 年北京欢迎您</h1>
```

(5) 要正确输入标记。输入标记时，不要输入多余的空格，否则浏览器可能无法识别这个标记，导致无法正确地显示信息。

(6) 在 HTML 源代码中注释。<!--要注释的内容-->注释语句只出现在源代码中，不会在浏览器中显示。

1.3 怎样编写 HTML 文件

由于 HTML 语言编写的文件是标准的 ASCII 文本文件，因此可以使用任意一个文本编辑器来打开并编写 HTML 文件，如 Windows 系统中自带的“记事本”程序。如果使用 Dreamweaver、FrontPage 等软件，则能以可视化的方式进行网页的编辑制作等。

1.3.1 使用记事本文件编写页面

HTML 是一个以文字为基础的语言，并不需要什么特殊的开发环境，可以直接在 Windows 系统自带的“记事本”程序中编写。HTML 文档以.html 为扩展名，将 HTML 源代码输入到记事本文件中并保存，可以在浏览器中打开文档以查看其效果。使用记事本文件手工编写 HTML 页面的具体操作步骤如下。

(1) 在 Windows 系统中，运行“记事本”程序，在记事本文件中输入以下代码(见图 1-2)：

```
<!doctype html>
<html>
<head>
<meta charset="utf-8">
<title>使用记事本编写 HTML 页面</title>
</head>
<body>
<img src="1.jpg" width="1007" height="801" />
</body>
</html>
```

说明： 新建记事本很简单，在电脑桌面上或者磁盘中空白地方单击鼠标右键(即右击)，在弹出的快捷菜单中选择“新建”|“文本文档”命令。

(2) 当编辑完 HTML 文件后，选择“文件”|“另存为”菜单命令，弹出“另存为”对话框，将它存为扩展名为.htm 或.html 的文件即可，如图 1-3 所示。

说明： 注意是“另存为”命令，而不是“保存”命令，因为如果选择“保存”命令的话，Windows 系统会默认地把它存为.txt 记事本文件。.html 是个扩展名，注意前面是个点，而不是句号。

图 1-2　在记事本文件中输入代码

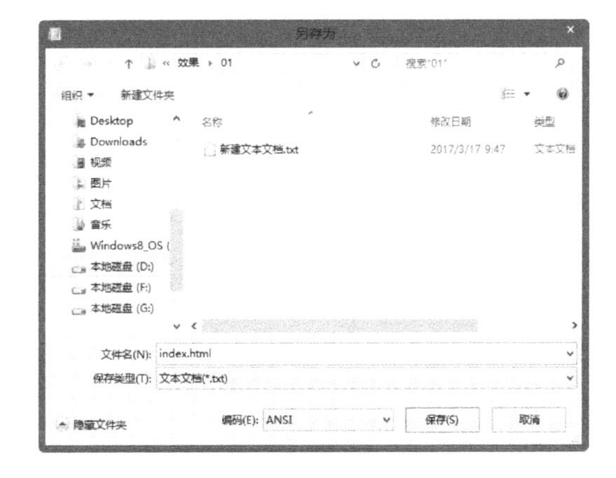

图 1-3　保存文件

(3) 单击“保存”按钮，这时该文本文件就变成了 HTML 文件，在浏览器中浏览效果，如图 1-4 所示。

图 1-4　浏览网页效果

1.3.2　使用 Dreamweaver 编写 HTML 页面

在 Dreamweaver CC“代码视图”中可以查看或编辑源代码。为了方便手工编写代码，Dreamweaver CC 增加了标签选择器和标签编辑器。使用标签选择器，可以在网页代码中插入新的标签；使用标签编辑器，可以对网页代码中的标签进行编辑，如添加标签的属性或修改属性值。在 Dreamweaver 中编写代码的具体操作步骤如下。

(1) 打开 Dreamweaver CC 软件，新建空白文档，在“代码视图”中编写 HTML 代码，如图 1-5 所示。

(2) 在 Dreamweaver 中编辑完代码后，返回到“设计视图”中，效果如图 1-6 所示。

(3) 选择“文件”|“保存”菜单命令，保存文档，即可完成 HTML 文件的编写。

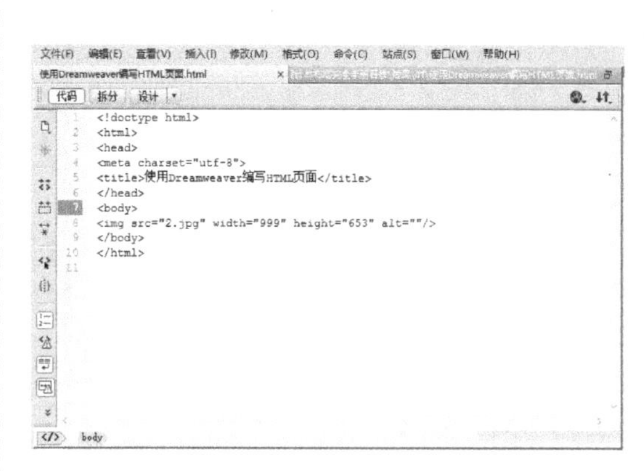

图 1-5　编写 HTML 代码

图 1-6　设计视图

1.4　网页设计与开发的过程

创建完整的网站是一个系统工程，有一定的工作流程，只有遵循这个步骤，按部就班地来，才能设计出满意的网站。因此，在设计网页前，先要了解网页设计与开发的基本流程，这样才能制作出更好、更合理的网站。

1.4.1　明确网站定位

在创建网站时，确定站点的目标是第一步。设计者应清楚建立站点的目标定位，即确定它将提供什么样的服务，网页中应该提供哪些内容等。要确定站点目标定位，通常应该从以下 3 个方面考虑。

1. 网站的整体定位

网站可以是大型商用网站、小型电子商务网站、门户网站、个人主页、科研网站、交流平台、公司和企业介绍性网站、服务性网站等。首先应该对网站的整体进行一个客观的评估，同时要以发展的眼光看待问题，否则将带来许多升级和更新方面的不便。

2. 网站的主要内容

如果是综合性网站，那么对于新闻、邮件、电子商务、论坛等都要有所涉及，这样就要求网页要结构紧凑、美观大方。对于侧重某一方面的网站，如书籍网站、游戏网站、音乐网站等，则往往对网页美工要求较高，使用模板较多，更新网页和数据库较快。如果是个人主页或介绍性的网站，那么一般来讲，网站的更新速度较慢，浏览率较低，并且由于链接较少，内容不如其他网站丰富，但对美工的要求更高一些，可以使用较鲜艳明亮的颜色，同时可以添加 Flash 动画等，使网页更具动感和充满活力，否则网站没有吸引力。

3. 网站浏览者的教育程度

对于不同的浏览者群体，网站的吸引力是截然不同的，例如：针对少年儿童的网站，卡通和科普性的内容更符合浏览者的兴趣，也能够达到网站寓教于乐的目的；针对学生的网站，往往对网站的动感程度和特效技术要求更高一些；对于商务浏览者，网站的安全性和易用性更为重要。

1.4.2　收集信息和素材

首先要创建一个新的总目录(文件夹)，比如“D:\我的网站”，来放置建立网站的所有文件，然后在这个目录下建立两个子目录：“文字资料”和“图片资料”。放入目录中的文件名最好全部用英文小写，因为有些主机不支持大写和中文，以后增加的内容可再创建子目录。

1. 文本内容素材的收集

具体的文本内容，可以让访问者清楚地明白作者的 Web 页中想要说明的东西。我们可以从网络、书本、报刊上找到需要的文字材料，也可以使用平时的试卷和复习资料，还可以自己编写有关的文字材料，将这些素材制作成 Word 文档保存在“文字资料”子目录下。收集的文本素材既要丰富，又要便于有机地组织，这样才能做出内容丰富、整体感强的网站。

2. 艺术内容素材的收集

只有文本内容的网站对于访问者来讲，是枯燥乏味、缺乏生机的。如果加上艺术内容素材，如静态图片、动态图像、音像等，将使网页充满动感与生机，也将吸引更多访问者。这些素材主要来自以下 4 个方面。

(1) 从 Internet 上获取。可以充分利用网上的共享资源，可使用百度、雅虎等引擎收集图片素材。

(2) 从光盘中获取。在市面上，有许多关于图片素材库的光盘，也有许多教学软件，可以选取其中的图片资料。

(3) 利用现成图片或自己拍摄。既可以从各种图书出版物(如科普读物、教科书、杂志封面、摄影集、摄影杂志等)获取图片，也可以使用自己拍摄和积累的照片资料。将杂志的封面彩图用彩色扫描仪扫描下来，经过加工后，整合制作到网页中。

(4) 自己动手制作一些特殊效果的图片，特别是动态图像，自己动手制作往往效果更好。可采用 3ds Max 或 Flash 进行制作。

鉴于网上只能支持几种图片格式，所以可先将通过以上途径收集的图片用 Photoshop 等图像处理工具转换成 JPG、GIF 形式，再保存到“图片资料”子目录下。另外，图片应尽量精美而小巧，不要盲目追求大而全，要以在网页的美观与网络的速度两者之间取得良好的平衡为宜。

1.4.3　规划栏目结构

合理地组织站点结构，能够加快对站点的设计，提高工作效率，节省工作时间。当需要创建一个大型网站时，如果将所有网页都存储在一个目录下，当站点的规模越来越大时，管理起来就会变得很困难。因此，合理地使用文件夹管理文档就显得很重要。

网站的目录是指在创建网站时建立的目录。要根据网站的主题和内容来分类规划，不同的栏目对应不同的目录。在各个栏目目录下也要根据内容的不同对其划分不同的分目录，如页面图片放在 images 目录下，新闻放在 news 目录下，数据库放在 database 目录下等。同时，要注意目录的层次不宜太深，一般不要超过 3 层。另外，给目录起名的时候要尽量使用能表达目录内容的英文或汉语拼音。这样会更加方便日后的管理和维护。如图 1-7 所示，这是企业网站的站点结构。

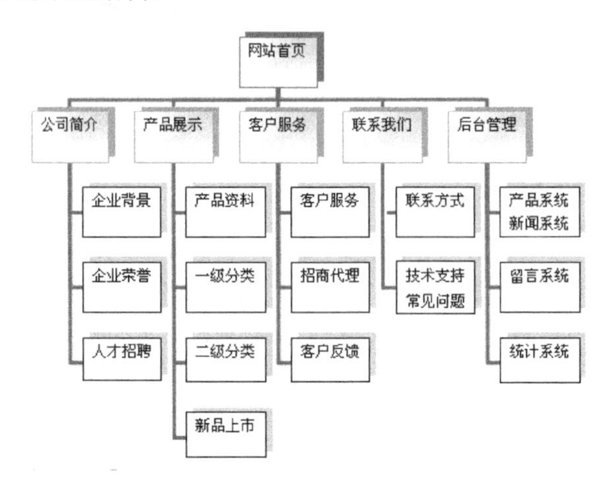

图 1-7　企业网站的站点结构

1.4.4　设计页面方案

在规划好网站的栏目结构和搜集完资料后就需要设计网页图像了。网页图像设计包括 Logo、标准色彩、标准字、导航条、首页布局等。可以使用 Photoshop 或 Fireworks 软件来具体设计网站的图像。有经验的网页设计者，通常会在使用网页制作工具制作网页之前，设计好网页的整体布局，这样在具体设计过程将会胸有成竹，大大节省工作时间。如图 1-8 所示，这是设计的网页整体图像。

图 1-8　设计网页图像

1.4.5　制作页面

具体到每一个页面的制作时，首先要做的就是设计版面布局。就像传统的报纸杂志一样，需要将网页看作一张报纸、一本杂志来进行排版布局。

版面指的是在浏览器中看到的完整的一个页面的大小。因为每个人的显示器分辨率不同，所以同一个页面的大小(下面数值均以像素(px)为单位)可能出现 640×480、800×600 或 1024×768 等不同尺寸。目前主要以 1024×768 分辨率的用户为主。在实际制作网页时，应将网页内容宽度限制在 778 以内(可以用表格或层来进行限制)，这样在用 1024×768 分辨率的显示器进行浏览时，除去浏览器左右的边框后，刚好能完全显示出网页的内容。

布局就是以最适合浏览的方式将图片和文字排放在页面的不同位置。这是一个创意的过程，需要一定的经验，当然也可以参考一些优秀的网站来寻求灵感。

版面布局完成后，就可以着手制作每一个页面了。通常都从首页做起，制作过程中可以先使用表格或层对页面进行整体布局，然后将需要添加的内容分别添加到相应的单元格中，并随时预览效果进行调整，直到整个页面完成并达到理想的效果。接下来使用相同的方法完成整个网站中其他页面的制作。

网页制作是一个复杂而细致的过程，一定要按照先大后小、先简单后复杂的顺序制作。所谓先大后小，就是说在制作网页时，先把大的结构设计好，然后再逐步完善小的结构设计。所谓先简单后复杂，就是先设计出简单的内容，然后再设计复杂的内容，以便出现问题时好修改。在制作网页时要灵活运用模板和库，这样可以大大提高制作效率。如果很多网页都使用相同的版面设计，就应为这个版面设计一个模板，然后就可以以此模板为基础创建网页。以后如果想要改变所有网页的版面设计，只需要简单地改变模板即可。图 1-9 所示为制作的网页。

图 1-9　制作的网页

1.4.6　实现后台功能

页面设计制作完成后，如果还需要动态功能的话，就需要开发动态功能模块，网站中常用的功能模块有搜索功能、留言板、新闻信息发布、在线购物、技术统计、论坛及聊天室等。

1. 留言板

留言板、论坛及聊天室是为浏览者提供信息交流的地方。浏览者可以围绕个别的产品、服务或其他话题进行讨论。顾客也可以提出问题、提出咨询，或者得到售后服务。但是聊天室和论坛是比较占用资源的，一般不是大中型的网站没有必要建设论坛和聊天室。如果访问量不是很大的话，做好了也没有人来访问。图 1-10 所示为留言板页面。

图 1-10　留言板页面

2. 搜索功能

搜索功能是为了帮助浏览者在短时间内快速地从大量的资料中找到符合要求的资料。这对于资料非常丰富的网站来说非常有用。要建立一个搜索功能，就要有相应的程序以及完善的数据库支持，可以快速地从数据库中搜索到所需要的数据。

3. 新闻发布管理系统

新闻发布管理系统提供方便直观的页面文字信息的更新维护界面，提高工作效率、降低技术要求，非常适合用于经常更新的栏目或页面。图 1-11 所示为新闻发布管理系统。

4. 购物网站

购物网站是实现电子交易的基础。用户将感兴趣的产品放入自己的购物车，以便最后统一结账。当然用户也可以修改购物的数量，甚至将产品从购物车中取出。用户选择结算后系统自动生成本系统的订单。图 1-12 所示为一个购物网站。

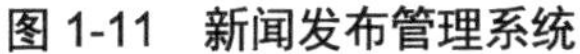
图 1-11　新闻发布管理系统

图 1-12　购物网站

1.4.7　网站的测试与发布

在将网站的内容上传到服务器之前，应先在本地站点进行完整的测试，以保证页面外观和效果、链接和页面下载时间等与设计相同。站点测试主要包括检测站点在各种浏览器中的兼容性，检测站点中是否有断掉的链接。用户可以使用不同类型和不同版本的浏览器预览站点中的网页，检查可能存在的问题。

在完成了对站点中页面的制作后，就应该将其发布到 Internet 上供大家浏览和观赏了。但是在此之前，应该对所创建的站点进行测试，对站点中的文件逐一进行检查，在本地计算机中调试网页以防止包含在网页中的错误，以便尽早发现问题并解决问题。

在测试站点过程中应该注意以下几个方面。

(1)　在测试站点过程中应确保在目标浏览器中，网页如预期的显示和工作，没有损坏的链接，以及下载时间不宜过长等。

(2)　了解各种浏览器对 Web 页面的支持程度，不同的浏览器观看同一个 Web 页面，可能会有不同的效果。很多制作的特殊效果，在有些浏览器中可能看不到，为此需要进行浏览器兼容性检测，以找出不被其他浏览器支持的部分。

(3)　检查链接的正确性，可以通过 Dreamweaver 提供的检查链接功能来检查文件或站点中的内部链接及孤立文件。

网站的域名和空间申请完毕后，就可以上传网站了，可以采用 Dreamweaver 自带的站点管理上传文件。

1.5　本 章 小 结

HTML 是目前网络上应用最为广泛的语言，也是构成网页文档的基本语言。本章介绍了 HTML 的基本概念、编写方法和 HTML 页面基本标记以及网页设计与开发的基本流程。

通过本章的学习，读者能够对 HTML 有个初步的了解，从而为后面设计制作更复杂的网页打下良好的基础。

1.6 练 习 题

1. 填空题

(1) 一个 HTML 文档总是以__________开始，以__________结束。__________之间包括文档的头部信息，如文档标题等，若不需要头部信息则可省略此标记。__________标记一般不能省略，表示正文内容的开始。

(2) 由于 HTML 语言编写的文件是标准的 ASCII 文本文件，因此可以使用任意一个文本编辑器来打开并编写 HTML 文件，如 Windows 系统中自带的__________。如果使用__________、__________等软件，则能以可视化的方式进行网页的编辑制作等。

2. 操作题

(1) 用 IE 浏览器打开网上的任意一个网页，选择“查看”|“源文件”菜单命令，在打开的记事本文件中查看各代码，并试着与浏览器中的内容进行对照。

(2) 分别利用“记事本”程序和 Dreamweaver 创建一个简单的 HTML 网页。

第 2 章　HTML 网页文档的结构

本章要点

本章就来讲解这些基本标记的使用，它们是一个完整的网页必不可少的。掌握这些页面的基本元素是定义 HTML 页面的关键，通过它们可以了解网页的基本结构及工作原理。本章主要内容包括:

(1) HTML 文档主体标记;

(2) 头部标记。

2.1　HTML 文档主体标记

在<body>和</body>之间放置的是页面中所有的内容，如图片、文字、表格、表单、超链接等设置。<body>标记有自己的属性，包括网页的背景设置、文字属性设置、链接设置等。设置<body>标记内的属性，可以控制整个页面的显示方式。

2.1.1　bgcolor 属性

对大多数浏览器而言，其默认的背景颜色为白色或灰白色。在网页设计中，bgcolor 属性定义整个 HTML 文档的背景颜色。

基本语法：

```
<body bgcolor="背景颜色">
```

语法说明：

背景颜色有以下两种表示方法。

(1) 使用颜色名指定，如红色、绿色等分别用 red、green 等表示。

(2) 使用十六进制格式数据值#RRGGBB 来表示，RR、GG、BB 分别表示颜色中的红、绿、蓝三基色的两位十六进制数据。

实例代码：

```
<!doctype html>
<html>
<head>
<meta charset="utf-8">
<title>网页背景色</title>
</head>
<body bgcolor="#0446B9">
</body>
</html>
```

在上述代码中，加粗部分的代码表示为页面设置背景颜色，在浏览器中预览效果，如图 2-1 所示。

背景颜色在网页上很常见，如图 2-2 所示的网页使用了大面积的蓝色背景。

图 2-1　设置页面的背景颜色

图 2-2　使用背景颜色的网页

2.1.2　background 属性

网页的背景图片可以衬托网页的显示效果，从而取得更好的视觉效果。背景图片的选择不仅要注重好看，而且还要注意不要“喧宾夺主”，影响网页内容的阅读。通常使用深色的背景图片配合浅色的文本，或者是浅色的背景图片配合深色的文本。background 属性用来设置 HTML 网页的背景图片。

基本语法：

```
<body background="图片的地址">
```

语法说明：

background 属性值就是背景图片的路径和文件名。图片的地址可以是相对地址，也可以是绝对地址。

实例代码：

```
<!doctype html>
<html>
<head>
<meta charset="utf-8">
<title>设置背景图片</title>
</head>
<body background="047.jpg">
</body>
</html>
```

在上述代码中，加粗部分的代码表示为网页设置背景图片，在浏览器中预览可以看到背景图像，如图 2-3 所示。

在网络上除了可以看到各种带有背景色的页面之外，还可以看到一些以图片作为背景的网页。如图 2-4 所示的网页使用了背景图像。

图 2-3　页面的背景图像

图 2-4　使用了背景图像

提示： ①　网页中可以使用图片做背景，但图片一定要与插图以及文字的颜色相协调，才能达到美观的效果，如果色差太大则会使网页失去美感。

②　为保证浏览器载入网页的速度，建议尽量不要使用字节过大的图片作为背景图片。

2.1.3　text 属性

通过 text 属性可以设置 body(主体)内所有文本的颜色。在没有对文字的颜色进行单独定义时，这一属性可以对页面中所有的文字起作用。

基本语法：

```
<body text="文字的颜色">
```

语法说明：

在该语法中，text 的属性值与设置页面背景色的相同。

实例代码：

```
<!doctype html>
<html>
<head>
<meta charset="utf-8">
<title>设置文字颜色</title>
</head>
<body text="#FF0000">
<p>人人都喜欢花草的围绕，行走在花草间，心情飞扬，梦色彩而缤纷。可见美让人眷恋也让心温暖。走进自然尽情把心情释放，让生命不再有忧烦的围绕，让生命增添一些春光，每天欣然迎接着风雨，每天静静的如荷绽放。</p>
</body>
</html>
```

在上述代码中，加粗部分的代码表示为文字设置颜色，在浏览器中预览可以看到文档中文字的颜色，如图 2-5 所示。

在网页中需要根据网页整体色彩的搭配来设置文字的颜色。如图 2-6 所示的文字和整个网页的颜色相协调。

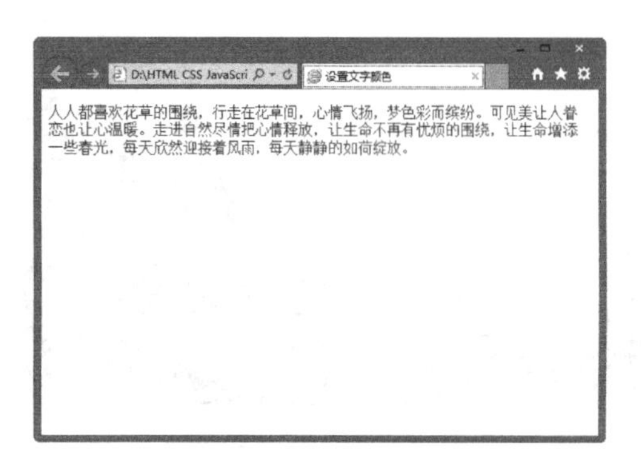

图 2-5　设置文字的颜色

图 2-6　文字的颜色

2.1.4　设置链接文字属性

为了突出超链接，超链接文字通常采用与其他文字不同的颜色，而且超链接文字的下端还会加一条横线。网页的超链接文字有默认的颜色。在默认情况下，浏览器以蓝色作为超链接文字的颜色，而访问过的文字则变为暗红色。在<body>标记中也可自定义这些颜色。

基本语法：

```
<body link="颜色">
```

语法说明：

这一属性的设置与前面几个设置颜色的参数类似，都是与 body 标记放置在一起，表明它对网页中所有未单独设置的元素起作用。

实例代码：

```
<!doctype html>
<html>
<head>
<meta charset="utf-8">
<title>设置链接文字的颜色</title>
</head>
<body  link="#9933ff">
<center>
  <p><a href="#">公司简介</a></p>
  <p><a href="#">产品展示</a></p>
  <p><a href="#">联系我们</a></p>
</center>
</body>
</html>
```

在上述代码中，加粗部分的代码表示为链接文字设置颜色，在浏览器中预览效果，可以看到链接的文字已经不是默认的蓝色，如图 2-7 所示。

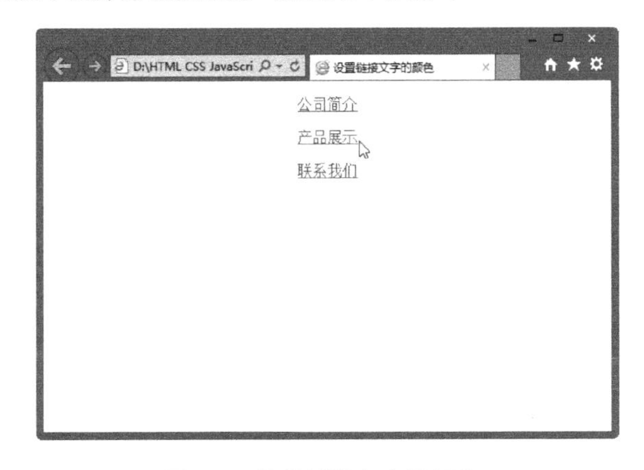

图 2-7 设置链接文字的颜色

使用 alink 可以设置当鼠标单击超链接时的颜色，举例如下：

```
<!doctype html>
<html>
<head>
<meta charset="utf-8">
<title>链接文字的颜色</title>
</head>
<body link="#9933ff" alink="#0066FF">
<center>
  <p><a href="#">公司简介</a></p>
  <p><a href="#">产品展示</a></p>
  <p><a href="#">联系我们</a></p>
</center>
</body>
</html>
```

在上述代码中，加粗部分的代码表示为链接的文字设置单击时的颜色，在浏览器中预览效果，可以看到单击链接的文字，文字已经改变了颜色，如图 2-8 所示。

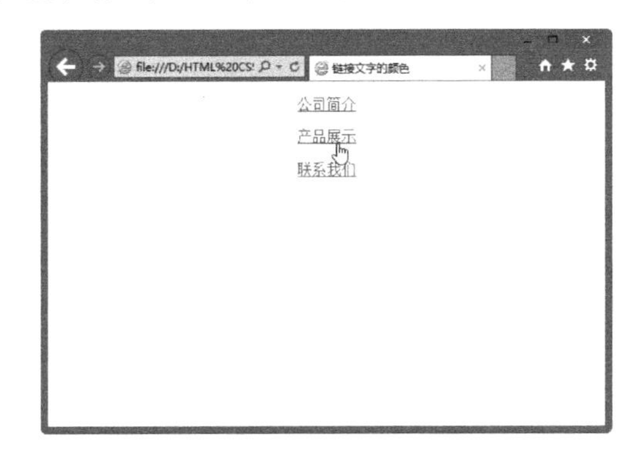

图 2-8 单击链接文字时的颜色

使用 vlink 可以设置已访问过的超链接颜色，举例如下：

```
<!doctype html>
<html>
<head>
<meta charset="utf-8">
<title>无标题文档</title>
</head>
<body link="#9933ff" alink="#0066FF" vlink="#FF0000">
<center>
  <p><a href="#">公司简介</a></p>
  <p><a href="#">产品展示</a></p>
  <p><a href="#">联系我们</a></p>
</center>
</body>
</html>
```

在上述代码中，加粗部分的代码表示为链接文字设置访问后的颜色，在浏览器中预览效果，可以看到单击链接后文字的颜色已经发生改变，如图 2-9 所示。

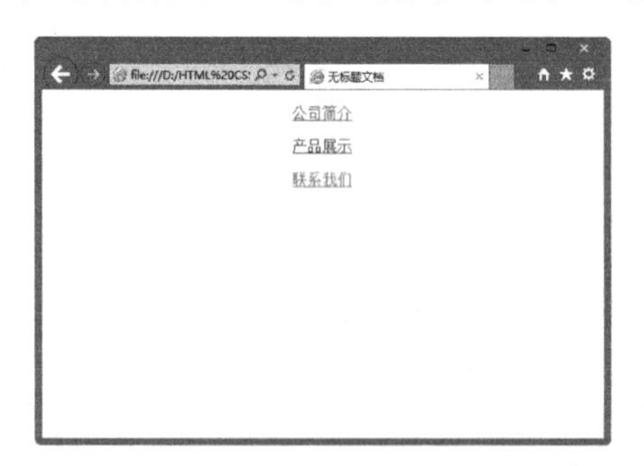

图 2-9　访问后的链接文字的颜色

在网页中，一般文字上的超链接都是蓝色(当然，也可以自己设置成其他颜色)，同时文字下面有一条下画线。当移动鼠标指针到该超链接上时，鼠标指针就会变成一只手的形状，此时用鼠标左键单击，就可以直接跳到与这个超链接相连接的网页。如果已经浏览过某个超链接，这个超链接的文本颜色就会发生改变。图 2-10 所示为网页中的超链接文字颜色。

图 2-10　网页中的超链接文字颜色

2.1.5　设置页面边距

有的朋友在做页面的时候，感觉文字或者表格怎么也不能靠在浏览器的最上边和最左边，这是怎么回事呢？因为一般用的制作软件或 HTML 语言默认的都是 topmargin、leftmargin 值等于 12，如果你把它们的值设为 0，就会看到网页的元素与左边距离为 0 了。

基本语法：

```
<body topmargin=value leftmargin=value rightmargin=value bottommargin=value>
```

语法说明：

通过设置 topmargin/leftmargin/rightmargin/bottommargin 不同的属性值来设置显示内容与浏览器的距离。在默认情况下，边距的值以像素为单位。

(1)　topmargin 设置到顶端的距离。

(2)　leftmargin 设置到左边的距离。

(3)　rightmargin 设置到右边的距离。

(4)　bottommargin 设置到底边的距离。

实例代码：

```
<!doctype html>
<html>
<head>
<meta charset="utf-8">
<title>设置边距</title>
</head>
<body topmargin="80" leftmargin="80">
<p>页面的上边距</p>
<p>页面的左边距</p>
</body>
</html>
```

在上述代码中，加粗部分的代码表示设置上边距和左边距，在浏览器中预览效果，可以看出定义的边距效果，如图 2-11 所示。

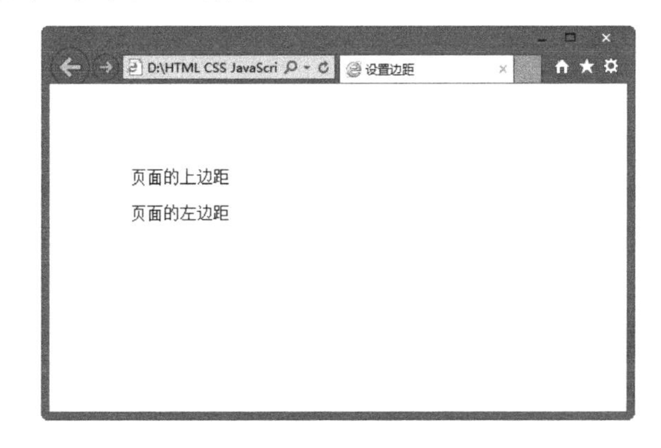

图 2-11　设置的边距效果

提示：一般网站的页面左边距和上边距都设置为 0，这样看起来页面不会有太多的空白。

2.2 head 部分的标记

HTML 中的 head 标记是网页标记中一个非常重要的符号。head 标记中包含的内容基本上描述了所属页面的基本属性，包括标题、字符集、站点信息、网站作者信息、站点描述、站点关键字、刷新及跳转、样式表链入以及其他一些有用的附加功能。做好 head 标记中的内容对整个页面有着非常重要的意义。下面介绍 head 标记中比较常用的一些东西。

2.2.1 title 标记

HTML 页面的标题一般是用来说明页面的用途，它显示在浏览器的标题栏中。在 HTML 文档中，标题信息设置在<head>与</head>之间。标题标记以<title>开始，以</title>结束。

基本语法：

```
<head>
<title>…</title>
…</head>
```

语法说明：

页面的标题只有一个，它位于 HTML 文档的头部，即<head>和</head>之间。

实例代码：

```
<!doctype html>
<html>
<head>
<meta charset="utf-8">
<title>标题标记 title</title>
</head>
<body>
</body>
</html>
```

提示：如何设置网站标题呢？首先应该明确网站的定位，希望对哪类词感兴趣的用户能够通过搜索引擎来到我们的站点，在经过关键字调研之后，选择几个能带来不菲流量的关键字，然后把最具代表性的关键字放在 title 的最前面。

2.2.2 定义页面关键字

在搜索引擎中，检索信息都是通过输入关键字来实现的。关键字是整个网站登录过程中最基本也是最重要的一步，是进行网页优化的基础。关键字在浏览时是看不到的，它可供搜索引擎使用。当用关键字搜索网站时，如果网页中包含该关键字，就可以在搜索结果中列出来。

基本语法：

```
<meta name="keywords" content="输入具体的关键字">
```

语法说明：

在该语法中，name 为属性名称，这里是 keywords，也就是设置网页的关键字属性，而在 content 中则定义具体的关键字。

实例代码：

```
<!doctype html>
<html>
<head>
<meta charset="utf-8">
<meta name="keywords" content="插入关键字">
<title>插入关键字</title>
</head>
<body>
</body>
</html>
```

在上述代码中，加粗的代码表示设置网页关键字。

提示：
① 要选择与网站或页面主题相关的文字。
② 选择具体的词语，别寄望于行业或笼统的词语。
③ 揣摩用户会用什么作为搜索词，把这些词放在页面上或直接作为关键字。
④ 关键字可以不止一个，最好根据不同的页面，制定不同的关键字组合，这样页面被搜索到的概率将大大增加。

2.2.3　定义页面描述

描述的英文是 description，网页的描述属性为搜索引擎提供了关于这个网页的总括性描述。网页的描述元标记是由一两个语句或段落组成的，内容一定要具有相关性，描述不能太短、太长或过分重复。

基本语法：

```
<meta name="description" content="设置页面描述">
```

语法说明：

在该语法中，name 为属性名称，这里设置为 description，也就是将元信息属性设置为页面说明，在 content 中定义具体的描述语言。

实例代码：

```
<!doctype html>
<html>
```

```
<head>
<meta charset="utf-8">
<meta name="description" content="设置页面描述">
<title>设置页面描述</title>
</head>
<body>
</body>
</html>
```

提示： 在创建描述元标记 description 时请注意避免以下几点误区。

① 把网页的所有内容都复制到描述元标记中。

② 使用与网页实际内容不相符的描述元标记。

③ 使用过于宽泛的描述，比如“这是一个网页”或“关于我们”等。

④ 在描述部分堆砌关键字。堆砌关键字不仅不利于排名，而且会受到惩罚。

⑤ 所有的网页或很多网页使用千篇一律的描述元标记。这样不利于网站优化。

2.2.4 定义编辑工具

现在有很多编辑软件都可以制作网页，在源代码的头部可以设置网页编辑工具的名称。与其他 meta 元素相同，这些编辑工具也只是在页面的源代码中可以看到，而不会显示在浏览器中。

基本语法：

```
<meta name="generator" content="编辑软件的名称">
```

语法说明：

在该语法中，name 为属性名称，设置为 generator，即设置编辑工具，在 content 中定义具体的编辑工具名称。

实例代码：

```
<!doctype html>
<html>
<head>
<meta charset="utf-8">
<meta name="generator" content="FrontPage">
<title>设置编辑工具</title>
</head>
<body>
</body>
</html>
```

在上述代码中，加粗部分的代码表示为网页定义编辑工具。

2.2.5 定义作者信息

在源代码中还可以设置网页制作者的姓名。

基本语法：

```
<meta name="author" content="作者的姓名">
```

语法说明：

在该语法中，name 为属性名称，设置为 author，即设置作者信息，在 content 中定义具体的信息。

实例代码：

```
<!doctype html>
<html>
<head>
<meta charset="utf-8">
<meta name="author" content="云庭">
<title>设置作者信息</title>
</head>
<body>
</body>
</html>
```

在上述代码中，加粗部分的代码表示为网页设置作者信息。

2.2.6　定义网页文字及语言

在网页中还可以设置语言的编码方式，这样浏览器就可以正确地选择语言，而不需要人工选取。

基本语法：

```
<meta http-equiv="content-type" content="text/html; charset=字符集类型" />
```

语法说明：

在该语法中，http-equiv 用于传送 HTTP 通信协议的标头，而在 content 中才是具体的属性值。charset 用于设置网页的内码语系，也就是字符集的类型。国内常用的是 GB 码，charset 往往设置为 gb2312，即简体中文。英文是 ISO-8859-1 字符集，此外还有其他字符集。

实例代码：

```
<!doctype html>
<html>
<head>
<meta charset="utf-8">
<title>Untitled Document</title>
</head>
<body>
</body>
</html>
```

在上述代码中，加粗部分的代码表示为网页设置文字及语言，此处设置的语言可以是日语。

2.2.7 定义网页的定时跳转

在浏览网页时经常会看到一些欢迎信息的页面，在经过一段时间后，这些页面会自动转到其他页面，这就是网页的跳转。用 http-equiv 属性中的 refresh 不仅能够完成页面自身的自动刷新，也可以实现页面之间的跳转过程。 通过设置 meta 对象的 http-equiv 属性来实现跳转页面。

基本语法：

```
<meta http-equiv="refresh" content="跳转的时间;URL=跳转到的地址">
```

语法说明：

在该语法中，refresh 表示网页的刷新，而在 content 中设置刷新的时间和刷新后的链接地址，时间和链接地址之间用分号相隔。在默认情况下，跳转时间以秒为单位。

实例代码：

```
<!doctype html>
<html>
<head>
<meta charset="utf-8">
<meta http-equiv="refresh" content="10;url=index1.html">
<title>定义网页的定时跳转</title>
</head>
<body>
10 秒后自动跳转
</body>
</html>
```

在上述代码中，加粗部分的代码表示为网页设置定时跳转特性，这里设置为 10 秒后跳转到 index1. html 页面。在浏览器中预览可以看出，跳转前如图 2-12 所示，跳转后如图 2-13 所示。

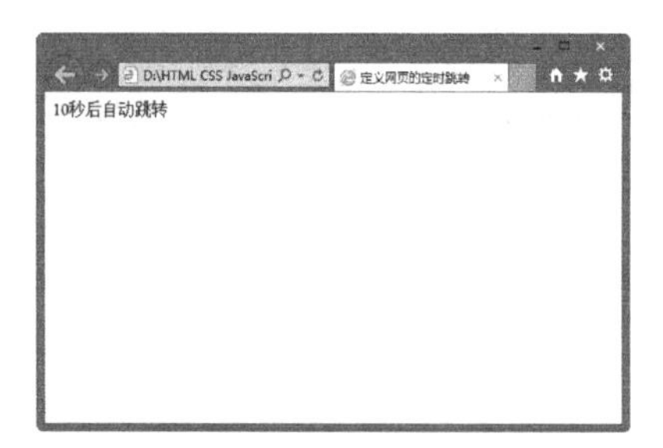

图 2-12 跳转前的网页

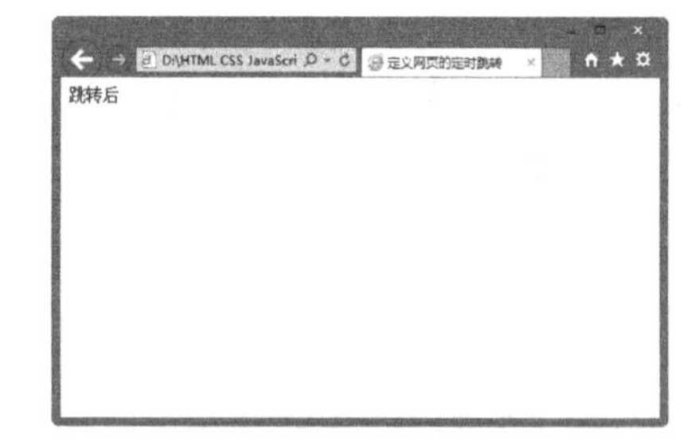

图 2-13 跳转后的网页

2.3 综合实例——创建基本的 HTML 文件

本章主要学习了 HTML 文件整体标记的使用。下面就用所学的知识来创建最基本的 HTML 文件。

(1) 使用 Dreamweaver CC 打开网页文档，如图 2-14 所示。

图 2-14 打开原始文档

(2) 打开“拆分”视图，在代码<title> </title>之间输入标题，如图 2-15 所示。

图 2-15 设置网页的标题

(3) 打开“拆分”视图，在<body>标记中输入 bgcolor="#FFB5B6"，用来定义网页的背景颜色，如图 2-16 所示。

图 2-16 定义网页的背景颜色

(4) 打开“拆分”视图，在图片的上面输入文字“七夕节快乐”，在“属性”面板中将字体大小设置为 36，如图 2-17 所示。

图 2-17 输入文字

(5) 打开“拆分”视图，在<body>语句中输入“text="#F91212"”，设置整个文档的文本颜色，如图 2-18 所示。

图 2-18 设置文字的颜色

(6) 在<body>标记中输入“topmargin="0" leftmargin="0"”，用于设置网页的上边距和左边距，将上边距设置为 0，左边距设置为 0，如图 2-19 所示。

(7) 保存网页，在浏览器中预览，如图 2-20 所示。

图 2-19　设置页面的边距

图 2-20　预览效果

2.4　本 章 小 结

一个完整的 HTML 文档必须包含 3 个部分：一是由<html>元素定义的文档版本信息；二是由<head>定义各项声明的文档头部；三是由<body>定义的文档主体部分。本章介绍了 HTML 的主体标记、头部标记。通过本章的学习，读者能够对 HTML 有个初步的了解，从而为后面的学习打下基础。

2.5 练 习 题

1. 填空题

(1) 使用<body>标记的________属性可以为整个网页定义背景颜色。使用________属性可以将图片设置为背景，还可以设置背景图片的平铺方式、显示方式等。

(2) 在 HTML 语言的头部元素中，一般需要包括标题、基础信息和元信息等。HTML 的头部元素是以__________为开始标记，以__________为结束标记的。

(3) meta 元素的属性有_________和_________，其中_________属性主要用于描述网页，以便于搜索引擎查找、分类。

(4) 使用_________标记可以使网页在经过一定时间后自动刷新，这可通过将_________属性值设置为 refresh 来实现。_________属性值可以设置为更新时间。

2. 操作题

创建 HTML 网页文件，在浏览器中的预览效果如图 2-21 所示。

图 2-21 要创建的 HTML 网页文件的预览效果

第 3 章　网页文本与段落排版

本章要点

文本是网页的基本组成部分，也是视觉传达最直接的方式。运用经过精心处理的文字材料，完全可以制作出效果很好的版面，而不需要任何图形。输入完文本内容后就可以对其进行格式化操作。设置文本样式是实现快速编辑文档的有效操作，可以让文字看上去编排有序、整齐美观。通过对本章的学习，读者可以掌握如何在网页中合理地使用文字，如何根据需要选择不同的文字效果。本章主要内容包括:

(1) 插入其他标记;

(2) 设置文字的格式;

(3) 设置段落的格式;

(4) 水平线标记;

(5) 使用 marquee 设置滚动效果。

3.1　插入其他标记

在网页中除了可以输入汉字、英文和其他语言外，还可以输入一些空格和特殊字符，如￥、$、◎、#等。

3.1.1　空格符号

可以用许多不同的方法来分开文字，包括空格、标记和回车(即按 Enter 键)。这些都被称为空格，因为它们可以增加字与字之间的距离。

基本语法:

```
 
```

语法说明:

在网页中可以有多个空格，输入一个空格使用“ ”表示，输入多少个空格就添加多少个“ ”。

实例代码:

```
<!doctype html>
<html>
<head>
<meta charset="utf-8">
<title>输入空格符</title>
```

```
</head>
<body>
<p>         一个人的涵养，不在心平气和时，而是心浮气躁时；       一个人的理性，不在风平浪静时，而是众声喧哗时；一个人的慈悲，不在居高临下时，而是人微言轻时；       情侣间的尊重，不在闲情逸致时，而是观点相左时；夫妻间的恩爱，不在花前月下时，而是大难临头时。
</body>
</html>
```

在上述代码中，加粗部分的代码表示设置空格，在浏览器中预览，可以看到浏览器完整地保留了输入的空格符号效果，如图 3-1 所示。

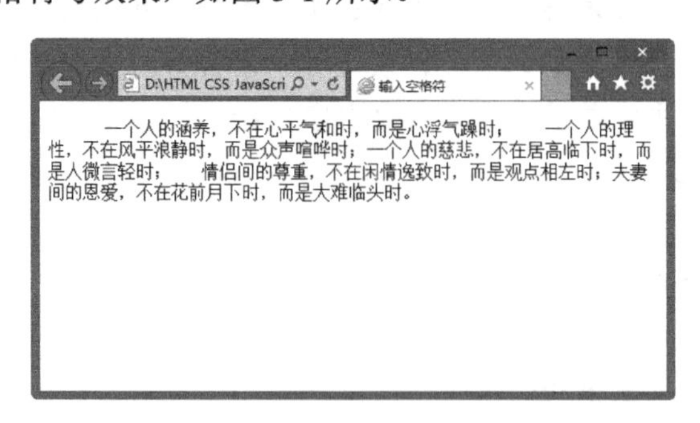

图 3-1　输入空格符号的效果

3.1.2　特殊符号

除了空格以外，在网页的制作过程中，还有一些特殊的符号也需要使用代码进行代替。一般情况下，特殊符号的代码由前缀“&”、字符名称和后缀“;”组成。使用特殊符号可以将键盘上没有的字符输出来。

基本语法：

```
&amp;…&copy;
```

语法说明：

在需要添加特殊符号的地方添加相应的符号代码即可。常用符号及其对应代码如表 3-1 所示。

表 3-1　特殊符号

特殊符号	符号的代码
“	"
&	&
<	<
>	>
×	×

续表

特殊符号	符号的代码
§	§
©	©
®	®
™	™

3.2　设置文字的格式

<font>标记用来控制字体、字号、颜色等属性，它是 HTML 中最基本的标记之一。掌握好<font>标记的使用是控制网页文本的基础。

3.2.1　face 属性

face 属性规定的是字体的名称，如中文字体的宋体、楷体、隶书等。face 属性用于设置文本所采用的字体名称，使用者的浏览器中只有安装了设置的字体后，才可以正确显示，否则这些特殊字体会被浏览器中的普通字体所代替。

基本语法：

```
<font face="字体样式">…</font>
```

语法说明：

face 属性用于定义该段文本所采用的字体名称。如果浏览器能够在当前系统中找到该字体，则使用该字体显示。

实例代码：

```
<!doctype html>
<html>
<head>
<meta charset="utf-8">
<title>设置字体</title>
</head>
<body>
<p><font face="黑体">如何成为一个内心强大的人？</font></p>
<p><font face="方正姚体">成长,就是不断地挣扎与折腾</font></p>
<p><font face="华文琥珀">坚持是为了什么？</font></p>
</body>
</html>
```

在上述代码中，加粗部分的代码表示设置文字的字体，在浏览器中预览可以看到不同的字体效果，如图 3-2 所示。

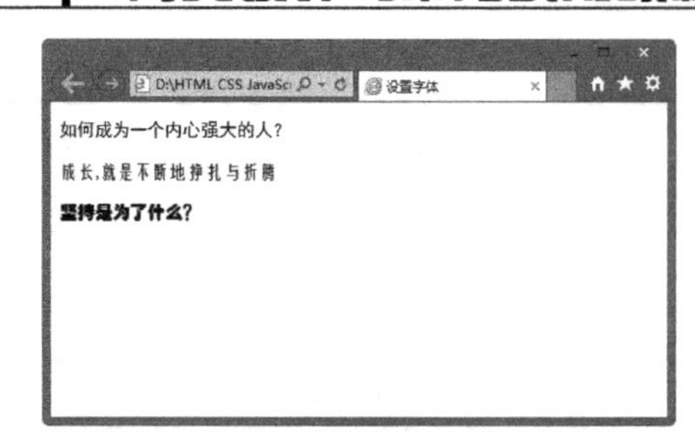

图 3-2　字体属性

3.2.2　size 属性

文字的大小也是字体的重要属性之一。HTML 语言提供了<font>标记的 size 属性来设置普通文字的字号。

基本语法：

```
<font size="文字字号">…</font>
```

语法说明：

size 属性用来设置字体大小，它有绝对和相对两种方式。size 属性通常有 1 到 7 个等级，1 级最小，7 级的字体最大，默认的字体大小是 3 号字。可以使用“size=?”定义字体的大小。

实例代码：

```
<!doctype html>
<html>
<head>
<meta charset="utf-8">
<title>设置字体</title>
</head>
<body>
<p><font face="黑体" size="7">如何成为一个内心强大的人？</font></p>
<p><font face="方正姚体" size="7">成长,就是不断地挣扎与折腾</font></p>
<p><font face="华文琥珀" size="7">坚持是为了什么？</font></p>
</body>
</html>
```

在上述代码中，加粗部分的代码表示设置文字的字号，在浏览器中预览效果，如图 3-3 所示。

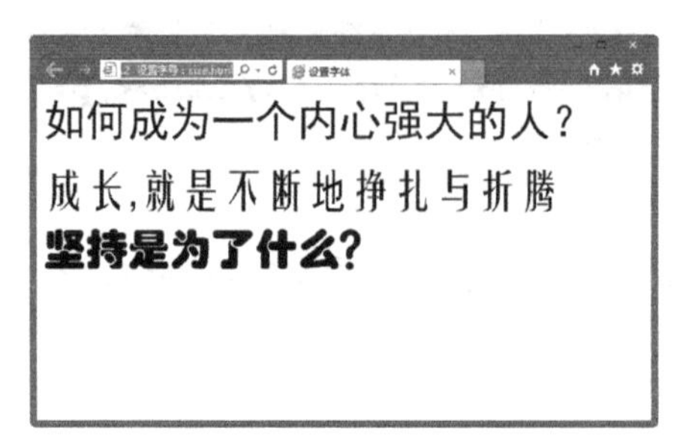

图 3-3　设置文字的字号

提示：<font>标记和它的属性可影响周围的文字，该标记可应用于文本段落、句子和单词，甚至单个字母。

3.2.3　color 属性

在 HTML 页面中，还可以通过不同的颜色表现不同的文字效果，从而增加网页的亮丽色彩，吸引浏览者的注意。

基本语法：

```
<font color="字体颜色">……</font>
```

语法说明：

它可以用浏览器承认的颜色名称和十六进制数值表示。

实例代码：

```
<!doctype html>
<html>
<head>
<meta charset="utf-8">
<title>设置字体</title>
</head>
<body>
<p><font face="黑体" size="10" color="#FF0000">如何成为一个内心强大的人？
</font></p>
<p><font face="方正姚体" size="10" color="#3333CC">成长,就是不断地挣扎与折腾
</font></p>
<p><font face="华文琥珀" size="10" color="#33CC00">坚持是为了什么？
</font></p>
</body>
</html>
```

在上述代码中，加粗部分的代码表示设置字体的颜色，在浏览器中预览，可以看到字体颜色的效果，如图 3-4 所示。

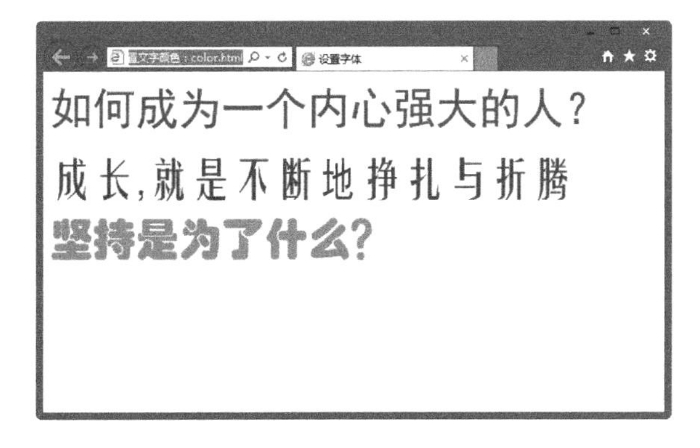

图 3-4　设置字体颜色的效果

提示： 注意字体的颜色一定要鲜明，并且和底色配合，否则你想象一下白色背景和灰色的字或是蓝色的背景和红色的字有多么难看刺眼。

3.2.4 b、strong、em、u 标记

<b>和<strong>是 HTML 中格式化粗体文本的最基本元素。在<b>和</b>之间的文字或在<strong>和</strong>之间的文字，在浏览器中都会以粗体字体显示。该元素的首尾标记都是必需的，如果没有结尾标记，则浏览器会认为从<b>开始的所有文字都是粗体。

基本语法：

```
<b>加粗的文字</b>
<strong>加粗的文字</strong>
```

语法说明：

在该语法中，粗体的效果可以通过<b>标记来实现，也可以通过<strong>标记来实现。<b>和<strong>是行内元素，它可以插入到一段文本的任何部分。

<i>、<em>和<cite>是 HTML 中格式化斜体文本的最基本元素。在<i>和</i>之间的文字、在<em>和</em>之间的文字或在<cite>和</cite>之间的文字，在浏览器中都会以斜体字体显示。

基本语法：

```
<i>斜体文字</i>
<em>斜体文字</em>
<cite>斜体文字</cite>
```

语法说明：

斜体的效果可以通过<i>标记、<em>标记和<cite>标记来实现。一般在一篇以正体显示的文字中用斜体文字起到醒目、强调或者区别的作用。

<u>标记的使用与粗体及斜体标记类似，它作用于需要加下画线的文字。

基本语法：

```
<u>下画线的内容</u>
```

语法说明：

该语法与粗体、斜体的语法基本相同。

实例代码：

```
<!doctype html>
<html>
<head>
<meta charset="utf-8">
<title>设置粗体、斜体、下画线：strong、em、u</title>
</head>
<body>
<p><strong>一生应该遗忘的十种人</strong></p>
```

```
<p><em>人生需要看透，但不能看破</em></p>
<p><u>走进内心深入的活法</u>
</body>
</html>
```

在上述代码中，加粗部分的代码表示为文字设置加粗、斜体、下画线的效果，在浏览器中预览效果，如图 3-5 所示。

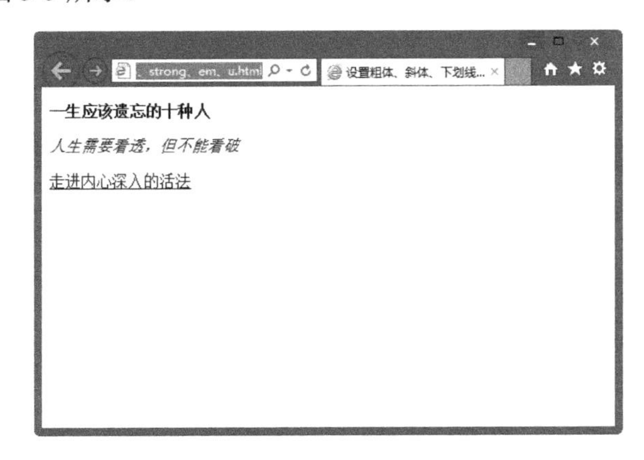

图 3-5　文字的加粗、斜体、下画线效果

3.2.5　sup 与 sub 标记

sup(上标文本)标记、sub(下标文本)标记都是 HTML 的标准标记，尽管使用的场合比较少，但是在数学等式、科学符号和化学公式中经常会用到。

基本语法：

```
<sup>上标内容</sup>
<sub>下标内容</sub>
```

语法说明：

在^{...}中的内容的高度以前后文本流定义的高度一半进行显示，sup 文字上端和前面文字的上端对齐，但是与当前文本流中文字的字体和字号都是一样的。

在_{...}中的内容的高度以前后文本流定义的高度一半进行显示，sub 文字下端和前面文字的下端对齐，但是与当前文本流中文字的字体和字号都是一样的。

实例代码：

```
<!doctype html>
<html>
<head>
<meta charset="utf-8">
<title>设置上标与下标</title>
</head>
<body>
<p>A<sup>2</sup>+B<sup>2</sup>=(A+B)<sup>2</sup>-2AB
</p>
```

```
<p>H<sub>2</sub>SO<sub>4 </sub>化学方程式硫酸分子
</p>
</body>
</html>
```

在上述代码中，加粗部分的代码表示设置字符的上标和下标，在浏览器中预览效果，如图 3-6 所示。

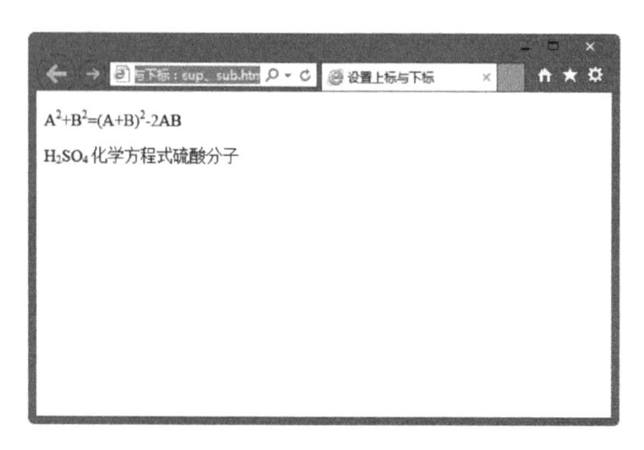

图 3-6　上标标记和下标标记的效果

3.3　设置段落的格式

在网页制作的过程中，将一段文字分成相应的段落，不仅可以增强网页的美观性，而且能够使网页层次分明，让浏览者感觉不到拥挤。在网页中如果要把文字有条理地显示出来，离不开段落标记的使用。在 HTML 中可以通过标记实现段落的效果。

3.3.1　p 标记

HTML 中最常用、最简单的标记是段落标记，即<p></p>。说它常用，是因为几乎所有的文档文件都会用到这个标记；说它简单，从外形上就可以看出来，它只有一个字母。虽说它简单，但是非常重要，因为有了它，段落才得以区分。

基本语法：

```
<p>段落文字</p>
```

语法说明：

段落标记可以没有结束标记</p>，而每一个新的段落标记开始的同时也意味着上一个段落的结束。

实例代码：

```
<!doctype html>
<html>
<head>
<meta charset="utf-8">
<title>段落标记</title>
```

```
</head>
<body>
<p>回头看看，还有多少人一直陪在身边；用心数数，还有几份情坚持着不离散。有缘的人不是说的，而是默默陪伴；无缘的情不是夸的，却是早已不见。
<p>不听信海枯石烂的誓言，只要睁开眼一切都没变；不相信天荒地老的永远，只要伸出手有可握的暖。
<p>谁陪你跨过一年又一年；谁对你不改初衷永如初见！好朋友，永不说分手； 真感情，一生都相守！
</body>
</html>
```

在上述代码中，加粗部分的代码表示段落标记，在浏览器中预览，效果如图 3-7 所示。

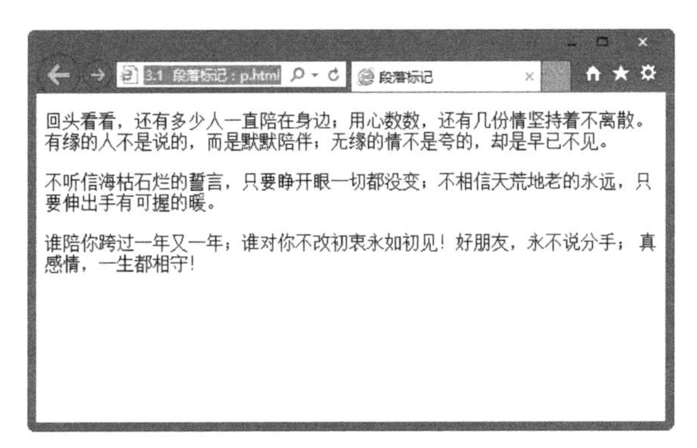

图 3-7　段落效果

3.3.2　段落对齐属性 align

在默认情况下，文字是左对齐的。而在网页制作过程中，常常需要选择其他对齐方式。关于对齐方式的设置要使用 align 参数进行设置。

基本语法：

```
<align=对齐方式>
```

语法说明：

在该语法中，align 属性需要设置在标题标记的后面，其对齐方式的取值如表 3-2 所示。

表 3-2　对齐方式

属 性 值	含　义
left	左对齐
center	居中对齐
right	右对齐

实例代码：

```
<!doctype html>
<html>
<head>
<meta charset="utf-8">
```

```
<title>段落的对齐属性</title>
</head>
<body>
无所谓时空，牵挂一直不变!
<p align="right"> 真正的朋友交的是心，连的是情 </p>
<p align="center"> 善待朋友，珍惜拥有! </p>
</body>
</html>
```

在上述代码中，align="right"表示设置段落为右对齐，align="center"表示设置段落为居中对齐，在浏览器中预览，效果如图 3-8 所示。

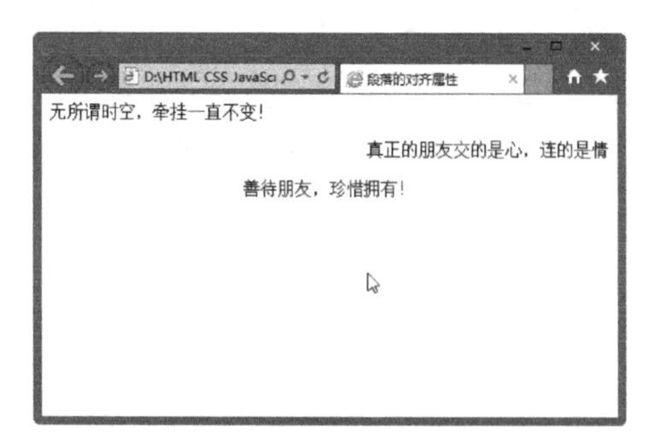

图 3-8　段落的对齐效果

3.3.3　nobr 标记

在网页中如果某一行的文本过长，浏览器会自动对这段文字进行换行处理。可以使用 nobr 标记来禁止自动换行。

基本语法：

```
<nobr>不换行文字</nobr>
```

语法说明：

nobr 标记用于使指定文本不换行。nobr 标记之间的文本不会自动换行。

实例代码：

```
<!doctype html>
<html>
<head>
<meta charset="utf-8">
<title>不换行标记</title>
</head>
<body>
<nobr>一见钟情，只是个传说；日久生情，才是真拥有。没有天生适合的两个人，只有后来磨合的两颗心；没有一世不变的激情，只有一生不悔的深情。知道让步不是认输，而是在乎；懂得原谅不是没生气，而是放不下。</nobr>
</body>
</html>
```

在上述代码中，加粗部分的代码表示不换行，在浏览器中预览，可以看到文字不换行，一直往后排，如图 3-9 所示。

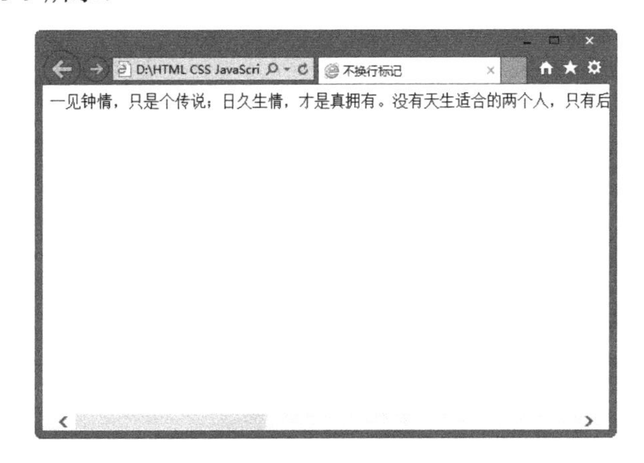

图 3-9　不换行的效果

3.3.4　br 标记

在 HTML 文本显示中，默认是将一行文字连续地显示出来，如果想把一个句子后面的内容在下一行显示就会用到换行符
。换行符号标记是个单标记，也叫空标记，不包含任何内容。在 HTML 文件中的任何位置，只要使用了
标记，当文件显示在浏览器中时，该标记之后的内容将在下一行显示。

基本语法：

```
<br>
```

语法说明：

一个
标记代表一个换行，连续的多个标记可以实现多次换行。

实例代码：

```
<!doctype html>
<html>
<head>
<meta charset="utf-8">
<title>换行标记</title>
</head>
<body>
机会对于任何人都是公平的，它在我们身边的时候，不是打扮得花枝招展，而是普普通通，根本就不起眼。<br>看起来耀眼的机会很多时候都不是机会，也许是陷阱；真正的机会最初都是朴素的，只有经过主动的捕捉与勤奋的努力，它才会变得格外绚烂。<br>机会，从来都是留给有准备的你！
</body>
</html>
```

在上述代码中，加粗部分的代码表示设置换行，在浏览器中预览，可以看到换行的效果，如图 3-10 所示。

提示：
是唯一可以为文字分行的方法。其他标记如<p>，可以为文字分段。

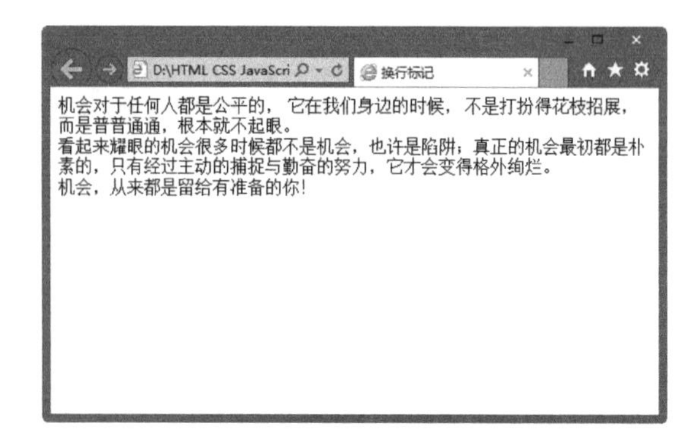

图 3-10　换行效果

3.4　水平线标记

在网页中常常看到一些水平线将段落与段落之间隔开，使得文档结构清晰，层次分明。这些水平线可以通过插入图片实现，也可以更简单地通过标记来完成。

3.4.1　hr 标记

hr 是水平线标记，用于在页面中插入一条水平标尺线，使页面看起来整齐明了。

基本语法：

```
<hr>
```

语法说明：

添加一个<hr>标记，就插入了一条默认样式的水平线。

实例代码：

```
<!doctype html>
<html>
<head>
<meta charset="utf-8">
<title>插入水平线</title>
</head>
<body>
<p>放弃该放弃的，理智造就自己！</p>
<hr>
<p>金钱买不到幸福；很多我们渴望的东西都很昂贵。但那些真正让我们满足欣慰的，却是免费的，它们就是爱、笑声和饱含激情的工作。</p>
</body>
</html>
```

在上述代码中，加粗部分的标记为水平线标记，在浏览器中预览，可以看到插入的水平线效果，如图 3-11 所示。

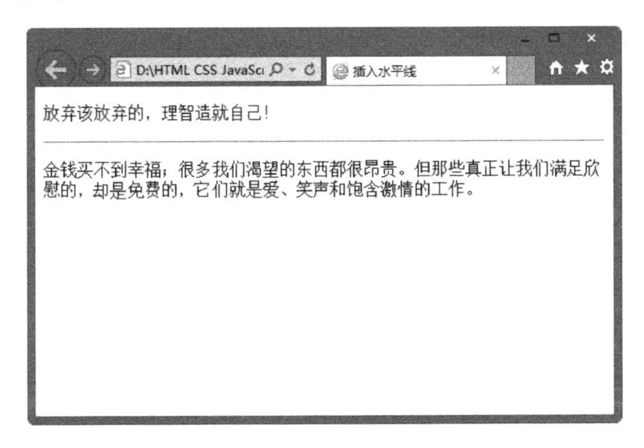

图 3-11　插入水平线效果

3.4.2　水平线宽度与高度属性：width、size

在默认情况下，水平线的宽度为 100%，可以使用 width 手动调整水平线的宽度。size 标记用于改变水平线的高度。

基本语法：

```
<hr width="宽度">
<hr size="高度">
```

语法说明：

在该语法中，水平线的宽度值可以是确定的像素值，也可以是窗口的百分比。水平线的高度只能使用绝对的像素来定义。

实例代码：

```
<!doctype html>
<html>
<head>
<meta charset="utf-8">
<title>设置水平线宽度与高度属性</title>
</head>
<body>
<p>放弃该放弃的，理智造就自己！</p>
<hr width="650"size="3">
<p>金钱买不到幸福；很多我们渴望的东西都很昂贵。但那些真正让我们满足欣慰的，却是免费的，
它们就是爱、笑声和饱含激情的工作。</p>
</body>
</html>
```

在上述代码中，加粗部分的代码表示设置水平线的宽度和高度，在浏览器中预览，可以看到将宽度设置为 650 像素、高度设置为 3 像素的效果，如图 3-12 所示。

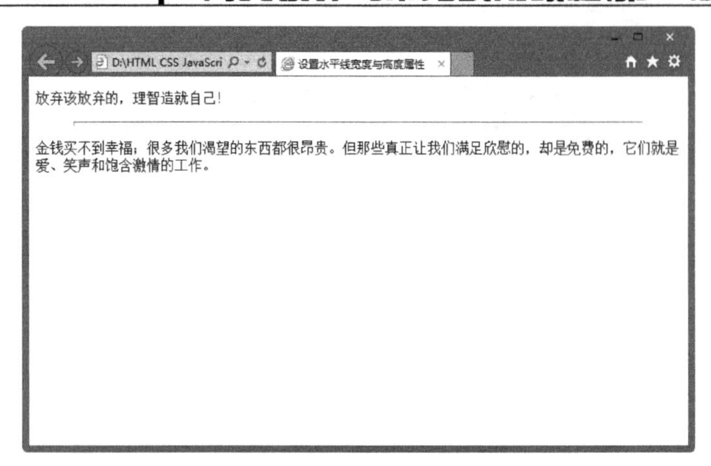

图 3-12　设置水平线宽度和高度的效果

3.4.3　水平线颜色属性 color

在网页设计过程中，如果随意利用默认水平线，常常会出现插入的水平线与整个网页颜色不协调的情况。设置恰当颜色的水平线可以为网页增色不少。

基本语法：

```
<hr color="颜色">
```

语法说明：

颜色代码是十六进制的数值或者颜色的英文名称。

实例代码：

```
<!doctype html>
<html>
<head>
<meta charset="utf-8">
<title>设置水平线的颜色</title>
</head>
<body>
<p>放弃该放弃的，理智造就自己！</p>
<hr width="650"size="3" color="#005211">
<p>金钱买不到幸福；很多我们渴望的东西都很昂贵。但那些真正让我们满足欣慰的，却是免费的，它们就是爱、笑声和饱含激情的工作。</p>
</body>
</html>
```

在上述代码中，加粗部分的代码表示设置水平线的颜色，在浏览器中预览，可以看到水平线的颜色效果，如图 3-13 所示。

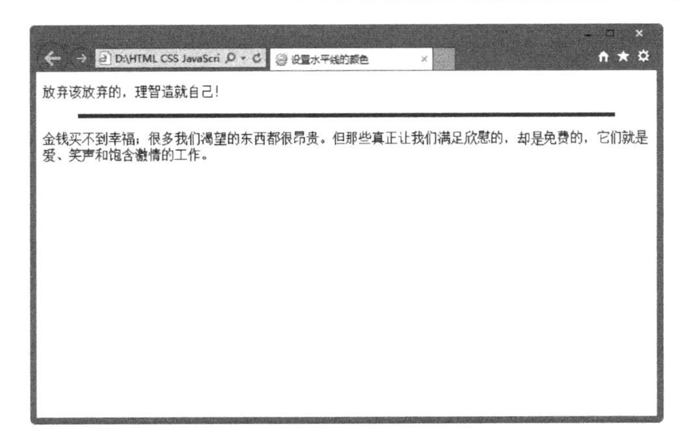

图 3-13　设置水平线颜色的效果

3.4.4　水平线的对齐方式属性 align

水平线在默认情况下是居中对齐的，如果想让水平线左对齐或右对齐，就需要设置对齐方式。

基本语法：

```
<hr align="对齐方式">
```

语法说明：

在该语法中对齐方式可以有 3 种，包括 center、left 和 right，其中 center 的效果与默认的效果相同。

实例代码：

```
<!doctype html>
<html>
<head>
<meta charset="utf-8">
<title>设置水平线的对齐方式</title>
</head>
<body>
<p>放弃该放弃的，理智造就自己！</p>
<hr align="center" width="400"size="2" color="#D4FF36">
<p>不要害怕犯错；做了或是做错了，我们仍有收获，不做，我们只会两手空空。每一次成功的背后都有一串失败的足迹，而每一次的失败又离成功越来越近。卸下包袱，放开双手，该做就做。</p>
<hr width="200" size="2" color="#C308BC" align="left">
金钱买不到幸福；很多我们渴望的东西都很昂贵。但那些真正让我们满足欣慰的，却是免费的，它们就是爱、笑声和饱含激情的工作。
<hr align="right" width="200" size="2" color="#1307B4">
<p>不要和所有人竞争；不要担心别人做得比你好。集中精力打破你每天的记录。成功只是一场你和你之间的战斗。</p>
</body>
</html>
```

在上述代码中，加粗部分的代码表示设置水平线的排列方式，在浏览器中预览，可以看到水平线不同排列方式的效果，如图 3-14 所示。

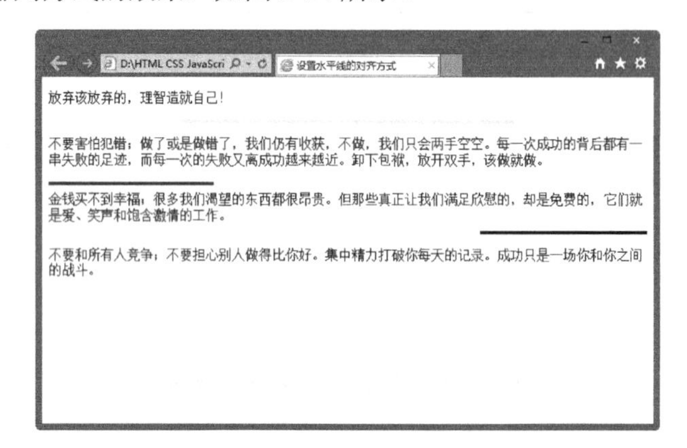

图 3-14　设置水平线的排列方式

3.4.5　水平线去掉阴影属性 noshade

默认的水平线是空心立体的效果，可以将其设置为实心且不带阴影的水平线。

基本语法：

```
<hr noshade>
```

语法说明：

noshade 是布尔值的属性，它没有属性值，如果在<hr>元素中写上了这个属性，则浏览器不会显示立体形状的水平线；反之则无须设置该属性，浏览器默认显示一条立体形状带有阴影的水平线。

实例代码：

```
<!doctype html>
<html>
<head>
<meta charset="utf-8">
<title>去掉水平线阴影</title>
</head>
<body>
<p>幸福只需要一点点</p>
<hr width="650"size="3"noshade>
<p>幸福只需要一点点，否则，就像手握满满一把沙子，愈想攥紧它，它愈在指缝间滑落。仿佛生命的可贵，不需要吃什么山珍海味，只需要合理的营养饮食。</p>
</body>
</html>
```

在上述代码中，加粗部分的代码表示设置无阴影的水平线，在浏览器中预览，可以看到水平线没有阴影的效果，如图 3-15 所示。

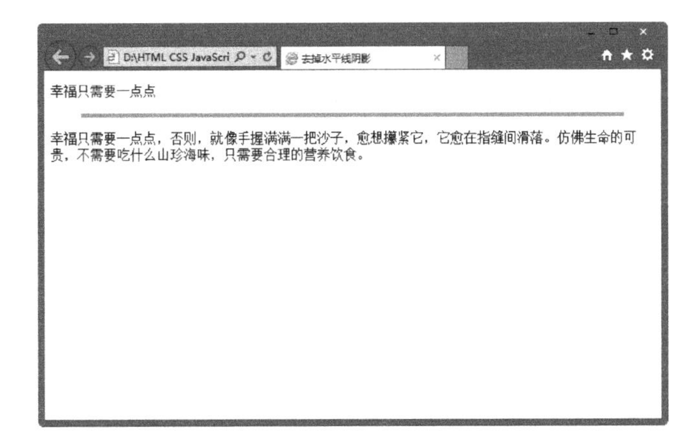

图 3-15　设置无阴影的水平线

3.5　使用 marquee 设置滚动效果

滚动字幕的使用使得整个网页更有动感，显得很有生气。现在的网站中也越来越多地使用滚动字幕来加强网页的互动性。用 JavaScript 编程可以实现滚动字幕效果；用层也可以做出非常漂亮的滚动字幕。而用 HTML 的<marquee>滚动字幕标记所需的代码较少。

3.5.1　marquee 标记及其属性

使用 marquee 标记可以将文字、图片等设置为动态滚动的效果。

基本语法：

```
<marquee
  aligh=left|center|right|top|bottom
  bgcolor=#n
  direction=left|right|up|down
  behavior=type
  height=n
  hspace=n
  scrollamount=n
  Scrolldelay=n
  width=n
  VSpace=n
  loop=n>
```

语法说明：

只要在标记之间添加要进行滚动的文字即可。而且可以在标签之间设置这些文字的字体、颜色等。

marquee 标记的属性及其说明如表 3-3 所示。

表 3-3　marquee 标记的属性

属　性	说　明
direction	文字滚动方向，滚动方向可以包含 4 个取值，分别为 up、down、left 和 right，它们分别表示文字向上、向下、向左和向右滚动
behavior	设置文字的滚动方式，可以取值 scroll、slide、alternate。scroll：循环滚动，默认效果；slide：只滚动一次就停止；alternate：来回交替进行滚动
loop	循环设置
scrollamount	滚动速度
scrolldelay	滚动延迟
bgcolor	滚动文字的背景设置
width、height	滚动背景面积
hspace、vspace	设置空白空间

3.5.2　使用 marquee 插入滚动公告

在网页的设计过程中，动态效果的插入，会使网页更加生动灵活、丰富多彩。<marquee>标签可以实现元素在网页中移动的效果，以达到动感十足的视觉效果。下面讲述使用 marquee 插入滚动公告，具体操作步骤如下。

(1)　使用 Dreamweaver CC 打开网页文档，如图 3-16 所示。

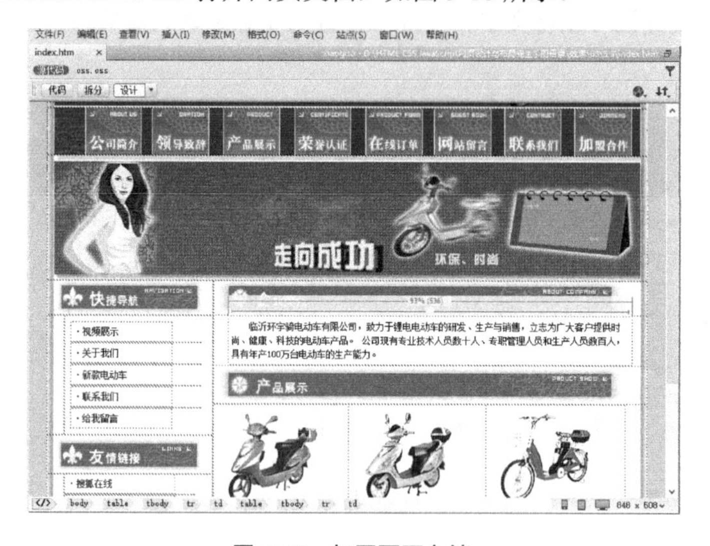

图 3-16　打开网页文档

(2)　打开“代码”视图，将光标置于文字的前面，输入代码<marquee>，如图 3-17 所示。

(3)　在代码中，按空格键，弹出 marquee 的选项列表，从中选择 behavior，如图 3-18 所示。

(4)　接着 behavior 的值选择 scroll，设置滚动显示的方式，如图 3-19 所示。

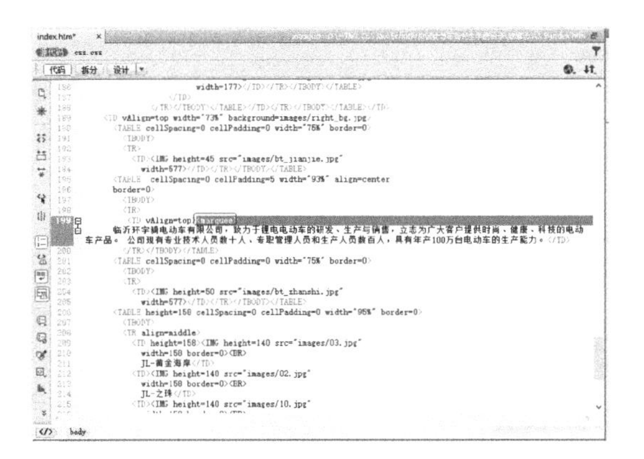

图 3-17　输入代码

图 3-18　选择代码(1)

(5)　按空格键，弹出 marquee 的选项列表，从中选择 direction，如图 3-20 所示。

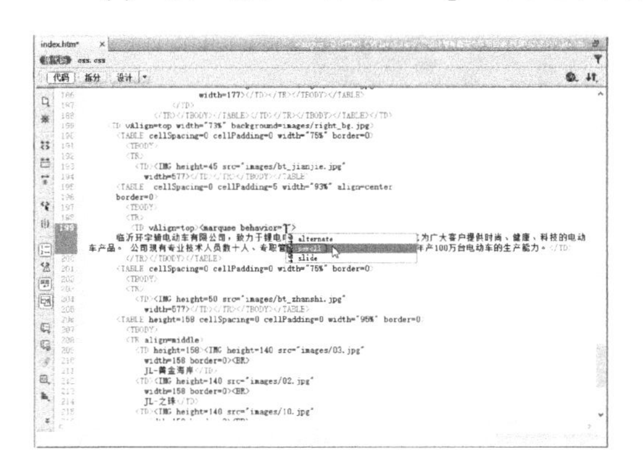

图 3-19　选择代码(2)

图 3-20　选择代码(3)

(6)　接着 direction 的值选择 up，设置滚动方向向下，如图 3-21 所示。

(7)　按空格键，弹出 marquee 的选项列表，从中选择 scrolldelay，如图 3-22 所示。

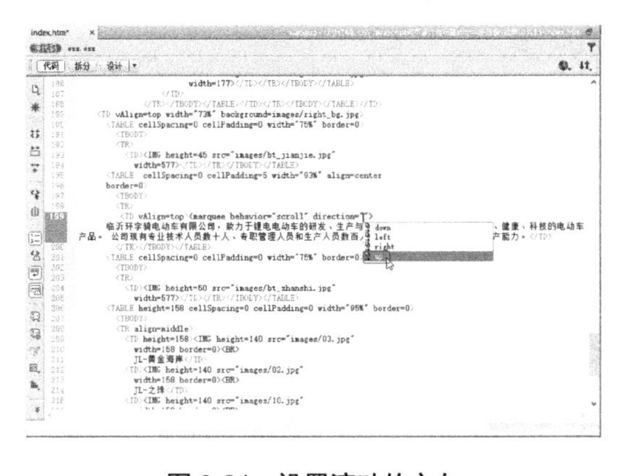

图 3-21　设置滚动的方向

图 3-22　选择代码

(8)　接着 scrolldelay 的值选择 50，设置滚动速度，如图 3-23 所示。

(9)　在文字后输入</marquee>，如图 3-24 所示。

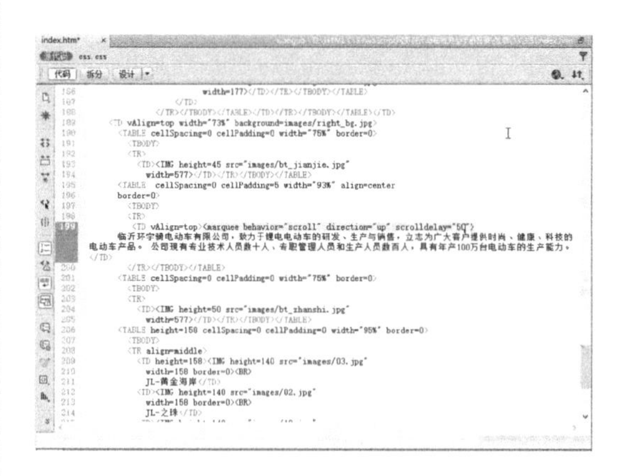

图 3-23　输入代码(1)

图 3-24　输入代码(2)

(10) 保存文档，完成滚动效果，如图 3-25 所示。

图 3-25　滚动效果

3.6　综合实例——设置页面文本及段落

文字是人类语言最基本的表达方式，文本的控制与布局在网页设计中占了很大比例，也可以说文本与段落是最重要的组成部分。本章通过大量实例详细讲述了文本与段落标记的使用。下面通过实例练习网页文本与段落的设置方法。

(1)　使用 Dreamweaver CC 打开网页文档，如图 3-26 所示。

(2)　切换到“代码”视图，在文字的前面输入代码<font color="#967D00" face="宋体" size="4">，设置文字的字体、大小、颜色，如图 3-27 所示。

(3)　在“代码”视图中，在文字的最后面输入代码</font>，如图 3-28 所示。

(4)　打开“代码”视图，在文本中输入代码<p>，即可将文字分成相应的段落，如图 3-29 所示。

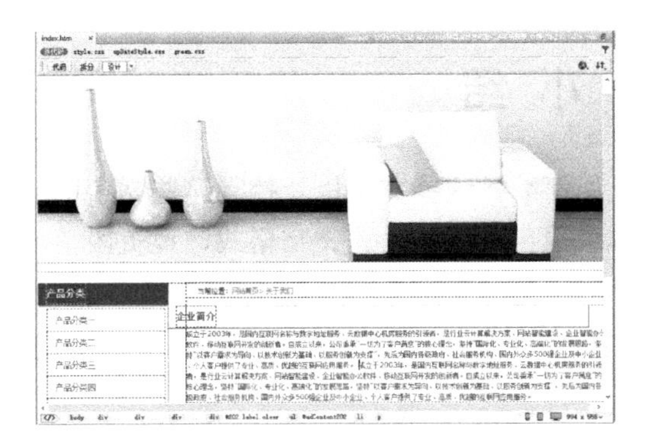

图 3-26　打开网页文档

图 3-27　输入代码(1)

图 3-28　输入代码(2)

图 3-29　输入段落标记

(5) 在“拆分”视图中，在文字中相应的位置输入“ ”，设置空格，如图 3-30 所示。

(6) 保存网页，在浏览器中预览效果，如图 3-31 所示。

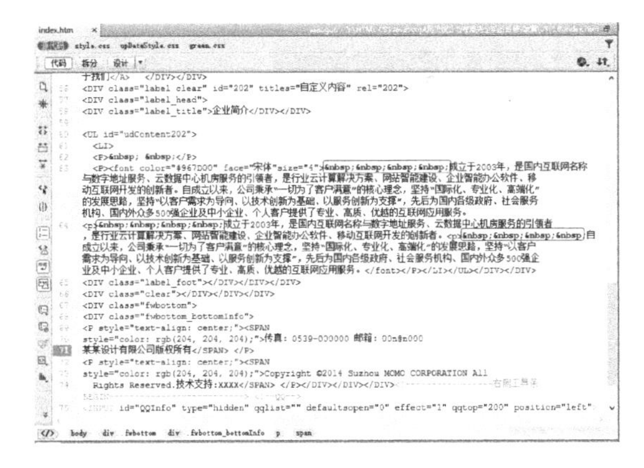

图 3-30　输入空格标记

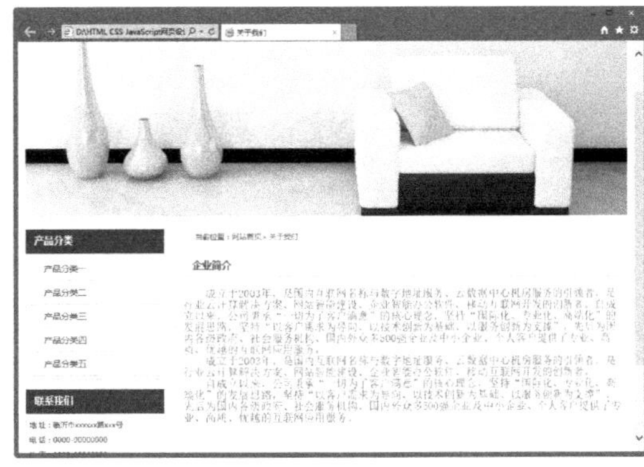

图 3-31　预览效果

3.7 本 章 小 结

在网页中添加文字并不困难，可主要问题是如何编排这些文字以及控制这些文字的显示方式，让文字看上去编排有序、整齐美观。本章主要讲述了设置文字格式、设置段落格式、设置水平线等。通过本章的学习，读者应该对网页中文字格式和段落格式的应用有了基本的了解。

3.8 练 习 题

1. 填空题

(1) ＿＿＿＿＿标记用来控制字体、字号、颜色等属性，它是 HTML 中最基本的标记之一。

(2) ＿＿＿＿＿是 HTML 文档中最常见的标记，＿＿＿＿＿用来起始一个段落。段落标记可以没有结束标记＿＿＿＿＿，而每一个新的段落标记开始的同时也意味着上一个段落的结束。

(3) 在网页中如果某一行的文本过长，浏览器会自动对这段文字进行换行处理。可以使用＿＿＿＿＿标记来禁止自动换行。

(4) ＿＿＿＿＿标记代表水平分割模式，并会在浏览器中显示一条线。网页的多媒体元素一般包括动态文字、动态图像、声音及动画等，其中最简单的就是添加一些滚动效果，使用＿＿＿＿标记可以将文字设置为动态滚动的效果。

2. 操作题

设置页面文本及段落的具体实例，如图 3-32 所示。

图 3-32 设置页面文本及段落的效果

第 4 章　网页图像和多媒体

本章要点

图像是网页上最常用的对象之一。制作精美的图像可以大大增强网页的视觉效果，令网页更加生动多彩。在网页中恰当地使用图像，能够极大地吸引浏览者的眼球。因此，利用好图像也是网页设计的关键之一。在网页中，除了之前讲到的可以插入文本和图像外，还可以插入动画、声音、视频等媒体元素。通过对本章的学习，读者可以学习到图像和多媒体文件的使用，从而制作出丰富多彩的网页，吸引更多浏览者的注意。本章主要内容包括:

(1) 网页中常见的图像格式;
(2) 插入图像并设置图像属性;
(3) 添加多媒体文件;
(4) 添加背景音乐;
(5) 创建多媒体网页;
(6) 创建图文混合排版网页。

4.1　网页中常见的图像格式

每天在网络上交流的计算机数不胜数，因此使用的图像格式一定要能够被每一个操作平台所接受。当前万维网上流行的图像格式通常以 GIF 和 JPEG 为主。另外还有一种称为 PNG 的文件格式，也被越来越多地应用在网络中。下面就对这 3 种图像格式的特点分别予以介绍。

1. GIF 格式

GIF 是英文单词 Graphic Interchange Format 的缩写，即图像交换格式。文件最多可使用 256 种颜色，最适合显示色调不连续或具有大面积单一颜色的图像，如导航条、按钮、图标、徽标或其他具有统一色彩和色调的图像。

GIF 格式的最大优点就是可以制作动态图像，可以将数张静态文件作为动画帧串联起来，转换成一个动画文件。

GIF 格式的另一个优点就是可以将图像以交错的方式在网页中呈现。所谓交错显示，就是当图像尚未下载完成时，浏览器会先以马赛克的形式将图像慢慢显示，让浏览者可以大略猜出下载图像的雏形。

2. JPEG 格式

JPEG 是英文单词 Joint Photographic Experts Group 的缩写，它是一种图像压缩格式。此文件格式是用于摄影或连续色调图像的高级格式，这是因为 JPEG 文件可以包含数百万种颜色。随着 JPEG 文件品质的提高，文件的大小和下载时间也会随之增加。通常可以通过压缩 JPEG 文件在图像品质和文件大小之间达到良好的平衡。

JPEG 格式是一种压缩的非常紧凑的格式，专门用于不含大色块的图像。JPEG 图像有一定的失真度，但是在正常的损失下肉眼分辨不出 JPEG 和 GIF 图像的区别，而 JPEG 文件只有 GIF 文件的 1/4 大小。JPEG 格式对图标之类的含大色块的图像不是很有效，且不支持透明图和动态图，但它能够保留全真的色调板格式。如果图像需要全彩模式才能表现效果的话，JPEG 就是最佳选择。

3. PNG 格式

PNG(Portable Network Graphics)图像格式是一种非破坏性的网页图像文件格式，它提供了将图像文件以最小的方式压缩却又不造成图像失真的技术。它不仅具备了 GIF 图像格式的大部分优点，而且还支持 48-bit 的色彩，更快地交错显示，跨平台的图像亮度控制，以及更多层的透明度设置。

4.2 图像标记及其属性

今天看到的丰富多彩的网页，都是因为有了图像的作用。想一想过去，网络中全部都是纯文本的网页，非常枯燥，就知道图像在网页设计中的重要性了。在 HTML 页面中可以插入图像并设置图像属性。

4.2.1 img 标记

有了图像文件后，就可以使用 img 标记将图像插入到网页中，从而达到美化网页的效果。img 元素的相关属性如表 4-1 所示。

表 4-1 img 元素的相关属性

属 性	描 述
src	图像的源文件
alt	提示文字
width，height	宽度和高度
border	边框
vspace	垂直间距
hspace	水平间距
align	排列
dynsrc	设定 avi 文件的播放
loop	设定 avi 文件循环播放次数
loopdelay	设定 avi 文件循环播放延迟
start	设定 avi 文件播放方式
lowsrc	设定低分辨率图片
usemap	映像地图

基本语法：

```
<img src="图像文件的地址">
```

语法说明：

在语法中，src 参数用来设置图像文件所在的路径，这一路径既可以是相对路径，也可以是绝对路径。

4.2.2　height 属性

height 属性用来定义图片的高度，如果<img>元素不定义高度，图片就会按照它的原始尺寸显示。

基本语法：

```
<img src="图像文件的地址" height="图像的高度">
```

语法说明：

在该语法中，height 属性用来设置图像的高度。

实例代码：

```
<!doctype html>
<html>
<head>
<meta charset="utf-8">
<title>设置图像高度</title>
</head>
<body>
<img src="images/12.jpg">
<img src="images/12.jpg"   height="209">
</body>
</html>
```

在上述代码中，加粗部分的第 1 行标记中没有调整图像高度，而在第 2 行标记中调整了图像的高度，在浏览器中预览，效果如图 4-1 所示。

图 4-1　调整图像的高度

提示： 尽量不要通过 height 和 width 属性来缩放图像。如果通过 height 和 width 属性来缩小图像，那么用户就必须下载大容量的图像(即使图像在页面上看上去很小)。正确的做法是，在网页上使用图像之前，应该通过软件把图像调整为合适的尺寸。

4.2.3 width 属性

width 属性用来定义图片的宽度，如果<img>元素不定义宽度，图片就会按照它的原始尺寸显示。

基本语法：

```
<img src="图像文件的地址" width="图像的宽度>
```

语法说明：

在该语法中，width 属性用来设置图像的宽度。

实例代码：

```
<!doctype html>
<html>
<head>
<meta charset="utf-8">
<title>设置图像宽度</title>
</head>
<body>
<img src="images/12.jpg">
<img src="images/12.jpg" width="270" >
</body>
</html>
```

在上述代码中，加粗部分的第 1 行标记中没有调整图像宽度，而第 2 行标记则调整了图像的宽度，在浏览器中预览，效果如图 4-2 所示。

图 4-2　调整图像的宽度

提示： 在指定宽高时，如果只给出宽度或高度中的一项，则图像将按原宽高比例进行缩放；否则，图像将按指定的宽度和高度显示。

4.2.4　border 属性

在默认情况下，图像是没有边框的，使用 img 标记的 border 属性，可以定义图像周围的边框。

基本语法：

```
<img src="图像文件的地址" border="图像边框的宽度">
```

语法说明：

在该语法中，border 的单位是像素，值越大边框越宽。HTML 5.0 不推荐使用图像的 border 属性。但是所有主流浏览器均支持该属性。

实例代码：

```
<!doctype html>
<html>
<head>
<meta charset="utf-8">
<title>设置图像的边框</title>
</head>
<body>
<img src="2.jpg" width="617" height="489" border="5" >
</body>
</html>
```

在上述代码中，加粗部分的代码表示为图像添加边框，在浏览器中预览可以看到添加的边框效果，如图 4-3 所示。

图 4-3　添加图像边框效果

4.2.5 hspace 属性

通常图形浏览器不会在图像和其周围的文字之间留出很多空间。除非创建一个透明的图像边框来扩大这些间距，否则图像与其周围文字之间默认为两个像素的距离，对大多数设计者来说是太近了。可以在 img 标记符内使用属性 hspace 设置图像周围空白。通过调整图像的边距，可以使文字和图像的排列显得紧凑，看上去更加协调。

基本语法：

```
<img src="图像文件的地址" hspace="水平边距">
```

语法说明：

通过 hspace 属性，可以以像素为单位，指定图像左边和右边的文字与图像之间的间距。设置水平边距的 hspace 属性的单位是像素。

实例代码：

```
<!doctype html>
<html>
<head>
<meta charset="utf-8">
<title>设置图像水平边距</title>
</head>
<body>
家具是由材料、结构、外观形式和功能四种因素组成，其中功能是先导，<img src="3.jpg"
width="576" height="350" hspace="50">是推动家具发展的动力；结构是主干，是实现功
能的基础。这四种因素互相联系，又互相制约。由于家具是为了满足人们一定的物质需求和使用目
的而设计与制作的，因此家具还具有材料和外观形式方面的因素。<br>
...
</body>
</html>
```

在上述代码中，加粗部分的代码表示为图像添加水平边距，在浏览器中预览可以看到设置的水平边距效果，如图 4-4 所示。

图 4-4　设置图像的水平边距效果

4.2.6　vspace 属性

Vspace 属性用来设置上面的或下面的文字与图像之间的距离的像素数。

基本语法：

```
<img src="图像文件的地址" vspace="垂直边距">
```

语法说明：

在该语法中，vspace 属性的单位是像素。

实例代码：

```
<!doctype html>
<html>
<head>
<meta charset="utf-8">
<title>设置图像水平间距</title>
</head>
<body>
家具是由材料、结构、外观形式和功能四种因素组成，其中功能是先导，<img src="3.jpg"
width="576" height="350" vspace="50">是推动家具发展的动力；结构是主干，是实现功
能的基础。这四种因素互相联系，又互相制约。由于家具是为了满足人们一定的物质需求和使用目
的而设计与制作的，因此家具还具有材料和外观形式方面的因素。<br>
...
</body>
</html>
```

在上述代码中，加粗部分的代码表示为图像添加垂直边距，在浏览器中预览可以看到设置的垂直边距效果，如图 4-5 所示。

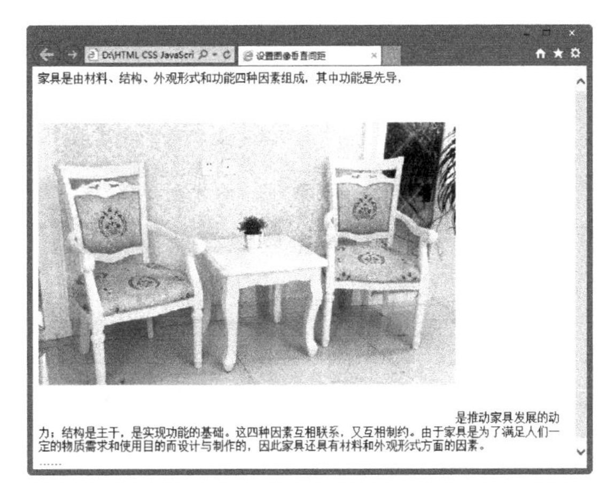

图 4-5　设置图像的垂直边距效果

4.2.7　align 属性

<img>标记的 align 属性定义了图像相对于周围元素的水平和垂直对齐方式。

基本语法：

```
<img src="图像文件的地址" align="对齐方式">
```

语法说明：

可以通过<img>标记的 align 属性来控制带有文字包围的图像的对齐方式。HTML 和 XHTML 标准指定了 5 种图像对齐属性值：left、right、top、middle 和 bottom。align 的取值如表 4-2 所示。

表 4-2　align 的取值

属　性	描　述
bottom	把图像与底部对齐
top	把图像与顶部对齐
middle	把图像与中央对齐
left	把图像对齐到左边
right	把图像对齐到右边

实例代码：

```
<!doctype html>
<html>
<head>
<meta charset="utf-8">
<title>无标题文档</title>
</head>
<body>
水晶<img src="5.jpg" width="261" height="221" align="right">一种石英晶体矿物，
它的主要化学成分是二氧化硅，化学式为 SiO₂。西方国家认为只要是透明的都是水晶(Crystal)，
所以水晶这个词包含了无色透明的玻璃(K9 类，普通玻璃发蓝)，也包含天然的水晶矿石。中国古老
的水晶名称是水精、水碧、水玉、晶石等十多种称呼，因此，为了便于区分，国际上通常以
(Rockcrystal)来特指天然水晶。 发育良好的单晶为六方锥体，所以通常为块状或粒状集合体，
一般为无色、灰色、乳白色，含其他矿物元素时呈紫、红、烟、茶等。
</body>
</html>
```

在上述代码中，加粗部分的代码表示为图像设置对齐方式，在浏览器中预览效果，可以看出图像是右对齐，如图 4-6 所示。

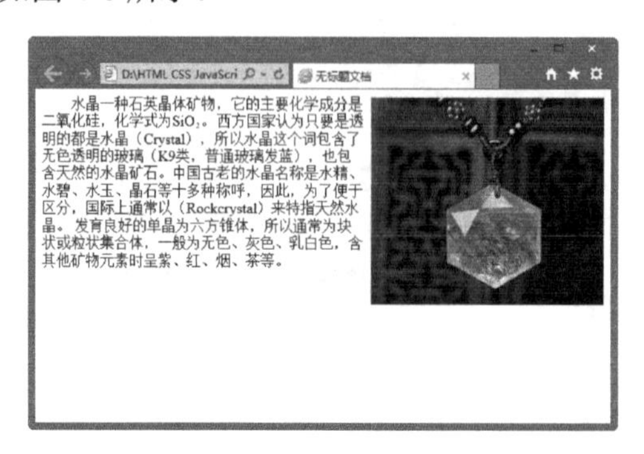

图 4-6　设置图像对齐方式

4.3　添加背景音乐

许多有特色的网页上放置了背景音乐，随网页的打开而循环播放。在网页中加入一段背景音乐，只要用 bgsound 标记就可以实现。

4.3.1　bgsound 标记

在网页中，除了可以嵌入普通的声音文件外，还可以为某个网页设置背景音乐。

基本语法：

```
<bgsound src="背景音乐的地址">
```

语法说明：

src 是音乐文件的地址，可以是绝对路径，也可以是相对路径。背景音乐的文件可以是 avi、mp3 等声音文件。

实例代码：

```
<!doctype html>
<html>
<head>
<meta charset="utf-8">
<title>无标题文档</title>
</head>
<body>
<bgsound src="yingyue.mp3">
<img src="6.jpg" width="1089" height="924" alt=""/>
</body>
</html>
```

在上述代码中，加粗部分的代码表示插入背景音乐，在浏览器中预览时可以听到音乐，预览效果如图 4-7 所示。

图 4-7　插入背景音乐

4.3.2 loop 属性

通常情况下，背景音乐需要不断地播放，可以通过设置 loop 属性来实现循环次数的控制。

基本语法：

```
<bgsound src="背景音乐的地址" loop="播放次数">
```

语法说明：

loop 是循环次数，-1 是无限循环。

实例代码：

```
<!doctype html>
<html>
<head>
<meta charset="utf-8">
<title>无标题文档</title>
</head>
<body>
<bgsound src="yingyue.mp3" loop="5">
<img src="7.jpg" width="935" height="698">
</body>
</html>
```

在上述代码中，加粗部分的代码表示插入背景音乐，在浏览器中预览时可以听到背景音乐循环播放 5 次后自动停止播放，预览效果如图 4-8 所示。

图 4-8 网页预览效果

4.4 综 合 实 例

本章主要讲述了网页中常用的图像格式及如何在网页中插入图像、设置图像属性、在网页中插入多媒体等。下面通过以上所学到的知识讲解两个实例。

综合实例 1——创建多媒体网页

下面通过具体的实例来讲述创建多媒体网页。具体操作步骤如下。

(1) 使用 Dreamweaver CC 打开网页文档，如图 4-9 所示。

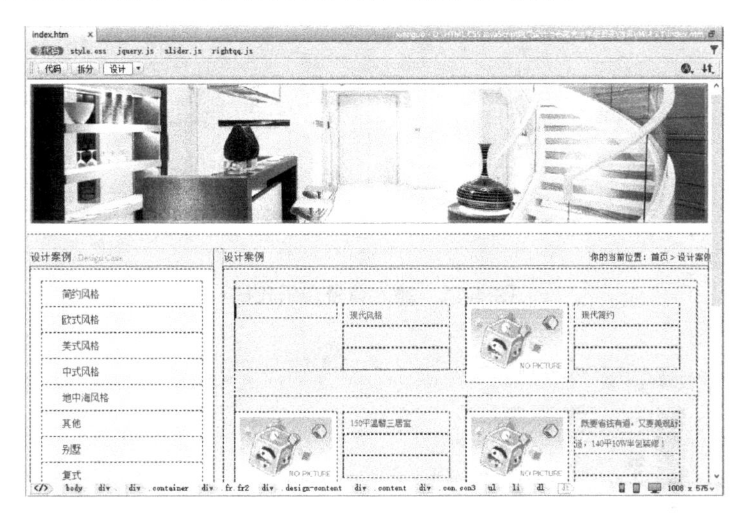

图 4-9　打开网页文档

(2) 打开“拆分”视图，在相应的位置输入代码<embed src="images/top.swf" width="150" height="110"></embed>，如图 4-10 所示。

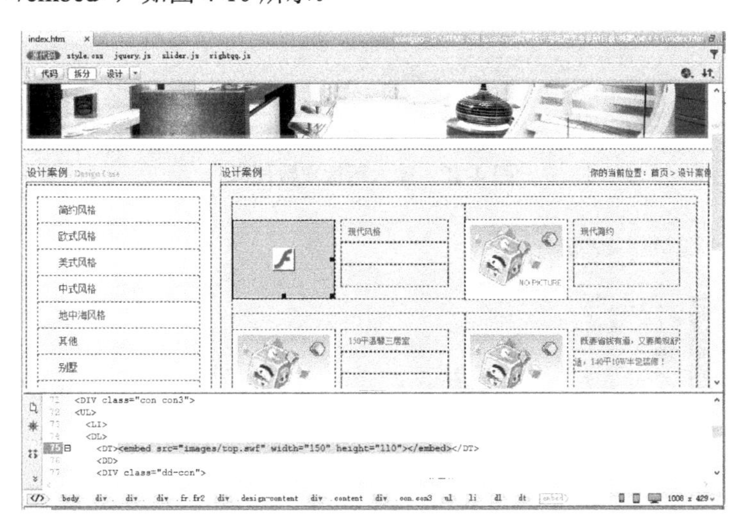

图 4-10　输入代码

(3) 将光标置于 body 的后面，输入背景音乐代码< bgsound src="images/音乐.mp3" >，如图 4-11 所示。

(4) 在代码中输入播放的次数(见加粗部分)，<bgsound src="images/音乐.mp3" **loop="infinite"**>，如图 4-12 所示。

(5) 保存文档，按 F12 键在浏览器中预览，效果如图 4-13 所示。

图 4-11　输入背景音乐代码

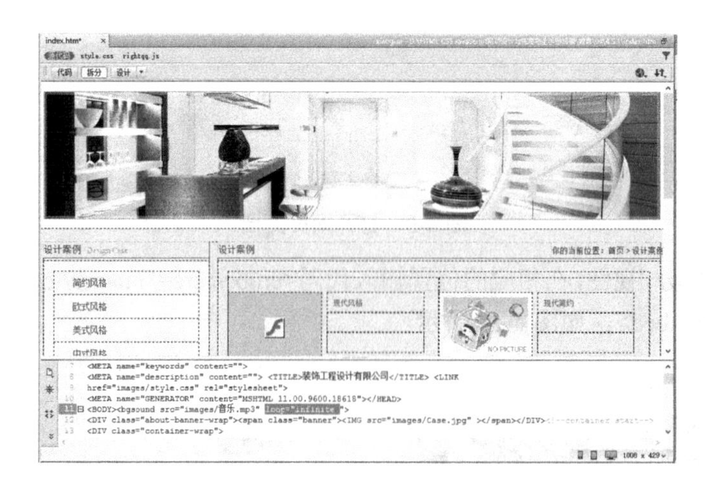

图 4-12　输入播放次数代码

图 4-13　多媒体效果

综合实例 2——创建图文混合排版网页

虽然网页中提供各种图片可以使网页显得更加漂亮，但有时也需要在图片旁边添加一些文字说明。图文混排一般有几种方法。对初学者而言，可以将图片放置在网页的左侧或右侧，然后将文字内容放置在图片旁边。下面讲述图文混排的方法。具体操作步骤如下。

(1) 使用 Dreamweaver CC 打开网页文档，如图 4-14 所示。

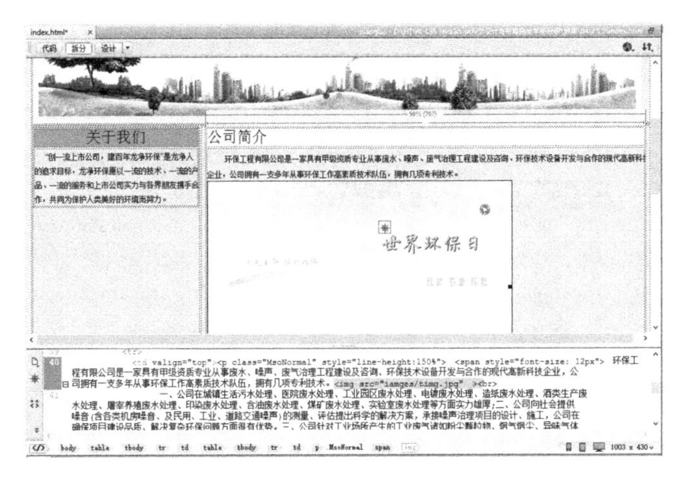

图 4-14　打开网页文档

(2) 打开“代码”视图，将光标置于相应的位置，输入图像代码<img src= "images/timg.jpg" >;，如图 4-15 所示。

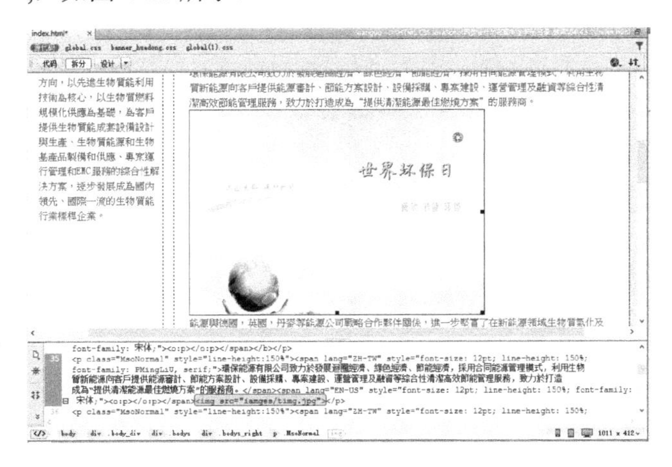

图 4-15　输入图像代码

(3) 在“代码”视图中输入代码 width="380" height="250"，设置图像的宽和高，如图 4-16 所示。

(4) 在“代码”视图中输入代码 hspace="10" vspace="5"，设置图像的水平边距和垂直边距，如图 4-17 所示。

(5) 在“代码”视图中输入代码 border="1"，用来设置图像的边框，如图 4-18 所示。

(6) 在“代码”视图中输入代码 align="left"，用来设置图像的对齐方式为左对齐，如

图 4-19 所示。

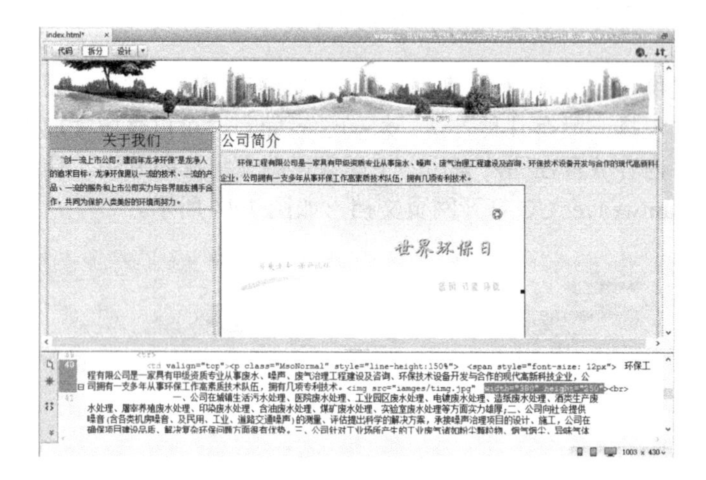

图 4-16　设置图像的宽和高

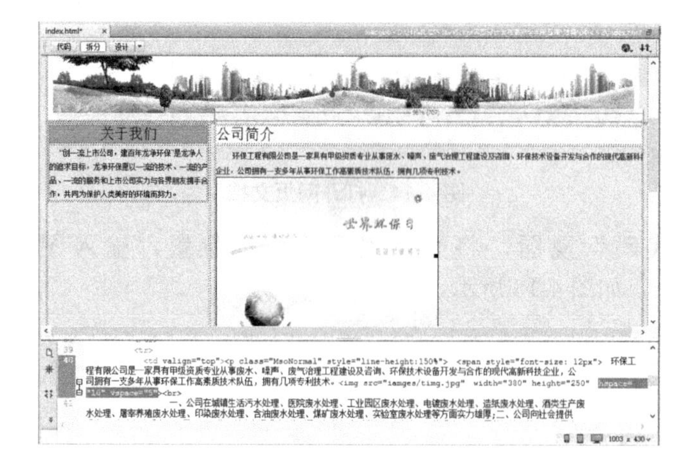

图 4-17　设置图像的水平边距和垂直边距

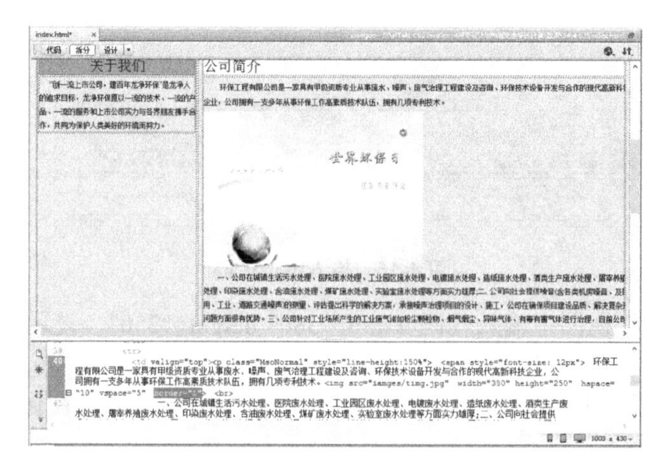

图 4-18　设置图像的边框

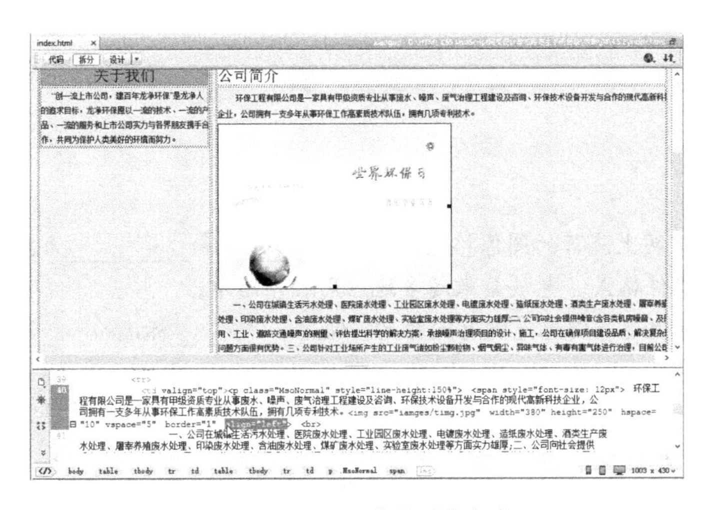

图 4-19　设置图像的对齐方式

(7) 保存文档，按 F12 键，在浏览器中预览，效果如图 4-20 所示。

图 4-20　图文混合排版的效果

4.5　本 章 小 结

如今的网页效果丰富多彩，各种多媒体对象起到的作用不言而喻。正是借助了视频、声音、动画三者的综合应用，才令网页的内容丰富多彩、呈现出无限的动感。本章介绍了在网页中插入多媒体的知识，如：在 HTML 代码中插入声音、插入视频等。通过本章的学习，读者可以了解网页图像支持的 3 种图像格式(GIF、JPEG 和 PNG)，以及插入图像和设置图像的属性。读者应对网页中多媒体的应用有一个基本的了解和简单的运用，以便在制作自己的网页时利用这些元素为网页生香添色。

4.6 练 习 题

1. 填空题

(1) 当前万维网上流行的图像格式通常以________和________为主。另外还有一种名叫________的文件格式，也被越来越多地应用在网络中。

(2) 在默认情况下，图像是没有边框的，使用________标记的________属性，可以给图像添加边框效果。

(3) 使用________标记可以将多媒体文件嵌入到网页中。在网页中常见的多媒体文件包括________和________。

(4) 在网页中加入一段背景音乐，有时也可以达到意想不到的效果，这只要用________标记就可以实现。通常情况下，背景音乐需要不断地播放，可以通过设置________来实现循环次数的控制。

2. 操作题

在网页中插入图像并设置图像属性，如图 4-21 所示。

图 4-21 插入图像

第 5 章　用 HTML 创建超链接和表单

本章要点

超链接是 HTML 文档的最基本特征之一。超链接的英文名是 hyperlink，它能够让浏览者在各个独立的页面之间方便地跳转。每个网站都是由众多网页组成，网页之间通常都是通过链接方式相互关联的。在制作网页，特别是制作动态网页时常常会用到表单。表单主要用来收集客户端提供的相关信息，使网页具有交互功能。本章主要内容包括:

(1) 超链接的基本概念;

(2) 创建基本超链接;

(3) 插入表单。

5.1　超链接的基本概念

超链接是网页中最重要的元素之一，是从一个网页或文件到另一个网页或文件的链接，包括图像或多媒体文件，还可以指向电子邮件地址或程序。在网页中加入超链接，就可以把 Internet 上众多的网站和网页关联起来，构成一个有机的整体。

要正确创建超链接，就必须了解链接与被链接文档之间的路径。每个网页都有一个唯一的地址，称为统一资源定位符(URL)。当在网页中创建内部链接时，一般不会指定链接文档的完整 URL，而只是指定一个相对于当前文档或站点根文件夹的相对路径。

超链接由源地址文件和目标地址文件构成。当访问者单击超链接时，浏览器会从相应的目标地址检索网页并显示在浏览器中。如果目标地址不是网页而是其他类型的文件，浏览器会自动调用本机上的相关程序打开所要访问的文件。

链接由以下 3 个部分组成。

(1) 位置点标记<a>，将文本或图片标识为链接。

(2) 属性 href="..."，放在位置点起始标记中。

(3) 地址(称为 URL)，浏览器要链接的文件。URL 用于标识 Web 或本地磁盘上的文件位置，这些链接可以是指向某个 HTML 文档，也可以是指向文档引用的其他元素，如图形、脚本或其他文件。

5.2　创建超链接

超链接的范围很广泛，利用它不仅可以进行网页间的相互链接，还可以使网页链接到相关的图像文件、多媒体文件及下载程序等。

5.2.1 超链接标记

链接标记<a>在 HTML 中既可以作为一个跳转到其他页面的链接，也可以作为“埋设”在文档中某处的一个“锚定位”，<a>也是一个行内元素，它可以成对出现在一段文档的任何位置。

基本语法：

```
<a href ="链接目标">链接显示文本</a>
```

语法说明：

在该语法中，<a>标记的属性值如表 5-1 所示。

表 5-1 <a>标记的属性值

属 性	说 明
href	指定链接地址
name	给链接命名
title	给链接添加提示文字
target	指定链接的目标窗口

实例代码：

```
<!doctype html>
<html>
<head>
<meta charset="utf-8">
<title>超链接标记</title>
</head>
<body>
<p><a href="1">公司新闻</a></p>
<p><a href="2">2016.08.31 真皮女鞋 1 折起</a><br>
<a href="3">2016.08.30 粗跟鞋 49 元起</a><br>
<a href="index2.html">2016.08.15 百丽女鞋 1 折起</a><br>
<a href="5"> 2016.03.29 单鞋特价 29 元起</a><br>
<a href="6">2016.03.29 运动鞋清仓 1 折起</a></p>
</body>
</html>
```

在上述代码中，加粗部分的代码表示设置文档中的超链接，在浏览器中预览，可以看到超链接效果，如图 5-1 所示。我们在网站上也经常看到超链接的效果，如图 5-2 所示。

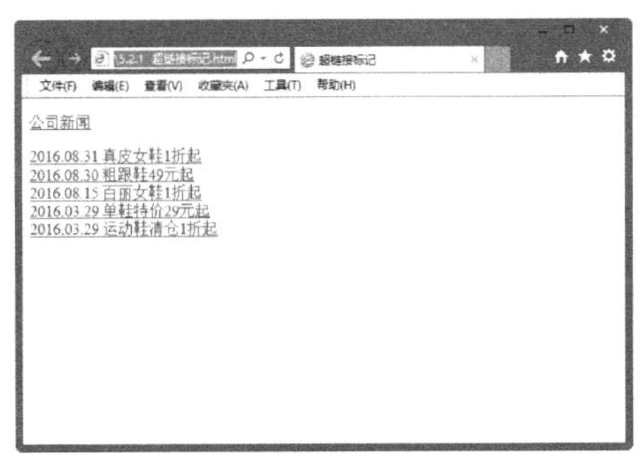

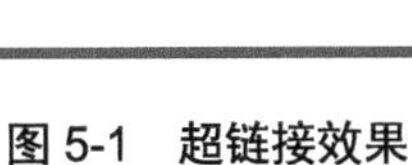
图 5-1　超链接效果

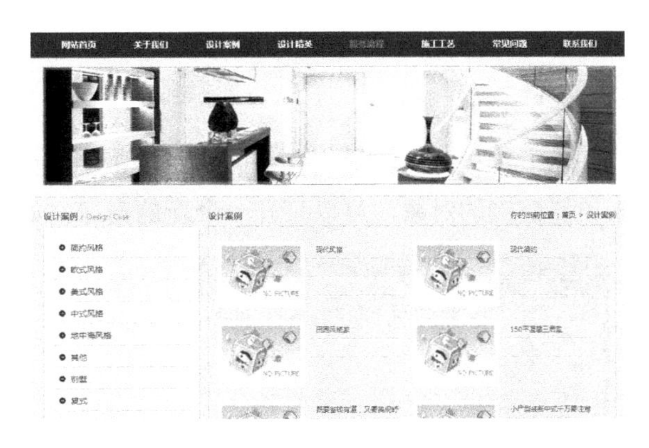
图 5-2　超链接网页

5.2.2　设置的目标窗口

在创建网页的过程中，在默认情况下超链接在原来的浏览器窗口中打开，可以使用 target 属性来控制打开的目标窗口。

基本语法：

```
<a href="链接目标" target="目标窗口的打开方式">
```

语法说明：

在该语法中，target 参数的取值有 4 种，如表 5-2 所示。

表 5-2　target 参数的取值

属 性 值	含 义
-self	在当前页面中打开链接
-blank	在一个全新的空白窗口中打开链接
-top	在顶层框架中打开链接，也可以理解为在根框架中打开链接
-parent	在当前框架的上一层里打开链接

实例代码：

```
<!doctype html>
<html>
<head>
<meta charset="utf-8">
<title>超链接标记</title>
</head>
<body>
<p><a href="1">公司新闻</a></p>
<p><a href="2">2016.08.31 真皮女鞋 1 折起</a><br>
<a href="3">2016.08.30 粗跟鞋 49 元起</a><br>
<a href="index2.html" target="_blank">2016.08.15 百丽女鞋 1 折起</a><br>
<a href="5"> 2016.03.29 单鞋特价 29 元起</a><br>
```

```
<a href="6">2016.03.29 运动鞋清仓 1 折起</a></p>
</body>
</html>
```

在上述代码中，加粗部分的代码表示设置内部链接的目标窗口，在浏览器中预览，单击设置链接的对象，可以打开一个新的窗口，如图 5-3 和图 5-4 所示。

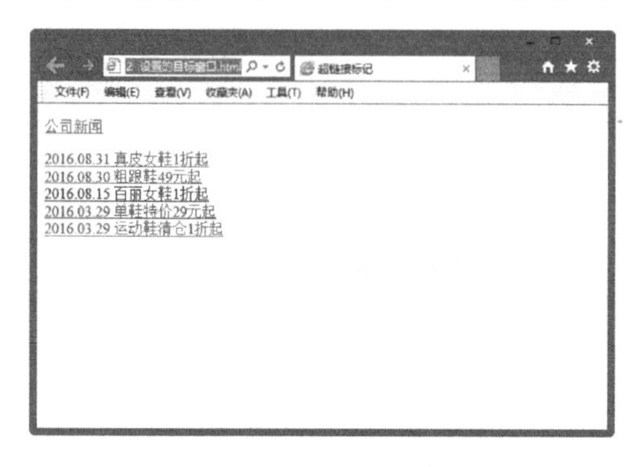

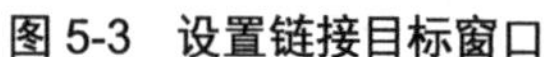
图 5-3　设置链接目标窗口

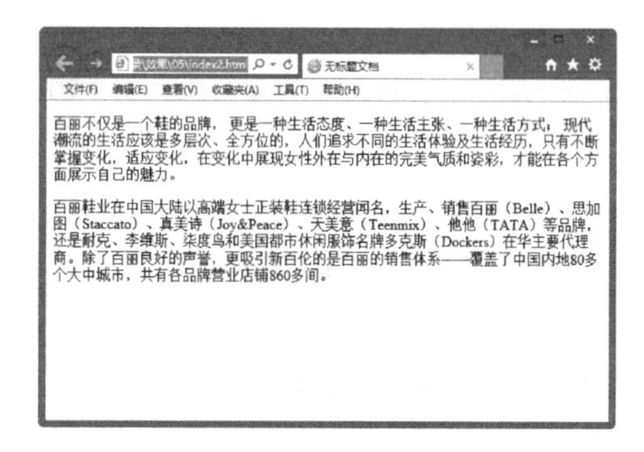

图 5-4　打开的目标窗口

5.3　创建图像的超链接

图像的链接和文字的链接方法是一样的，都是用<a>标记来完成的，只要将<img>标签放在<a>和</a>之间就可以了。用图像链接的图片上有蓝色的边框，这个边框颜色也可以在<body>标签中设定。

5.3.1　设置图像超链接

设置普通图像的超链接的方法非常简单，通过<a></a>标记来实现。

基本语法：

```
<a href="链接目标">链接的图像</a>
```

语法说明：

给图像添加超链接，使其指向其他的网页或文件，这就是图像超链接。

实例代码：

```
<!doctype html>
<html>
<head>
<meta charset="utf-8">
<title>无标题文档</title>
</head>
<body>
<a href="index1.html"><img src="1.jpg" width="1038" height="578" alt=""/></a>
</body>
</html>
```

在上述代码中，加粗部分的代码表示为图像添加超链接，在浏览器中预览，当鼠标指针放置在链接的图像上时，鼠标指针会发生相应的变化，如图 5-5 所示。

图 5-5　图像的超链接效果

在网页中我们经常看到一些图像的链接，如图 5-6 所示。

图 5-6　网页上的图像链接

5.3.2　设置图像热区链接

图像整体可以是一个超链接的载体，而且图像中的一部分或多个部分也可以分别成为不同的链接，即图像的热区链接。图像链接单击的是图像，而热点链接单击的是图像中的热点区域。

基本语法：

```
<img usemap="#热区名称">
<map name="热区名称">
<area shape="热点形状" coords="区域坐标" href="#链接目标" alt="替换文字">
```

```
...
</map>
```

语法说明：

在<area>标记中定义了热区的位置和链接，其中 shape 参数用来定义热区形状。热点的形状包括 rect(矩形区域)、circle(椭圆形区域)和 poly(多边形区域)3 种。对于复杂的热点图像可以选择多边形工具来进行绘制。coords 参数则用来设置区域坐标，对不同形状来说，coords 设置的方式也不同。

实例代码：

```
<!doctype html>
<html>
<head>
<meta charset="utf-8">
<title>设置图像热区链接</title>
</head>
<body>
<img src="3.jpg" alt="" width="1229" height="1052" usemap="#Map"/>
<map name="Map">
  <area shape="rect" coords="348,355,539,491" href="#1">
  <area shape="rect" coords="563,356,753,483" href="#2">
  <area shape="rect" coords="780,355,968,485" href="#3">
  <area shape="rect" coords="992,355,1186,492" href="#4">
</map>
</body>
</html>
```

在上述代码中，加粗的部分 name="Map"和 shape="rect"，将热区的名称设置为 Map，热点形状设置为 rect(矩形区域)，并分别设置了热区的区域坐标和链接目标，如图 5-7 所示。

图 5-7　设置图像的热区链接效果

5.4 创建锚点链接

网站中经常会有一些文档页面由于文本或者图像内容过多而导致页面过长。访问者需要不停地拖动浏览器上的滚动条来查看文档中的内容。为了方便用户查看文档中的内容，在文档中需要进行锚点链接。

5.4.1 创建锚点

锚点是指在给定名称的一个网页中的某一位置，在创建锚点链接前首先要建立锚点。

基本语法：

```
<a name="锚点的名称"></a>
```

语法说明：

利用锚点名称可以链接到相应的位置。这个名称只能包含小写英文字母和数字，且不能以数字开头，同一个网页中可以有无数个锚点，但是不能有相同名称的两个锚点。

实例代码：

```
<!doctype html>
<html>
<head>
<meta charset="utf-8">
<title>创建锚点</title>
</head>
<body>
<p>公司简介　　集团介绍　　公化理念<br></p>
<p><a name="gongsijianjie"></a>公司简介</p>
<p>从过去，到现在，直到遥远的未来，从顺德、到中国，直到广阔的世界，锦力始终以支持环保事业为己任，全力服务于人类对于绿色产品、低碳生活的无限追求，这是我们立业的根本。锦力敏锐的创新精神来源于此，锦力强烈的社会责任也来源于此。</p>
<p> 非常值得欣喜的是，历经三十年的发展和建设，我们从创业时的几个伙伴发展到今天庞大的精英团队，从只有简陋的手工作坊式的工作，发展到今天拥有超过二十万平米的园林式现代化工业园，从一开始进入的电器配件行业到电工照明领域，并逐步扩展到 LED、智能、通风及房产。产品不但畅销中国，还批量销往全球 20 多个国家和地区。</p>
<p><a name="jituan"></a>集团介绍</p>
<p>→总经理致辞<br></p>
<p>→企业视频<br></p>
<p>→集团简介<br></p>
<p>→企业架构<br></p>
<p>→大事记<br></p>
<p>→锦力荣誉</p>
<p><a name="wenhua"></a>文化理念</p>
<p>经营理念：创业创新，创造未来</p>
<p>经营宗旨：由专而精，由精而益，由益而强。</p>
<p>事业目标：建立有魅力的驰名品牌，建立有动力的精神文化，建立有活力的文明企业。</p>
```

```
<p>企业定位：产业专精化，规模大型化，市场覆盖化，品牌价值化。</p>
<p>企业使命：创建民族品牌，支持环保事业。</p>
<p>企业精神：群策群力，奉献锦力。</p>
<p>管理观：出人才，出方法，出效率，出效益。</p>
<p>客户观：换位思考，真诚沟通。</p>
<p>服务观：尽心细心用心，服务诚由心生。</p>
<p>核心价值观：不断创新，追求卓越，学无止境，分享价值</p>
</body>
</html>
```

在上述代码中，加粗部分的代码表示创建的锚点，在浏览器中预览效果，如图 5-8 所示。

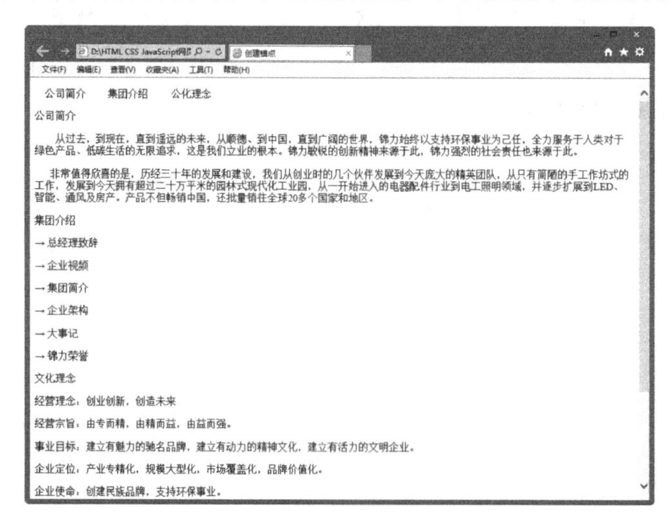

图 5-8　创建锚点

5.4.2　链接到页面不同位置的锚点链接

建立了锚点以后，就可以创建到锚点的链接，需要用#号以及锚点的名称作为 href 属性值。

基本语法：

```
<a href="#锚点的名称">…</a>
```

语法说明：

在该语法中，在 href 属性后输入页面中创建的锚点的名称，可以链接到页面中不同的位置。

实例代码：

```
<!doctype html>
<html>
<head>
<meta charset="utf-8">
<title>创建锚点</title>
</head>
```

```
<body>
<p><a href="#gongsijianjie">公司简介</a>
<a href="#jituan">集团介绍 </a>
<a href="#wenhua"> 文化理念<br /></a></p>
<p>从过去，到现在，直到遥远的未来，从顺德、到中国，直到广阔的世界，锦力始终以支持环保事业为己任，全力服务于人类对于绿色产品、低碳生活的无限追求，这是我们立业的根本。锦力敏锐的创新精神来源于此，锦力强烈的社会责任也来源于此。</p>
<p>非常值得欣喜的是，历经三十年的发展和建设，我们从创业时的几个伙伴发展到今天庞大的精英团队，从只有简陋的手工作坊式的工作，发展到今天拥有超过二十万平米的园林式现代化工业园，从一开始进入的电器配件行业到电工照明领域，并逐步扩展到 LED、智能、通风及房产。产品不但畅销中国，还批量销往全球 20 多个国家和地区。</p>
<p><a name="jituan"></a>集团介绍</p>
<p>→总经理致辞<br></p>
<p>→企业视频<br></p>
<p>→集团简介<br></p>
<p>→企业架构<br></p>
<p>→大事记<br></p>
<p>→锦力荣誉</p>
<p><a name="wenhua"></a>文化理念</p>
<p>经营理念：创业创新，创造未来</p>
<p>经营宗旨：由专而精，由精而益，由益而强。</p>
<p>事业目标：建立有魅力的驰名品牌，建立有动力的精神文化，建立有活力的文明企业。</p>
<p>企业定位：产业专精化，规模大型化，市场覆盖化，品牌价值化。</p>
<p>企业使命：创建民族品牌，支持环保事业。</p>
<p>企业精神：群策群力，奉献锦力。</p>
<p>管理观：出人才，出方法，出效率，出效益。</p>
<p>客户观：换位思考，真诚沟通。</p>
<p>服务观：尽心细心用心，服务诚由心生。</p>
<p>核心价值观：不断创新，追求卓越，学无止境，分享价值</p>
</body>
</html>
```

在上述代码中，加粗部分的代码表示设置锚点链接，在浏览器中预览，单击创建的锚点链接，如图 5-9 所示，可以链接到相应的位置，如图 5-10 所示。

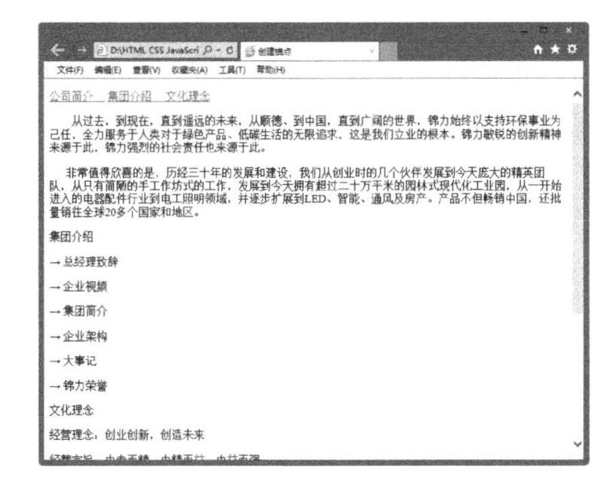

图 5-9　单击锚点链接

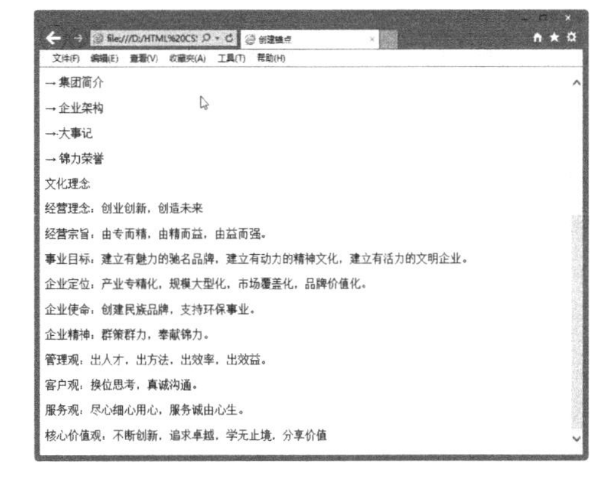

图 5-10　链接到相应的位置

5.5 表单 form

在网页中<form></form>标记对用来创建一个表单，即定义表单的开始和结束位置，在标记对之间的一切都属于表单的内容。在表单的<form>标记中，可以设置表单的基本属性，包括表单的名称、处理程序、传送方法等。一般情况下，表单的处理程序 action 和传送方法 method 是必不可少的参数。

5.5.1 action

action 用于指定表单数据提交到哪个地址进行处理。

基本语法：

```
<form action="表单的处理程序">
…
</form>
```

语法说明：

表单的处理程序是表单要提交的地址，也就是表单中收集到的资料将要传递的程序地址。这一地址可以是绝对地址，也可以是相对地址，还可以是一些其他形式的地址。

实例代码：

```
<!doctype html>
<html>
<head>
<meta charset="utf-8">
<title>程序提交</title>
</head>
<body>
有什么事情可以留言，我们会在最短的时间内给您回复。
<form action="mailto:fangjian@sina.com">
</form>
</body>
</html>
```

在上述代码中，加粗部分的标记是程序提交标记，这里将表单提交到电子邮件。

5.5.2 表单名称 name

name 用于给表单命名，这一属性不是表单的必要属性，但是为了防止表单提交到后台处理程序时出现混乱，一般需要给表单命名。

基本语法：

```
<form name="表单名称">
…
</form>
```

语法说明：

表单名称中不能包含特殊字符和空格。

实例代码：

```
<!doctype html>
<html>
<head>
<meta charset="utf-8">
<title>程序提交</title>
</head>
<body>
有什么事情可以留言，我们会在最短的时间内给您回复。
<form action="mailto:fangjian@sina.com" name="form1">
</form>
</body>
</html>
```

在上述代码中，加粗部分的代码表示表单名称。

5.5.3　传送方法 method

表单的 method 属性用于指定在数据提交到服务器时使用哪种 HTTP 提交方法，可取值为 get 或 post。

基本语法：

```
<form method="传送方法">
…
</form>
```

语法说明：

传送方法的值只有两种即 get 和 post。

get：表单数据被传送到 action 属性指定的 URL，然后这个新 URL 被送到处理程序上。

post：表单数据被包含在表单主体中，然后被送到处理程序上。

实例代码：

```
<!doctype html>
<html>
<head>
<meta charset="utf-8">
<title>传送方法</title>
</head>
<body>
有什么事情可以留言，我们会在最短的时间内给您回复。
<form action="mailto:jiudian@.com" method="post" name="form1">
</form>
</body>
</html>
```

在上述代码中，加粗部分的代码表示传送方法。

5.5.4 编码方式 enctype

表单中的 enctype 属性用于设置表单信息提交的编码方式。

基本语法：

```
<form enctype="编码方式">
…
</form>
```

语法说明：

enctype 属性为表单定义了 MIME 编码方式。编码方式的取值如表 5-3 所示。

表 5-3 编码方式的取值

enctype 的取值	取值的含义
application/x-www-form-urlencoded	默认的编码形式
multipart/form-data	MIME 编码，上传文件的表单必须选择该项

实例代码：

```
<!doctype html>
<html>
<head>
<meta charset="utf-8">
<title>编码方式</title>
</head>
<body>
有什么事情可以留言，我们会在最短的时间内给您回复。
<form action="mailto:fangjian@.com" method="post"
enctype="application/x-www-form-urlencoded" name="form1">
</form>
</body>
</html>
```

在上述代码中，加粗的代码表示编码方式。

提示： enctype 属性默认的取值是 application/x-www-form-urlencoded，这是所有网页的表单所使用的可接受的类型。

5.5.5 目标显示方式 target

target 用来指定目标窗口的打开方式，表单的目标窗口往往用来显示表单的返回信息。

基本语法：

```
<form target="目标窗口的打开方式">
```

```
...
</form>
```

语法说明：

目标窗口的打开方式有 4 个选项：_blank、_parent、_self 和_top。其中，_blank 为将链接的文件载入一个未命名的新浏览器窗口中；_parent 为将链接的文件载入含有该链接框架的父框架集或父窗口中；_self 为将链接的文件载入该链接所在的同一框架或窗口中；_top 为在整个浏览器窗口中载入所链接的文件，因而会删除所有框架。

实例代码：

```
<!doctype html>
<html>
<head>
<meta charset="utf-8">
<title>目标显示方式</title>
</head>
<body>
有什么事情可以留言，我们会在最短的时间内给您回复。
<form action="mailto:fangjian@.com" method="post"
enctype="application/x-www-form-urlencoded" name="form1" target="_blank">
</form>
</body>
</html>
```

在上述代码中，加粗部分的代码表示目标显示方式。

5.6　综合实例

综合案例 1——插入表单对象

本章前面所讲解的只是表单的基本构成标记，而表单的<form>标记只有和它所包含的具体控件相结合才能真正实现表单收集信息的功能。下面就以一个完整的表单提交网页案例，对表单中各种功能的控件的添加方法加以说明，使读者能够更深入地了解到它在实际中的应用。具体操作步骤如下。

(1)　使用 Dreamweaver　CC 打开网页文档，如图 5-11 所示。

(2)　打开“拆分”视图，在<body>和</body>之间相应的位置输入代码<form></form>，插入表单，如图 5-12 所示。

(3)　打开“拆分”视图，在代码中输入代码<formaction=" mailto:sun163@.com" > </form>，将表单中收集到的内容以电子邮件的形式发送出去，如图 5-13 所示。

(4)　打开“拆分”视图，在<form>标记中输入代码 method="post" id="form1"，将表单的传送方式设置为 post，名称设置为 form1，如图 5-14 所示。

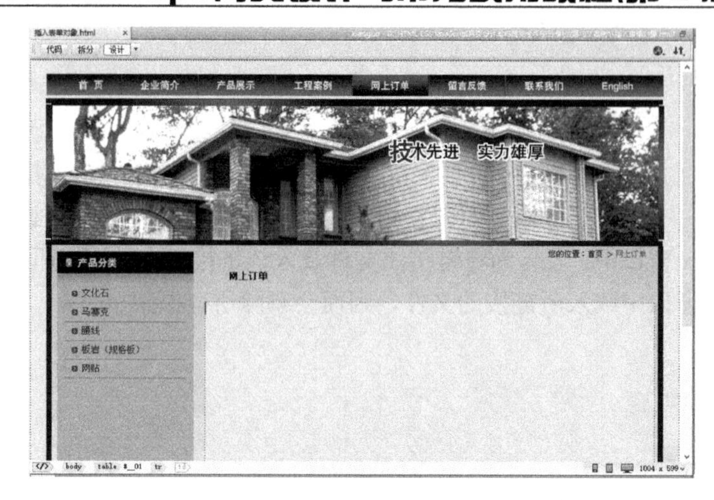

图 5-11　打开网页文档

图 5-12　输入代码(1)

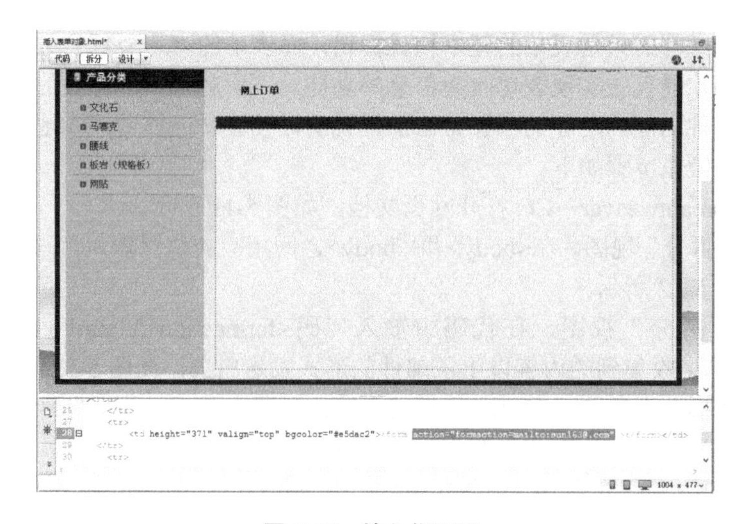

图 5-13　输入代码(2)

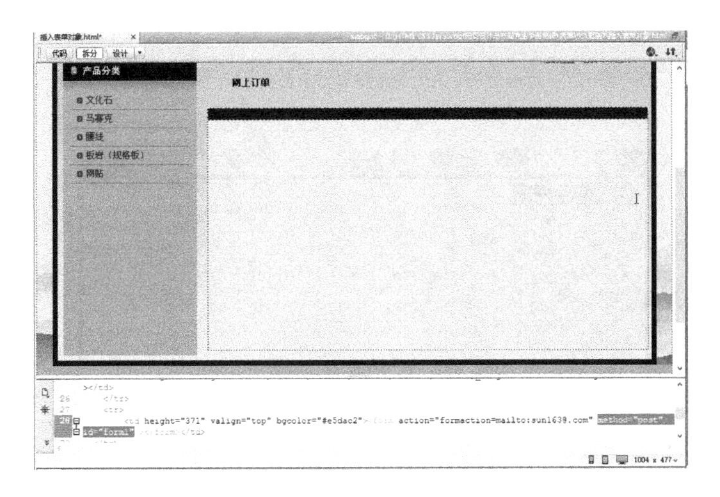

图 5-14 输入代码(3)

(5) 在<form>和</form>标记之间输入代码<table>...</table>，插入 7 行 2 列的表格，将表格宽度设置为 90%，填充设置为 5，如图 5-15 所示。

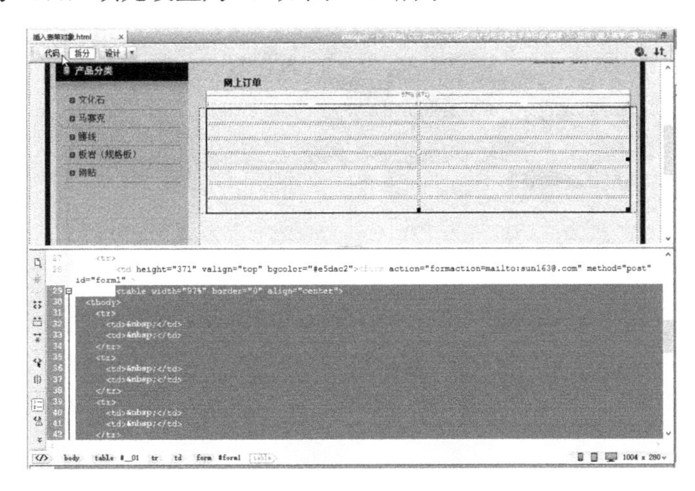

图 5-15 输入表格代码

(6) 打开“拆分”视图，将光标置于表格的第 1 行第 1 列单元格中，在<form>和</form>之间相应的位置输入代码<td >姓名：</td>，如图 5-16 所示。

(7) 打开“拆分”视图，将光标置于表格的第 1 行第 2 列单元格中，输入文本域代码<input name="textfield" type="text" id="textfield" size="30" maxlength="25">，插入文本域，如图 5-17 所示。

(8) 同样在表格的第 2、3 行的第 1 列单元格中输入相应的文字，在第 2 列单元格中插入文本域代码(见图 5-18)：

```
<tr><td>身份证号码：</td>
<td><input name="textfield2" type="text" id="textfield2" size="3 5"
maxlength="25"></td> </tr>
<tr><td>E-mail：</td>
```

```
<td><input name="textfield3" type="text" id="textfield3" size="45"
maxlength="25">
```

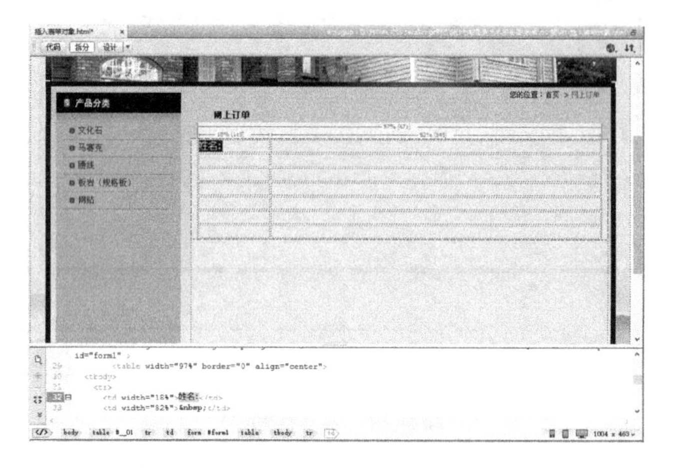

图 5-16　输入文字

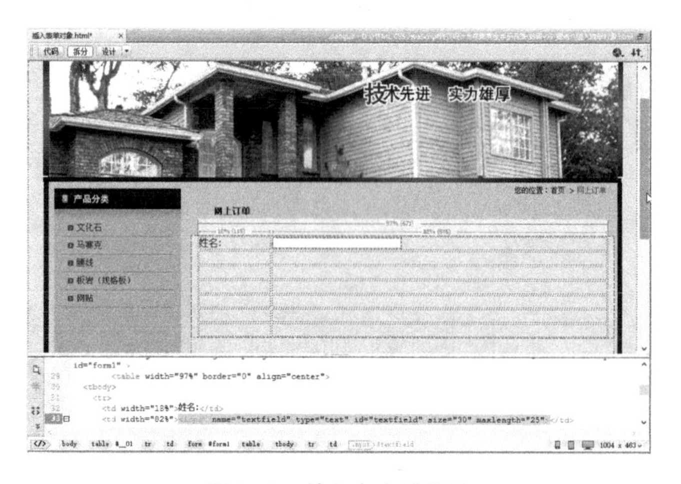

图 5-17　输入文本域代码

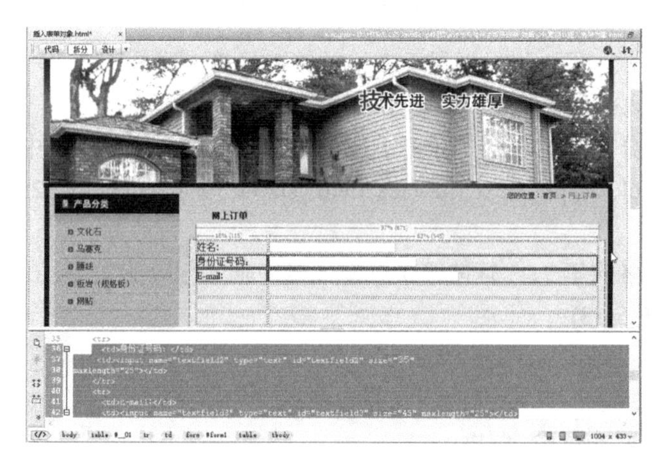

图 5-18　输入其他的文本域代码

(9) 打开“拆分”视图，将光标置于表格的第4行第1列单元格中，输入文字<td>房款方式：</td>，在第2列单元格中输入单选按钮代码(见图5-19)：

```
<td>一次性交清<input type="radio" name="radio" id="radio" value="radio">按揭贷款<input type="radio" name="radio" id="radio2" value="radio"></td>
```

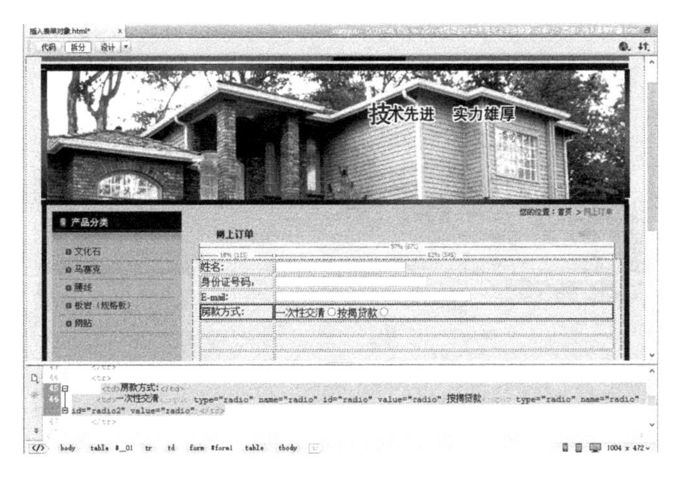

图5-19 输入单选按钮代码

(10) 打开“拆分”视图，将光标置于表格的第5行第1列单元格中，输入文字<td>您的购房预算：</td>，在第2列单元格中输入复选框代码(见图5-20)：

```
<td>20万-30万元<INPUT id="checkbox" type="checkbox" name="checkbox">
30万-40万元<INPUT id="checkbox2" type="checkbox" name="checkbox2">
40万元 以上<INPUT id="checkbox3" type="checkbox" name="checkbox3"></td>
```

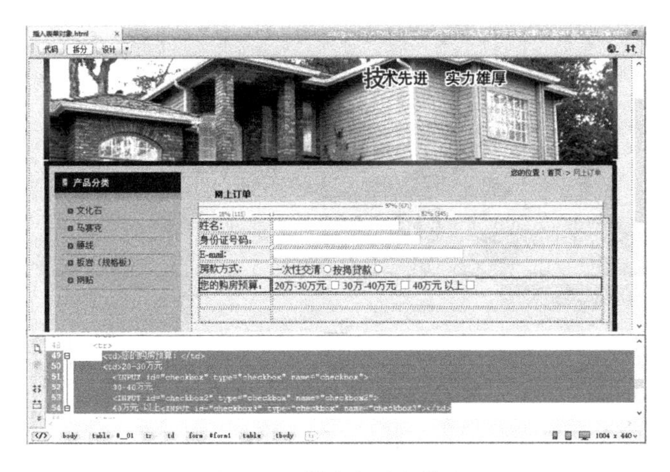

图5-20 输入复选框代码

(11) 打开“拆分”视图，将光标置于表格的第6行第1列单元格中输入文字，<td>订购户型：</td>，在第2行单元格中输入列表/菜单代码(见图5-21)：

```
<td>
<Select id=ddl name=ddl>
```

```
<OPTION selected>请选择户型</OPTION>
<OPTION>A1:一室一厅一卫(65.97 平方)</OPTION>
<OPTION>A2:两室两厅一卫(82.89 平方)</OPTION>
<OPTION>A5:两室两厅一卫(87.38 平方)</OPTION>
<OPTION>A6:两室两厅一卫(87.57 平方)</OPTION>
<OPTION>A7/8:三室两厅两卫(140.43 平方)</OPTION>
</select>
</td>
```

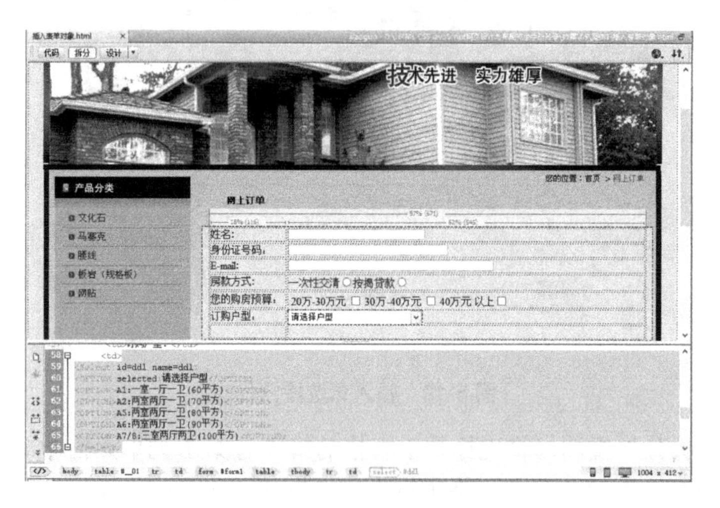

图 5-21 输入列表/菜单代码

(12) 打开“拆分”视图，将光标置于表格的第 7 行第 2 列单元格中，输入图像域代码(见图 5-22):

```
<td><input type="image"name="imageField"id="imageField"
src="images/zxdf_m04.gif"></td>
```

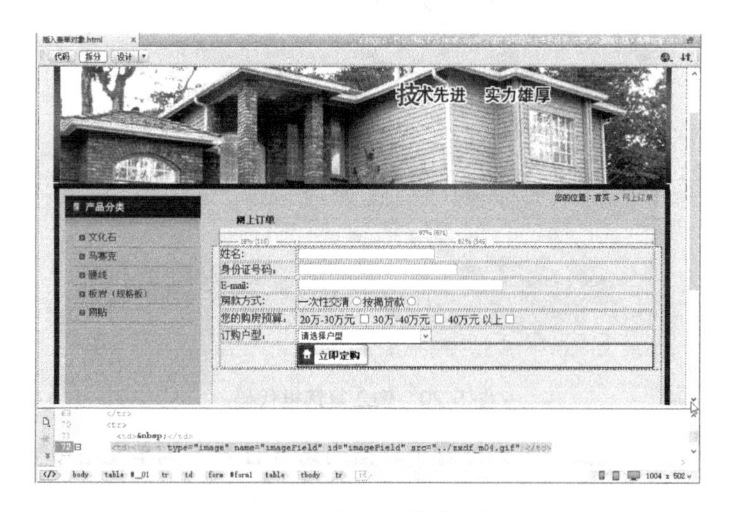

图 5-22 输入图像域代码

(13) 保存文档，按 F12 键预览表单效果，如图 5-23 所示。

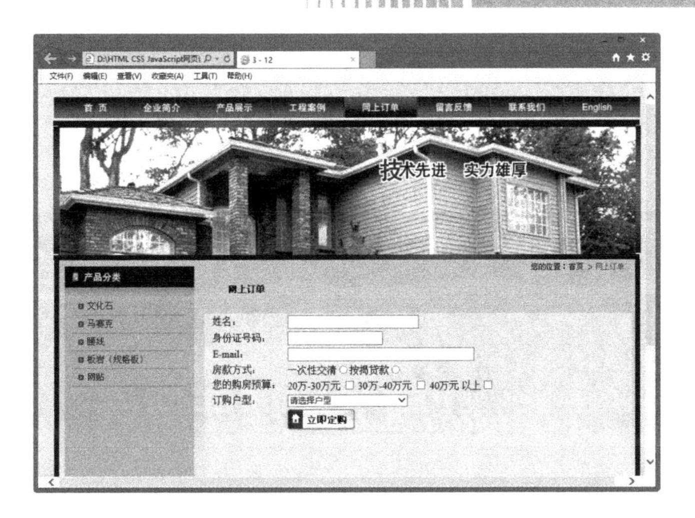

图 5-23　表单效果

综合案例 2——给网页添加链接

通过网页上的超链接可以实现在网上方便、快捷的访问，它是网页上不可缺少的重要元素。使用超链接可以将众多网页链接在一起，形成一个有机整体。本章主要讲述了各种超链接的创建。下面就用所学的知识来给页面添加各种链接。

(1)　使用 Dreamweaver CC 打开网页文档，如图 5-24 所示。

图 5-24　打开网页文档

(2)　打开“代码”视图，在<body>和</body>之间相应的位置输入适当的代码以设置图像的热区链接(见图 5-25)。具体代码如下：

```
<img src="123.jpg" alt="" width="1189" height="1058" usemap="#Map"/>
<map name="Map">
  <area shape="rect" coords="37,9,154,45" href="#1">
  <area shape="rect" coords="209,12,317,47" href="#2">
  <area shape="rect" coords="369,10,485,45" href="#3">
  <area shape="rect" coords="526,8,651,46" href="#4">
  <area shape="rect" coords="703,11,813,47" href="#5">
```

```
  <area shape="rect" coords="867,13,978,42" href="#6">
  <area shape="rect" coords="1036,9,1146,45" href="#7">
</map>
```

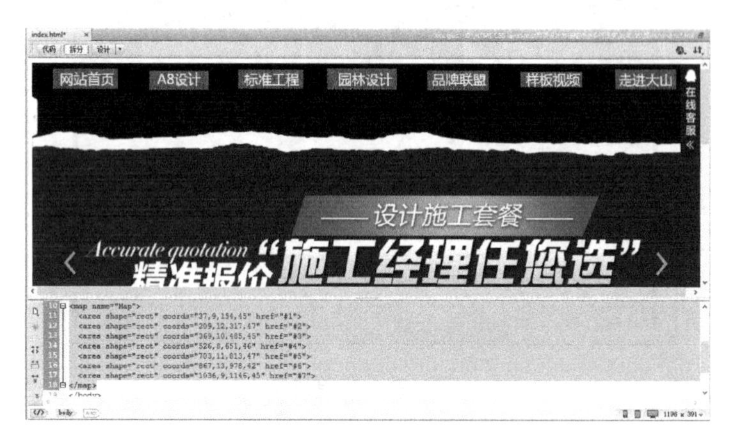

图 5-25　设置图像的热区

(3)　保存网页，在浏览器中预览效果，如图 5-26 所示。

图 5-26　预览效果

5.7　本 章 小 结

超链接是网页的重要组成部分。通过网页所提供的链接功能，用户可以链接到网络上的其他网页。如果网页上没有超链接，就只能在浏览器地址栏中一遍遍地输入各网页的URL地址，这将是一件极其麻烦的事。本章主要讲述了超链接的基本概念、创建基本超链接、创建图像的超链接、创建锚点链接以及在网页中插入表单。通过本章的学习，读者应该对网页中超链接和表单的应用有一个基本的了解。

5.8　练　习　题

1. 填空题

(1) 图像的链接和文字的链接方法是一样的，都是用<a>标记来完成的，只要将<img>标记放在__________和__________之间就可以了。

(2) 建立了锚点以后，就可以创建到锚点的链接，需要用__________号以及锚点的名称作为__________属性值。

(3) 在网页中__________、__________标记对用来创建一个表单，即定义表单的开始和结束位置，在标记对之间的一切都属于表单的内容。在表单的__________标记中，可以设置表单的基本属性，包括表单的名称、处理程序、传送方法等。一般情况下，表单的处理程序__________和传送方法__________是必不可少的参数。

2. 操作题

(1) 给网页添加链接，如图 5-27 所示。

(2) 插入表单对象，如图 5-28 所示。

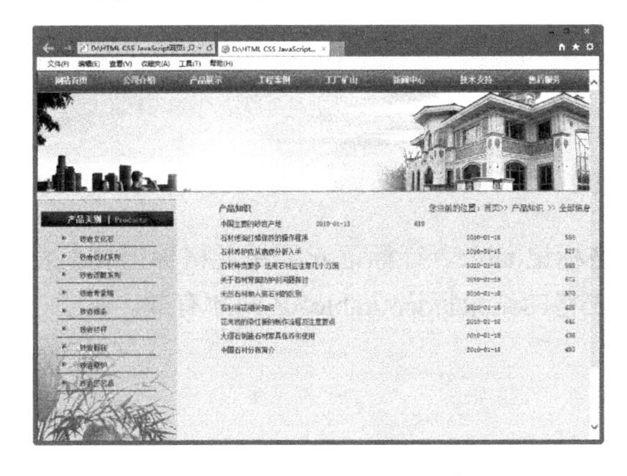

图 5-27　给网页添加链接

图 5-28　插入表单对象

第 6 章　用表格排列网页数据

本章要点

表格在网页制作中有着举足轻重的地位，这是因为表格在内容的组织、页面中文本和图形的位置控制方面都有很强的功能。灵活、熟练地使用表格，会使你在网页制作中如虎添翼。本章主要内容包括：

(1) 创建并设置表格属性；

(2) 表格的结构标记；

(3) 综合实例——使用表格排版网页。

6.1　表 格 属 性

表格由行、列和单元格 3 部分组成。使用表格可以排列页面中的文本、图像以及各种对象。行贯穿表格的左右，列则是上下方式的，单元格是行和列交汇的部分，它是输入信息的地方。

6.1.1　表格的基本标记 table、tr、td

表格一般通过 3 个标记来创建，分别是表格标记 table、行标记 tr 和单元格标记 td。表格的各种属性都要在表格的开始标记<table>和表格的结束标记</table>之间才有效。

- 行：表格中的水平间隔。
- 列：表格中的垂直间隔。
- 单元格：表格中行与列相交所产生的区域。

基本语法：

```
<table>
<tr>
<td>单元格内的文字</td>
<td>单元格内的文字</td>
</tr>
<tr>
<td>单元格内的文字</td>
<td>单元格内的文字</td>
</tr>
</table>
```

语法说明：

<table>和</table>分别表示表格的开始和结束，而<tr>和</tr>则分别表示行的开始和结

束，在表格中包含几组<tr>…</tr>就表示该表格为几行，<td>和</td>表示单元格的开始和结束。

实例代码：

```
<!doctype html>
<html>
<head>
<meta charset="utf-8">
<title> </title>
</head>
<body>
<table>
<tr>
<td>第 1 行第 1 列单元格</td><td>第 1 行第 2 列单元格</td>
</tr>
<tr>
<td>第 2 行第 1 列单元格</td><td>第 2 行第 2 列单元格</td>
</tr>
</table>
</body>
</html>
```

在上述代码中，加粗部分的代码表示表格的基本构成，在浏览器中预览，可以看到在网页中添加了一个 2 行 2 列的表格，表格没有边框，如图 6-1 所示。

在制作网页的过程中，一般都使用表格来控制网页的布局，如图 6-2 所示。

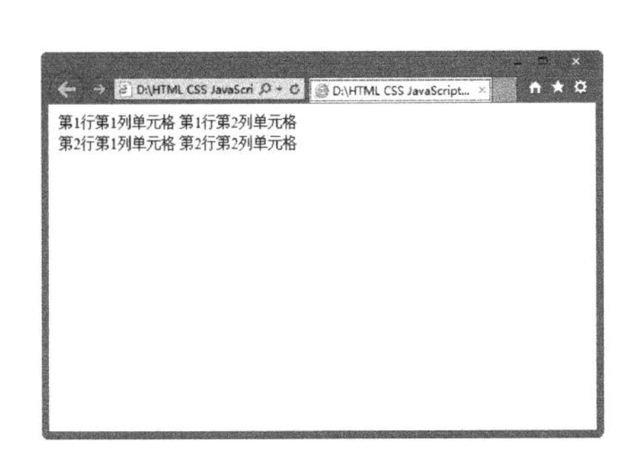

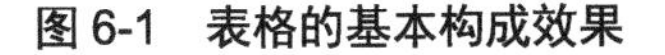
图 6-1　表格的基本构成效果

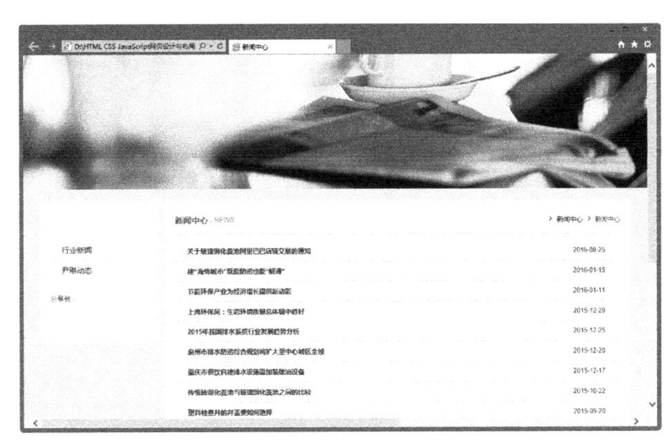

图 6-2　使用表格来控制网页的布局

6.1.2　表格宽度和高度 width、height

width 属性用来设置表格的宽度，height 属性用来设置表格的高度，以像素或百分比为单位。

基本语法：

```
<table width="表格宽度" height="表格高度">
```

语法说明：

表格高度值和表格宽度值可以是像素，也可以为百分比，如果设计者不指定，则默认宽度自适应。

实例代码：

```
<!doctype html>
<html>
<head>
<meta charset="utf-8">
<title>表格宽度和高度</title>
</head>
<body>
<table width="600" height="100">
<tr>
<td>第 1 行第 1 列单元格</td><td>第 1 行第 2 列单元格</td>
</tr>
<tr>
<td>第 2 行第 1 列单元格</td><td>第 2 行第 2 列单元格</td>
</tr>
</table>
</body>
</html>
```

在上述代码中，加粗部分的代码表示设置表格的宽度为 600 像素、高度为 100 像素，在浏览器中预览，效果如图 6-3 所示。

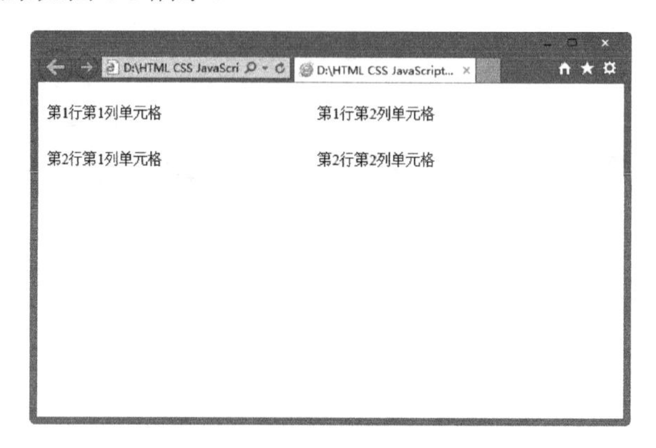

图 6-3　设置表格的宽和高的效果

6.1.3　表格标题 caption

<caption>标记可以为表格提供一个简短的说明，和图像的说明比较类似。在默认情况下，大部分可视化浏览器显示表格标题在表格的上方中央。

基本语法：

```
<caption>表格的标题</caption>
```

实例代码：

```
<!doctype html>
<html>
<head>
<meta charset="utf-8">
<title>表格的标题</title>
</head>
<body>
<table width="600" height="150">
 <caption>小学五年级课程表</caption>
  <tr>
    <td width="98"> </td>
    <td width="96">星期一</td>
    <td width="105">星期二</td>
    <td width="95">星期三</td>
    <td width="101">星期四</td>
    <td width="77">星期五</td>
  </tr>
  <tr>
    <td>第 1 节</td>
    <td>语文</td>
    <td>数学</td>
    <td>英语</td>
    <td>数学</td>
    <td>语文</td>
  </tr>
</table>
</body>
</html>
```

在上述代码中，加粗部分的代码表示设置表格的标题为“小学五年级课程表”，在浏览器中预览，可以看到表格的标题，如图 6-4 所示。

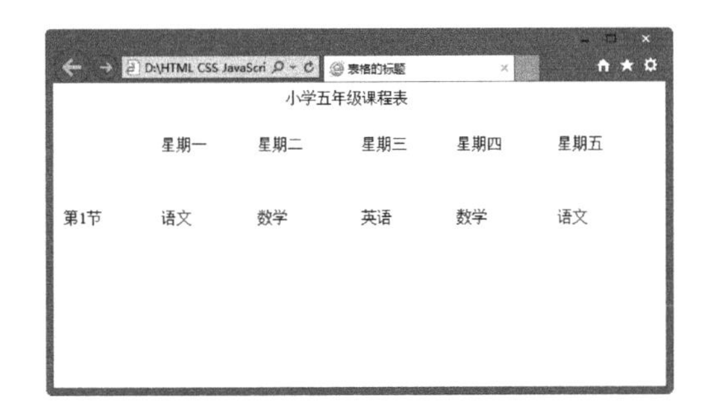

图 6-4　设置表格标题的效果

6.1.4　表格的表头 th

表头是指表格的第一行或第一列等对表格内容的说明，文字样式居中、加粗显示，通过<th>标记实现。

基本语法：

```
<table >
<tr>
<th>…</th>
…
</tr>
</table>
```

语法说明：

(1) <th>：表示头标记，包含在<tr>标记中。

(2) 在表格中，只要把标记<td>改为<th>就可以实现表格的表头。

实例代码：

```
<!doctype html>
<html>
<head>
<meta charset="utf-8">
<title>表格的表头</title>
</head>
<body>
<table width="600" height="150">
  <caption>小学五年级课程表</caption>
  <tr>
    <td width="98"> </td>
    <th>星期一</th>
    <th>星期二</th>
    <th>星期三</th>
    <th>星期四</th>
    <th>星期五</th>
  </tr>
  <tr>
    <td>第 1 节</td>
    <td>语文</td>
    <td>数学</td>
    <td>英语</td>
    <td>数学</td>
    <td>语文</td>
  </tr>
</table>
</body>
</html>
```

在上述代码中，加粗部分的代码表示设置表格的表头，在浏览器中预览，可以看到表格的表头效果，如图 6-5 所示。

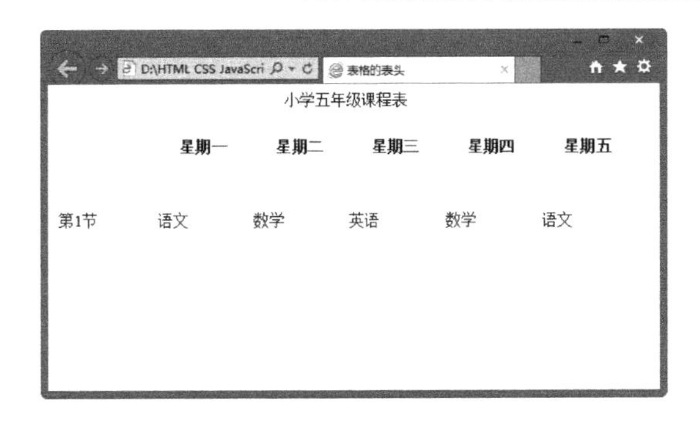

图 6-5　设置表格表头的效果

6.1.5　表格对齐方式 align

可以使用表格的 align 属性来设置表格的对齐方式。

基本语法：

```
<table align="对齐方式" >
```

语法说明：

align 属性有 left、center、right 这三个参数，如表 6-1 所示。

表 6-1　align 属性的取值

属 性 值	说　明
left	整个表格在浏览器页面中左对齐
center	整个表格在浏览器页面中居中对齐
right	整个表格在浏览器页面中右对齐

实例代码：

```
<!doctype html>
<html>
<head>
<meta charset="utf-8">
<title>表格对齐方式</title>
</head>
<body>
<table width="600" height="150" align="center">
  <caption>
    小学五年级课程表
  </caption>
  <tr>
    <td width="98"> </td>
    <th width="86"> 星期一</th>
    <th width="136"> 星期二</th>
    <th width="88"> 星期三</th>
    <th width="80"> 星期四</th>
    <th width="84"> 星期五</th>
```

```
  </tr>
  <tr>
    <td>第 1 节</td>
    <td>  语文</td>
    <td>  数学</td>
    <td>  英语</td>
    <td>  数学</td>
    <td>  语文</td>
  </tr>
</table>
</body>
</html>
```

在上述代码中，加粗部分的代码表示设置表格的对齐方式，在浏览器中预览，可以看到表格为居中对齐，如图 6-6 所示。

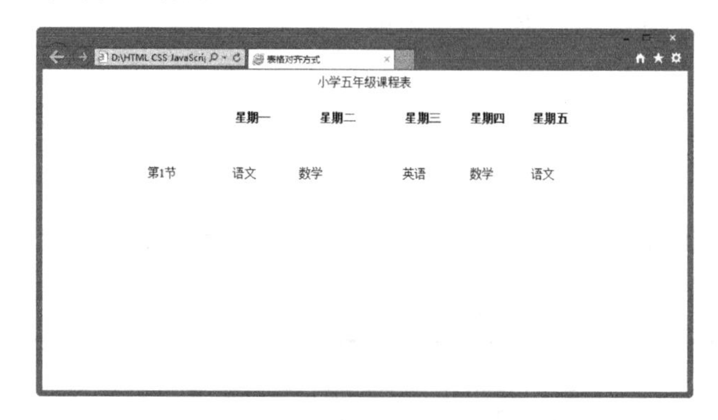

图 6-6　表格的居中对齐效果

表格的基本属性在网页制作的过程中应用非常广泛。如图 6-7 所示，这是使用表格的基本属性布局的网页。

产品名称	规格cm	价格(元)	产品名称	规格cm	价格(元)	单位	发布时间
杜鹃	20-30	0.6	杜鹃球	50-60	10	棵	2010-4-12
金叶女贞	20-30	0.5	樟树	5	28	棵	2010-4-12
金叶女贞	50	10	樟树	6	55	棵	2010-4-12
中华蚊母	30-40	0.5	樟树	8	80	棵	2010-4-12
中华蚊母	50-100	0.8	杜英	10	80	棵	2010-4-12
红花继木	20-30	1.2	杜英	12	125	棵	2010-4-12
红花继木球	80-100	25	乐昌含笑	8	80	棵	2010-4-12
金边黄杨	20-30	0.5	乐昌含笑	10	150	棵	2010-4-12
广玉兰	4	18	法国冬青	50-80	4	棵	2010-4-12
广玉兰	5	22	法国冬青	80-100	5.5/TD>	棵	2010-4-12
罗汉松	3	13	铺地柏	20-30	0.9	棵	2010-4-12
桂花	4	19	四季桂花	5	65	棵	2010-4-12

图 6-7　使用表格的基本属性布局的网页

提示： 虽然整个表格在浏览器页面范围内居中对齐，但是表格里单元格的对齐方式并不会因此而改变。如果要改变单元格的对齐方式，就需要在行、列或单元格内另行定义。

6.1.6　边框宽度 border

可以通过表格添加 border 属性，来实现为表格设置边框线以及美化表格的目的。在默认情况下，如果不指定 border 属性，表格的边框为 0，则浏览器将不显示表格边框。

基本语法：

```
<table border="边框宽度">
```

语法说明：

通过 border 属性定义边框线的宽度，单位为像素。

实例代码：

```
<!doctype html>
<html>
<head>
<meta charset="utf-8">
<title>表格的边框宽度</title>
</head>
<body>
<table width="400" border="3">
<tr>
<td>单元格 1</td>
<td>单元格 2</td>
</tr>
<tr>
<td>单元格 3</td>
<td>单元格 4</td>
</tr>
</table>
</body>
</html>
```

在上述代码中，加粗部分的代码表示设置表格的边框宽度，在浏览器中预览，可以看到将表格边框宽度设置为 4 像素的效果，如图 6-8 所示。

提示： border 属性设置的表格边框只能影响表格四周的边框宽度，而并不能影响单元格之间边框尺寸。虽然设置边框宽度没有限制，但是一般边框设置不应超过 5 像素，过于宽大的边框会影响表格的整体美观。

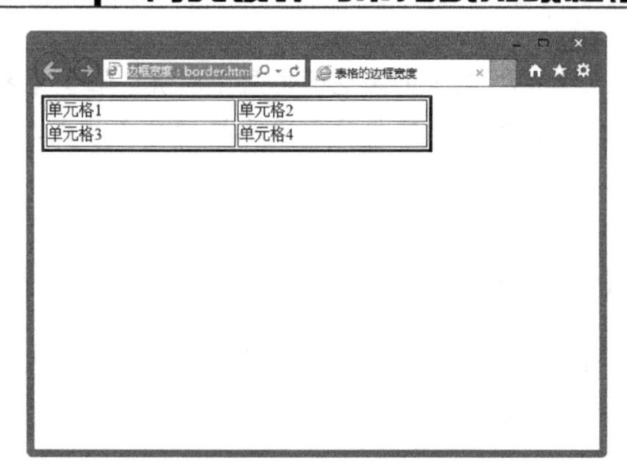

图 6-8　设置表格边框宽度的效果

6.1.7　表格边框颜色 bordercolor

为了美化表格，可以为表格设定不同的边框颜色。在默认情况下，边框的颜色是灰色的，可以使用 bordercolor 属性设置边框颜色。但是设置边框颜色的前提是边框的宽度不能为 0，否则无法显示出边框的颜色。

基本语法：

```
<table border="边框宽度" bordercolor="边框颜色">
```

语法说明：

定义颜色的时候，可以使用英文颜色名称或十六进制颜色值。

实例代码：

```
<!doctype html>
<html>
<head>
<meta charset="utf-8">
<title>表格边框颜色</title>
</head>
<body>
<table width="400" border="3" bordercolor="#F4060A">
<tr>
<td>单元格 1</td>
<td>单元格 2</td>
</tr>
<tr>
<td>单元格 3</td>
<td>单元格 4</td>
</tr>
</table>
</body>
</html>
```

在上述代码中，加粗部分的代码表示设置表格边框的宽度和颜色，在浏览器中预览，可以看到边框颜色的效果，如图 6-9 所示。

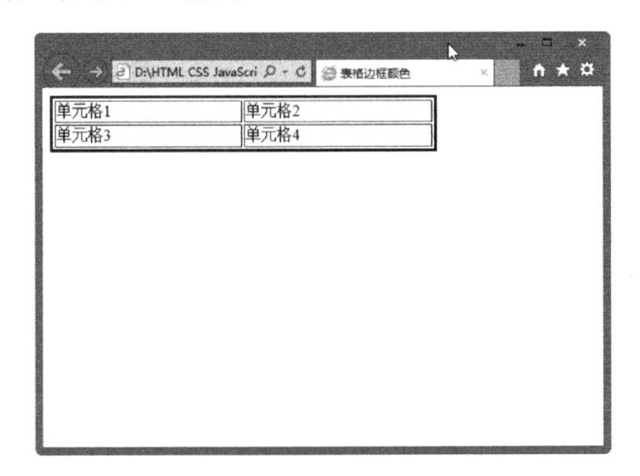

图 6-9　设置表格边框颜色的效果

6.1.8　单元格间距 cellspacing

表格的单元格和单元格之间，可以使用 cellspacing 属性设置一定的距离，这样能使表格不会显得过于紧凑。

基本语法：

```
<table cellspacing="间距值">
```

语法说明：

单元格的间距以像素为单位，默认值是 2。

实例代码：

```
<!doctype html>
<html>
<head>
<meta charset="utf-8">
<title>单元格间距</title>
</head>
<body>
<table width="500" border="1" cellspacing="10"  bordercolor="#13C812">
<tr>
<td>单元格 1</td>
<td>单元格 2</td>
</tr>
<tr>
<td>单元格 3</td>
<td>单元格 4</td>
</tr>
</table>
</body>
</html>
```

在上述代码中，加粗部分的代码表示设置单元格的间距，在浏览器中预览，可以看到设置单元格间距的效果，如图 6-10 所示。

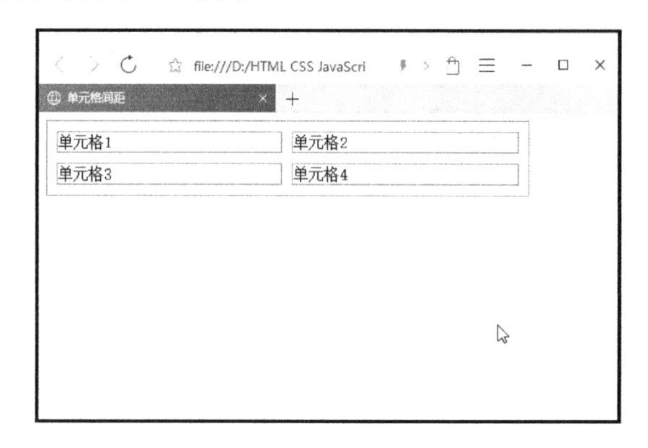

图 6-10　设置单元格间距的效果

6.1.9　单元格边距 cellpadding

在默认情况下，单元格里的内容会紧贴着表格的边框，这样看上去非常拥挤。可以使用 cellpadding 属性来设置单元格边框与单元格里的内容之间的距离。

基本语法：

```
<table cellpadding="文字与边框距离值">
```

语法说明：

单元格里的内容与边框的距离以像素为单位，一般可以根据需要设置，但是不宜过大。

实例代码：

```
<!doctype html>
<html>
<head>
<meta charset="utf-8">
<title>表格内文字与边框距离</title>
</head>
<body>
<table width="500" border="1" cellspacing="6" cellpadding="8"
bordercolor="#DF34FD">
  <tr>
    <td>单元格 1</td><td>单元格 2</td>
  </tr>
  <tr>
    <td>单元格 3</td><td>单元格 4</td>
  </tr>
</table>
</body>
</html>
```

在上述代码中，加粗部分的代码表示设置单元格边距，在浏览器中预览，可以看到文字与边框的距离效果，如图 6-11 所示。

图 6-11　设置单元格边距的效果

在制作网页的同时对表格的边框进行相应的设置，可以很容易地制作出一些细线的表格，如图 6-12 所示。

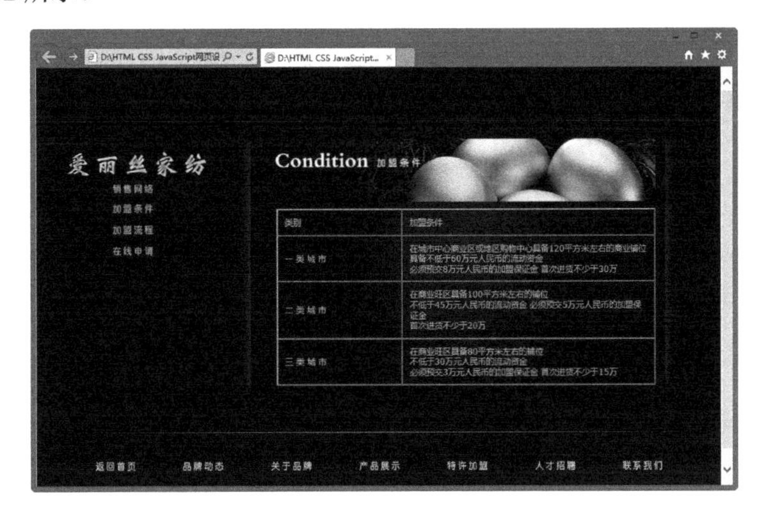

图 6-12　细线表格的效果

6.1.10　表格的背景色 bgcolor

表格的背景颜色属性 bgcolor 是针对整个表格的。bgcolor 定义的颜色可以被行、列或单元格定义的背景颜色所覆盖。

基本语法：

```
<table bgcolor="背景颜色">
```

语法说明：

定义颜色的时候，可以使用英文颜色名称或十六进制颜色值。

实例代码：

```
<!doctype html>
<html>
<head>
<meta charset="utf-8">
```

```
<title>表格的背景色</title>
</head>
<body>
<table width="400" border="1"cellspacing="8"cellpadding="10"
bordercolor="#3ad415" bgcolor="#539408">
  <tr>
    <td>单元格 1</td><td>单元格 2</td>
  </tr>
  <tr>
    <td>单元格 3</td><td>单元格 4</td>
  </tr>
</table>
</body>
</html>
```

在上述代码中，加粗部分的代码表示设置表格的背景颜色，在浏览器中预览，可以看到表格设置了黄色的背景，如图 6-13 所示。

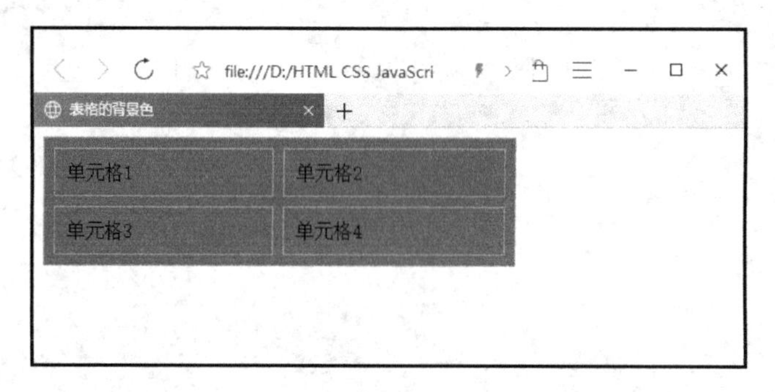

图 6-13　设置表格背景颜色的效果

6.1.11　表格的背景图像 background

除了可以为表格设置背景颜色之外，还可以使用 background 属性为表格设置更加美观的背景图像。

基本语法：

```
<table background="背景图像地址" >
```

语法说明：

背景图像的地址可以为相对地址，也可以为绝对地址。

实例代码：

```
<!doctype html>
<html>
<head>
<meta charset="utf-8">
<title>表格的背景图像</title>
</head>
```

```
<body>
<table width="500"border="1" cellspacing="8" cellpadding="10"
background="1.jpg">
  <tr>
    <td>单元格 1</td><td>单元格 2</td>
  </tr>
  <tr>
    <td>单元格 3</td><td>单元格 4</td>
  </tr>
</table>
</body>
</html>
```

在上述代码中，加粗部分的代码表示设置表格的背景图像，在浏览器中预览，可以看到表格设置了背景图像的效果，如图 6-14 所示。

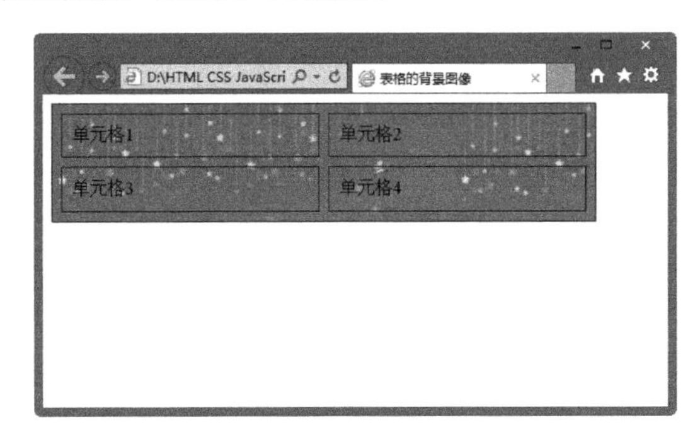

图 6-14　设置表格背景图像的效果

6.2　表格的结构标记

为了在源代码中清楚地区分表格结构，HTML 语言中规定了<thead>、<tboby>和<tfoot>这 3 个标记，分别对应于表格的表头、表主体和表尾。

6.2.1　设计表头样式 thead

表头样式的开始标记是<thead>，结束标记是</thead>。它们用于定义表格最上端表头的样式，可以设置背景颜色、文字对齐方式、文字的垂直对齐方式等。

基本语法：

```
<thead>
…
</thead>
```

语法说明：

在该语法中，bgcolor、align、valign 的用法与单元格中的设置方法相同。在<thead>标记内还可以包含<td>、<th>和<tr>标记，而一个表元素中只能有一个<thead>标记。

实例代码：

```
<!doctype html>
<html>
<head>
<meta charset="utf-8">
<title>设计表头样式</title>
</head>
<body>
<table width="600" height="150" border="1">
  <caption>
  小学成绩表
  </caption>
 <thead bgcolor="#00FFFF"align="center">
 <tr>
    <td width="98">姓名</td>
    <td width="86">英语<br></td>
    <td width="136">数学</td>
    <td width="80">语文</td>
  </tr>
</thead>
  <tr>
    <td>李林</td> <td>99</td>
    <td>100</td>
    <td>80</td>
  </tr>
  <tr>
    <td>王楠</td>
    <td>98</td>
    <td>100</td>
    <td>96</td>
  </tr>
</table>
</body>
</html>
```

在上述代码中，加粗部分的代码表示设置表格的表头，在浏览器中预览效果，如图 6-15 所示。

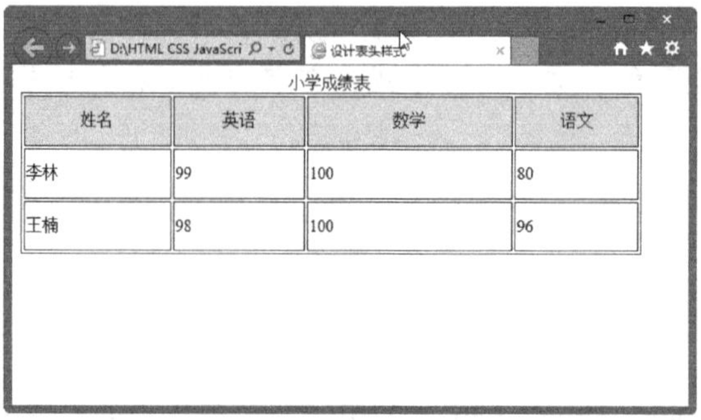

姓名	英语	数学	语文
李林	99	100	80
王楠	98	100	96

图 6-15　设置表格的表头效果

6.2.2　设计表主体样式 tbody

与表头样式的标记功能类似，表主体样式用于统一设计表主体部分的样式，标记为<tbody>。

基本语法：

```
<tbody bgcolor="背景颜色" align="对齐方式">
…
</tbody>
```

语法说明：

在该语法中，bgcolor、align、valign 属性的取值范围与<thead>标记中的相同。一个表元素中只能有一个<tbody>标记。

实例代码：

```
<!doctype html>
<html>
<head>
<meta charset="utf-8">
<title>设计表主体样式</title>
</head>
<body>
<table width="600" height="150" border="1">
  <caption>
  小学成绩表
  </caption>
 <thead bgcolor="#55F742"align="center">
 <tr>
    <td width="98">姓名</td>
    <td width="86">英语<br></td>
    <td width="136">数学</td>
    <td width="80">语文</td>
  </tr>
</thead>
 <tbody bgcolor="#A5FF80" align="left">
  <tr>
    <td>李林</td> <td>99</td>
    <td>100</td>
    <td>80</td>
  </tr>
  <tr>
    <td>王楠</td>
    <td>98</td>
    <td>100</td>
    <td>96</td>
  </tr> <tbody/>
```

```
</table>
</body>
</html>
```

在上述代码中，加粗部分的代码表示设置表格的表主体，在浏览器中预览效果，如图 6-16 所示。

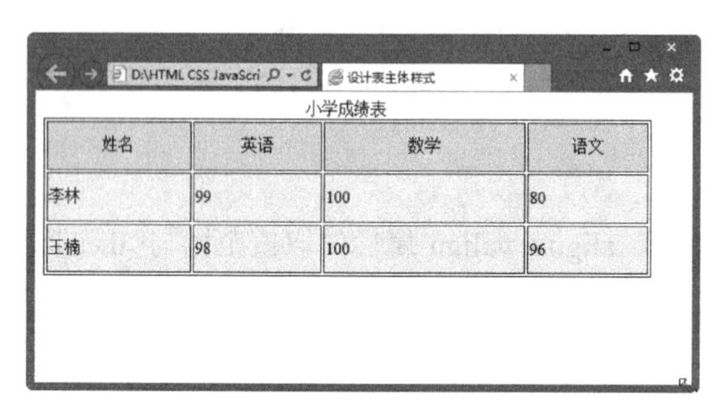

图 6-16　设置表主体样式效果

6.2.3　设计表尾样式 tfoot

<tfoot>标记用于定义表尾样式。

基本语法：

```
< tfoot bgcolor="背景颜色"align="对齐方式"valign="垂直对齐方式">
…
</tfoot>
```

语法说明：

在该语法中，bgcolor、align、valign 属性的取值范围与<thead>标记中的相同。一个表元素中只能有一个<tfoot>标记。

实例代码：

```
<!doctype html>
<html>
<head>
<meta charset="utf-8">
<title>设计表尾样式</title>
</head>
<body>
<table width="600" height="150" border="1">
  <caption>
  小学成绩表
  </caption>
 <thead bgcolor="#55F742"align="center">
 <tr>
   <td width="98">姓名</td>
```

```
    <td width="86">英语<br></td>
    <td width="136">数学</td>
    <td width="80">语文</td>
  </tr>
</thead>
 <tbody bgcolor="#A5FF80" align="left">
  <tr>
    <td>李林</td> <td>99</td>
    <td>100</td>
    <td>80</td>
  </tr>
  <tr>
    <td>王楠</td>
    <td>98</td>
    <td>100</td>
    <td>96</td>
  </tr>
  <tfoot align="right" bgcolor="#a4c92e">
<tr><td colspan="4">特别提示：以上信息仅供参考。</td></tr>
</tfoot>
</table>
</body>
</html>
```

在上述代码中，加粗部分的代码表示设置表尾样式，在浏览器中预览效果，如图 6-17 所示。

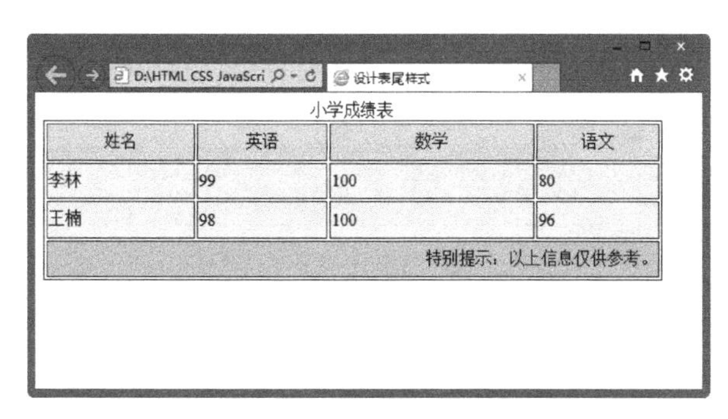

图 6-17　设置表尾样式的效果

6.3　综合实例——使用表格排版网页

表格在网页版面布局中发挥着非常重要的作用，网页中的所有元素都需要表格来定位。本章主要讲述了表格的常用标签。下面通过实例讲述表格在整个网页排版布局方面的综合运用。具体操作步骤如下。

(1)　打开 Dreamweaver CC，新建一空白文档，如图 6-18 所示。

图 6-18　新建文档

(2)　打开“代码”视图，将光标置于相应的位置，输入如下代码，插入 2 行 2 列的表格，此表格记为表格 1，如图 6-19 所示。

```
<tbody>
  <tr>
    <td> </td>
  </tr>
</tbody>
```

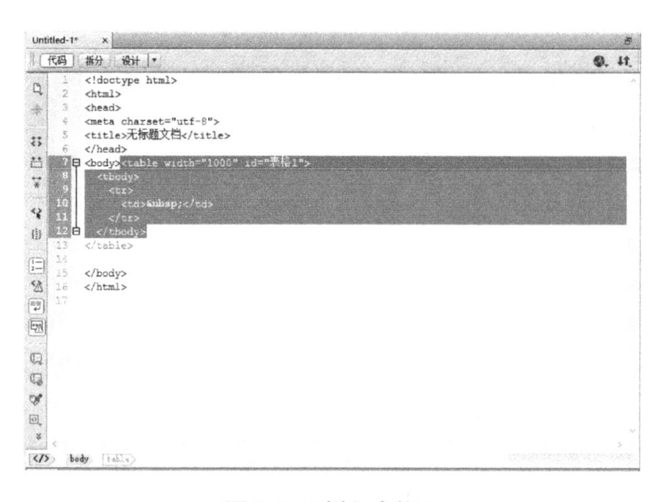

图 6-19　插入表格 1

(3)　在表格 1 的单元格中输入以下代码，插入图像，如图 6-20 所示。

```
<img src="images/1.jpg" width="1053" height="378" alt=""/>
```

(4)　将光标置于表格 1 的右边，输入以下代码，插入 1 行 2 列的表格，此表格记为表格 2，并在表格 2 的第 1 行单元格中插入 7 行 1 列的表格，如图 6-21 所示。

```
<table width="1000" id="表格 2">
  <tbody>
    <tr>
    <td width="268"><table width="100%" cellpadding="5" cellspacing="5" id=
"表格 3">
        <tbody>
          <tr>
            <td> </td>
          </tr>
          <tr>
            <td> </td>
          </tr>
          <tr>
            <td> </td>
          </tr>
          <tr>
            <td> </td>
          </tr>
          <tr>
            <td> </td>
          </tr>
          <tr>
            <td> </td>
          </tr>
          <tr>
            <td> </td>
          </tr>
        </tbody>
      </table></td>
      <td width="720"> </td>
```

图 6-20　插入图像

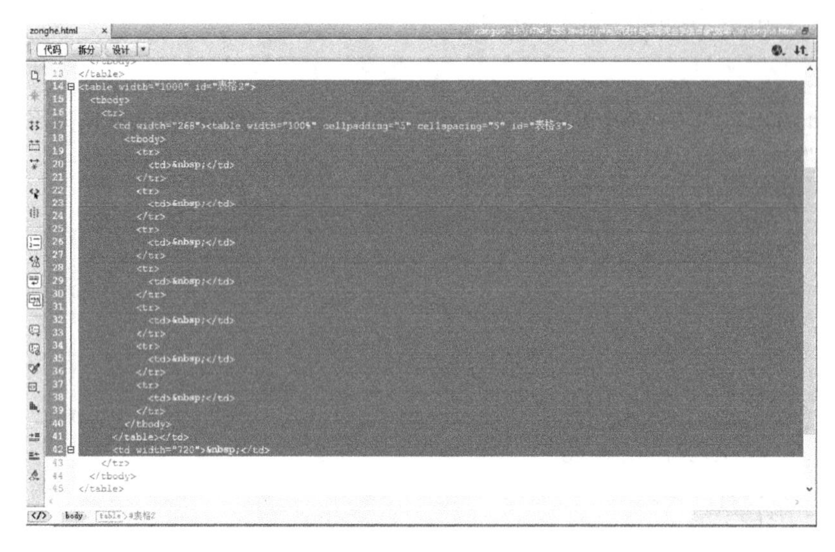

图 6-21　插入表格 2、表格 3

(5)　将光标置于表格 3 中。输入以下代码，并在表格 3 的单元格中输入相应的内容，如图 6-22 所示。

```
<table width="100%" cellpadding="5" cellspacing="5" id="表格 3">
    <tbody>
    <tr>
    <td><img src="images/6.3--综合实例——使用表格排版网页_04.gif" width="313"
height="45" alt=""/></td>
    </tr>
<tr>
<td style="font-size: 14px">&#8226; 酒店新上线智能电视 2017-04-08</td>
</tr>
<tr>
<td style="font-size: 14px">&#8226; 酒店推出客房八折优惠 2017-04-01</td>
</tr>
<tr>
<td style="font-size: 14px">&#8226; 三月八日，特别的爱，给 2017-03-08 </td>
</tr>
<tr>
<td style="font-size: 14px">&#8226; 11.26 日感恩节特惠 2016-11-26</td>
</tr>
<tr>
<td><img src="images/6.3--综合实例——使用表格排版网页_14.gif" width="313"
height="51" alt=""/></td>
</tr>
<tr> <td><p>联系电话：15653933456</p>
  <p>地址：山东临沂金雀山路</p></td> </tr>
</tbody>
</table>
```

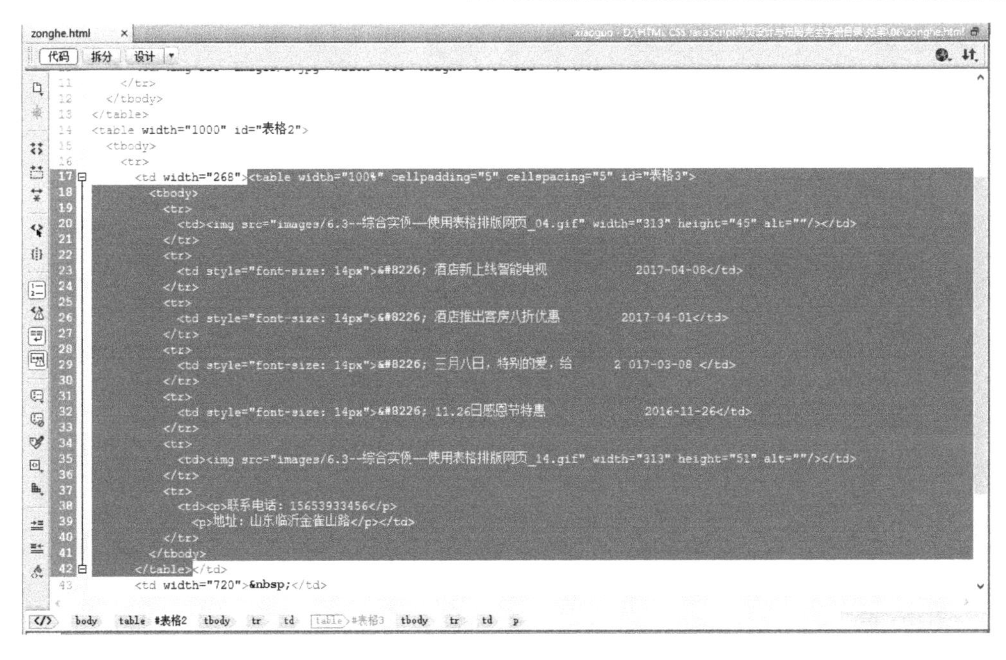

图 6-22　在表格 3 中输入内容

(6) 将光标置于表格 2 的第 2 行单元格中，插入表格 4、表格 5，并输入以下相应的内容，如图 6-23 所示。

```
<table width="98%" align="center" id="表格 4">
<tbody>
<tr>
<td><img src="images/6.3--综合实例——使用表格排版网页_06.gif" width="633"
height="43" alt=""/></td>
</tr>
</tbody>
</table>
<table width="98%" align="center" id="表格 5">
<tbody>
<tr>
<td width="65%" valign="top"><span style="font-size: 14px">2007 年的假期调
整政策让酒店业绷紧了每一根敏感神经。带薪休假的出台更是激活了旅游酒店板块。带薪休假的出
台，无疑是给予酒店和旅游业的一块特大蛋糕。这让酒店旅游行业进入“价量齐升”的黄金投资期。
同时国内消费升级推动国内游的游客人次与人均花费同步增长，现代交通工具提供的更为快捷舒适
的运输服务，使交通对旅游的瓶颈约束效应越来越小，这使观光游得以继续发展，而休闲度假游也
将逐步兴起。旅游市场针对此纷纷推出相关产品，很多度假型酒店更是看准了商机，针对这个市场
的变换进行着相关的调节。而对于深处大都市的商务型酒店而言这一消息同样令其拍手叫好，由于
“五一”黄金周的取消，商务型酒店免去了多年来由于假期造成的“空房”甚至是“降价”的尴尬，
“五一”的正常工作，让商务型酒店拥有了正常的“商务”价值。</span></td>
<td width="35%" valign="top" style="text-align: right">
<img src="images/6.3--综合实例——使用表格排版网页_11.gif" width="175"
height="262" alt=""/></td>
</tr>
```

```
</tbody>
</table>
```

图 6-23　插入表格 4 和表格 5

(7) 将光标置于表格 2 的右边，插入表格 6，并插入图像文件，如图 6-24 所示。

图 6-24　插入图像文件

(8) 保存文档，按 F12 键在浏览器中预览，效果如图 6-25 所示。

图 6-25　利用表格排版网页的效果

6.4　本 章 小 结

表格是用于排列内容的最佳方式。在网页中，绝大多数网页的页面都是使用表格进行排版的。本章主要讲述表格的创建、表格的属性、行属性、单元格属性和表格的结构标记等内容。通过本章的学习，要学会合理利用表格来排列数据，这有助于协调页面结构的均衡，使得页面在形式上既丰富多彩又有条理、组织井然有序而不显得单调，从而设计出版式漂亮的网页。

6.5　练　习　题

1. 填空题

(1) 表格一般通过 3 个标记来创建，分别是表格标记________、行标记________和单元格标记________。表格的各种属性都要在表格的开始标记：________和表格的结束标记________之间才有效。

(2) ________标记用来设置表格的宽度，________标记用来设置表格的高度，以像素或百分比为单位。

(3) 为了在源代码中清楚地区分表格结构，HTML 语言中规定了________、________和________三个标记。分别对应于表格的表头、表主体和表尾。

(4) 表头样式的开始标记是________，结束标记是________。它们用于定义表格最上端表头的样式，可以设置________、________、________等。

2. 操作题

利用表格排版网页的效果，如图 6-26 所示。

图 6-26　网页效果

第 7 章　HTML 5 入门基础

本章要点

HTML 5 是一种网络标准，相比于 HTML 4.01 和 XHTML 1.0，可以实现更强的页面表现性能，同时充分调用本地的资源，实现不输于 APP 的功能效果。HTML 5 带给了浏览者更好的视觉冲击，同时让网站程序员更好地与 HTML 语言“沟通”。本章主要内容包括:

(1) HTML 5 简介;

(2) HTML 5 与 HTML 4 的区别;

(3) HTML 5 新增的元素和废除的元素;

(4) 新增的属性和废除的属性;

(5) 创建简单的 HTML 5 页面。

7.1　HTML 5 简介

HTML 5 草案的前身名为 Web Applications 1.0，是在 2004 年由 WHATWG 提出的，再于 2007 年获 W3C 接纳，并成立了新的 HTML 工作团队。2008 年 1 月 22 日，第一份正式草案发布。WHATWG 表示该规范是目前仍在进行的工作，仍须多年的努力。目前 Firefox、Google Chrome、Opera、Safari(版本 4 以上)、Internet Explorer 9 已支持 HTML 5 技术。

HTML 最早是作为显示文档的手段出现的。再加上 JavaScript，它其实已经演变成了一个系统，可以开发搜索引擎、在线地图、邮件阅读器等各种 Web 应用。虽然设计巧妙的 Web 应用可以实现很多令人赞叹的功能，但开发这样的应用远非易事。多数都得手动编写大量 JavaScript 代码，还要用到 JavaScript 工具包，乃至在 Web 服务器上运行的服务器端 Web 应用。要让所有这些方面在不同的浏览器中都能紧密配合不出差错是一个巨大挑战。由于各大浏览器厂商的内核标准不一样，使得 Web 前端开发者通常在兼容性问题而引起的 bug 上要浪费很多精力。

HTML 5 是 2010 年正式推出的，随之就引起了世界上各大浏览器开发商的极大热情，如 Fire Fox、Chrome、IE9 等。那 HTML 5 为什么会如此受欢迎呢？

在新的 HTML 5 语法规则当中，部分的 JavaScript 代码将被 HTML 5 的新属性所替代，部分的 DIV 布局代码也将变为更加语义化的结构标签，这使得网站前端的代码变得更加精练、简洁和清晰，让代码所要表达的意思更加一目了然。

HTML 5 是一种设计来组织 Web 内容的语言，其目的是通过创建一种标准的和直观的标记语言来把 Web 设计和开发变得容易起来。HTML 5 提供了各种切割和划分页面的手段，允许你创建的切割组件不仅能用来逻辑地组织站点，而且能够赋予网站聚合的能力。这是 HTML 5 富有表现力的语义和实用性美学的基础。HTML 5 赋予设计者和开发者各种层面的能力来向外发布各式各样的内容，从简单的文本内容到丰富的、交互式的多媒体，无不包括在内。

7.2 HTML 5 与 HTML 4 的区别

HTML 5 是最新的 HTML 标准。HTML 5 语言更加精简，解析的规则更加详细。并且针对不同的浏览器，即使语法错误也可以显示出同样的效果。下面列出的就是一些 HTML 4 和 HTML 5 之间主要的不同之处。

7.2.1 HTML 5 的语法变化

HTML 的语法是在 SGML 语言的基础上建立起来的。但是 SGML 语法非常复杂，要开发能够解析 SGML 语法的程序也很不容易，所以很多浏览器都不包含 SGML 的分析器。因此，虽然 HTML 基本遵从 SGML 的语法，但是对于 HTML 的执行在各浏览器之间并没有统一的标准。

在这种情况下，各浏览器之间的互兼容性和互操作性在很大程度上取决于网站或网络应用程序的开发者们在开发上所做的共同努力，而浏览器本身始终是存在缺陷的。

在 HTML 5 中提高 Web 浏览器之间的兼容性是它的一个很大的目标，而为了确保兼容性，就要有一个统一的标准。因此，在 HTML 5 中，就围绕着这个 Web 标准，重新定义了一套在现有的 HTML 的基础上修改而来的语法，使它运行在各浏览器上时各浏览器都能够符合这个通用标准。

因为关于 HTML 5 语法解析的算法也都提供了详细的记载，所以各 Web 浏览器的供应商们可以把 HTML 5 分析器集中封装在自己的浏览器中。最新的 Firefox(默认为 4.0 以后的版本)与 WebKit 浏览器引擎中都迅速地封装了供 HTML 5 使用的分析器。

7.2.2 HTML 5 中的标记方法

下面来看看在 HTML 5 中的标记方法。

1. 内容类型(ContentType)

HTML 5 的文件扩展名与内容类型保持不变。也就是说，扩展名仍然为“.html”或“.htm”，内容类型(ContentType)仍然为 “text/HTML” 。

2. doctype 声明

doctype 声明是 HTML 文件中必不可少的，它位于文件第一行。在 HTML 4 中，它的声明方法如下：

```
<!doctype html>
<html>
```

doctype 声明是 HTML 5 里众多新特征之一。现在你只需要写<!doctype html>，这就行了。HTML 5 中的 doctype 声明方法(不区分大小写)如下：

```
<!doctype html>
```

3. 指定字符编码

在 HTML 中，可以使用对元素直接追加 charset 属性的方式来指定字符编码，代码如下：

```
<meta charset="utf-8">
```

7.2.3 HTML 5 语法中的 3 个要点

HTML 5 中规定的语法，在设计上兼顾了与现有 HTML 之间最大程度的兼容性。下面就来看看具体的 HTML 5 语法。

1. 可以省略标记的元素

在 HTML 5 中，有些元素可以省略标记，具体来讲有 3 种情况。

1) 必须写明结束标记

area、base、br、col、command、embed、hr、img、input、keygen、link、meta、param、source、track、wbr。

2) 可以省略结束标记

li、dt、dd、p、rt、rp、optgroup、option、colgroup、thead、tbody、tfoot、tr、td、th。

3) 可以省略整个标记

HTML、head、body、colgroup、tbody。

需要注意的是，虽然这些元素可以省略，但实际上却是隐形存在的。

例如：<body>标记可以省略，但在 DOM 树上它是存在的，可以永恒访问到 document.body。

2. 取得 boolean 值的属性

取得布尔值(boolean)的属性，如 disabled 和 readonly 等，通过默认属性的值来表达“值为 true”。

此外，在写明属性值来表达“值为 true”时，可以将属性值设为属性名称本身，也可以将值设为空字符串。

```
<!--以下的 checked 属性值皆为 true-->
<input type="checkbox" checked>
<input type="checkbox" checked="checked">
<input type="checkbox" checked="">
```

3. 省略属性的引用符

在 HTML 4 中设置属性值时，可以使用双引号或单引号来引用。

在 HTML 5 中，只要属性值不包含空格、“<”、“>”、“'”、“"”、“`”、“=”等字符，都可以省略属性的引用符。

实例如下：

```
<input type="text">
<input type='text'>
<input type=text>
```

7.3　HTML 5 新增的元素和废除的元素

下面详细介绍 HTML 5 中新增和废除了哪些元素。

7.3.1　新增的结构元素

HTML 4 由于缺少结构，即使是样式良好的 HTML 页面也比较难以处理。必须分析标题的级别，才能看出各个部分的划分方式。边栏、页脚、页眉、导航条、主内容区和各篇文章都由通用的 DIV 元素来表示。HTML 5 添加了一些新元素，专门用来标识这些常见的结构，不再需要为 DIV 的命名费尽心思。

HTML 5 增加了新的结构元素来表达这些最常用的结构。

(1) section。可以表达书本的一部分或一章，或者一章内的一节。

(2) header。页面主体上的头部，并非 head 元素。

(3) footer。页面的底部(页脚)，可以是一封邮件签名的所在。

(4) nav。到其他页面的链接集合。

(5) article。blog、杂志、文章汇编等中的一篇文章。

1. section 元素

section 元素表示页面中的一个内容区块，如章节、页眉、页脚或页面中的其他部分。它可以与 h1、h2、h3、h4、h5、h6 等元素结合起来使用，标示文档结构。

HTML 5 中代码示例：

```
<section>...</section>
```

2. header 元素

header 元素表示页面中一个内容区块或整个页面的标题。

HTML 5 中代码示例：

```
<header>...</header>
```

3. footer 元素

footer 元素表示整个页面或页面中一个内容区块的脚注。一般来说，它会包含创作者的姓名、创作日期及创作者联系信息。

HTML 5 中代码示例：

```
<footer></footer>
```

4. nav 元素

nav 元素表示页面中导航链接的部分。

HTML 5 中代码示例：

```
<nav></nav>
```

5. article 元素

article 元素表示页面中的一块与上下文不相关的独立内容，如博客中的一篇文章或报纸中的一篇文章。

HTML 5 中代码示例：

```
<article>...</article>
```

下面是一个网站的页面，采用了 HTML 5 编写代码。

实例代码：

```
<!doctype html>
<html>
<head>
<meta charset="utf-8">
<title>HTML5 新增结构元素</title>
</head>
<body>
<header>
<h1>新时代科技公司</h1></header>
<section>
<article>
<h2><a href=" " >标题 1</a></h2>
<p>内容 1...</p></article>
<article>
<h2><a href=" " >标题 2</a></h2>
<p>内容 2...</p>
</article>
</section>
<footer>
<nav>
<ul>
<li><a href=" " >导航 1</a></li>
<li><a href=" " >导航 2</a></li>
 ...</ul>
</nav>
<p>© 2013 新时代科技公司</p>
```

```
</footer>
</body>
</HTML>
```

运行代码，在浏览器中浏览，效果如图 7-1 所示。这些新元素的引入，将不再使得布局中都是 div，而是可以通过标签元素就可以识别出来每个部分的内容定位。这种改变对搜索引擎而言，将带来内容准确度的极大飞跃。

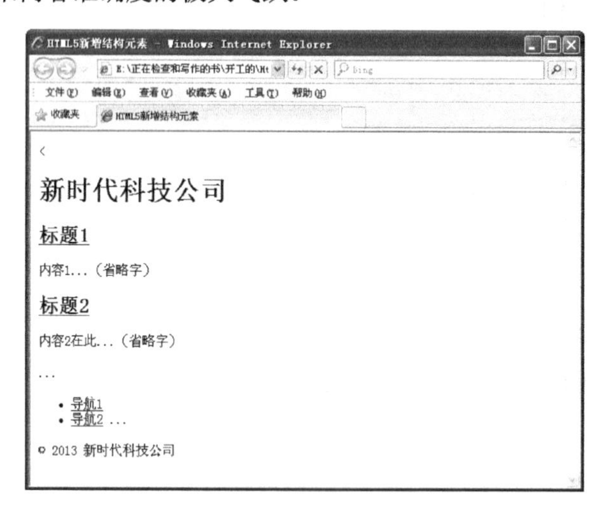

图 7-1　HTML 5 新增结构元素实例

7.3.2　新增块级元素

HTML 5 还增加了一些纯语义性的块级元素：aside、figure、figcaption、dialog。

(1) aside。定义页面内容之外的内容，比如侧边栏。

(2) figure。定义媒介内容的分组，以及它们的标题。

(3) figcaption。媒介内容的标题说明。

(4) dialog。定义对话(会话)。

aside 可以用以表达注记、侧栏、摘要、插入的引用等作为补充主体的内容。例如，像下面这样表达 blog 的侧栏。

实例代码：

```
<aside>
<h3>一级标题</h3>
<ul>
<li><a href="#" >二级标题</a></li>
</ul>
</aside>
```

这行代码，在浏览器中浏览，效果如图 7-2 所示。

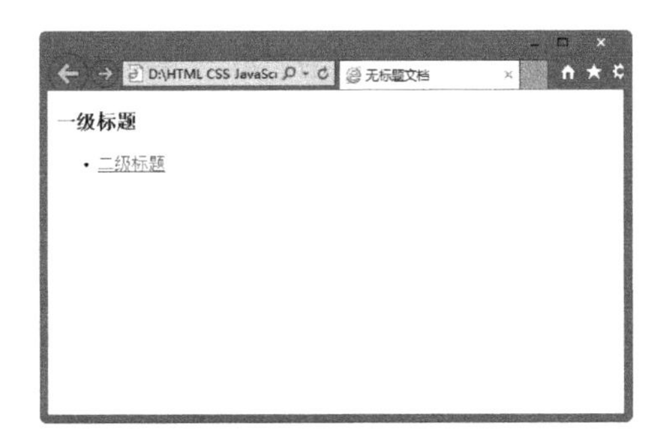

图 7-2　aside 元素

figure 元素表示一段独立的流内容，一般表示文档主题流内容中的一个独立单元。使用 figcaption 元素为 figure 元素组添加标题。看看下面给图片添加的标示：

HTML 4 中代码示例：

```
<img src="index.jpg" alt="桃源科技" />
<p>桃源科技</p>
```

上面的代码文字在 p 标记里，与 img 标记各行其道，很难让人联想到这就是标题。

HTML 5 中代码示例：

实例代码：

```
<body>
<figure>
    <img src="1.jpg" alt="桃源科技" />
    <figcaption>
      <p>悠悠仙地茶</p>
  </figcaption>
</figure>
```

运行代码，在浏览器中浏览，效果如图 7-3 所示。HTML 5 通过采用 figure 元素对此进行了改正。当和 figcaption 元素组合使用时，我们就可以联想到这就是图片相对应的标题。

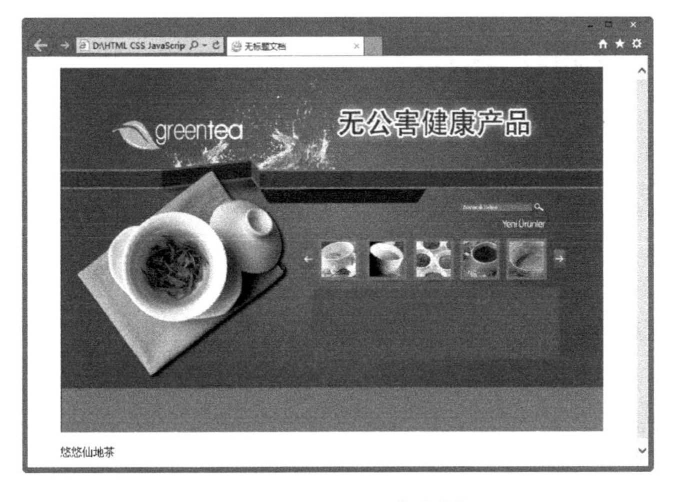

图 7-3　figure 元素实例

dialog 元素用于表达人们之间的对话。在 HTML 5 中，dt 用于表示说话者，而 dd 则用来表示说话者的内容。

实例代码：

```
<dialog>
<dt>问</dt>
<dd>< span data-courseid="0" data-gradeid="0">如何嫁接植物</span> ?</dd>
<dt>答</dt>
<dd>影响嫁接成活的主要因素是接穗和砧木的亲和力，其次是嫁接的技术和嫁接后的管理。</dd>
<dt>问</dt>
<dd><span data-courseid="0" data-gradeid="0">哪些植物需要嫁接</span> ?</dd>
<dt>答</dt>
<dd>许多果树适合嫁接，这能最大程度地保持果树母本的优良品质，而用种子繁殖则往往发生变异，失去母本的特性。</dd>
</dialog>
```

运行代码，在浏览器中浏览，效果如图 7-4 所示。

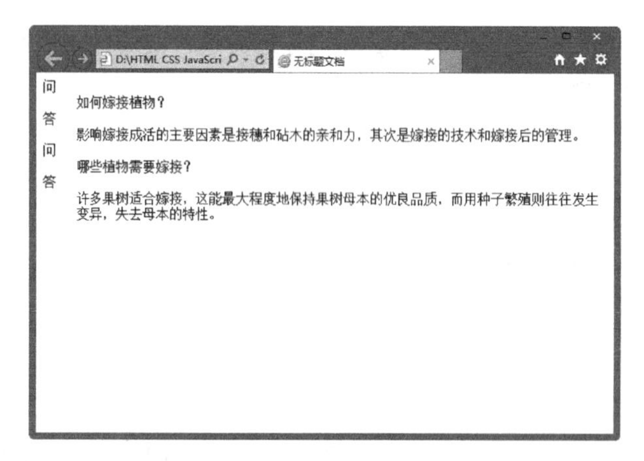

图 7-4　dialog 元素实例

7.3.3　新增的行内的语义元素

HTML 5 增加了一些行内语义元素：mark、time、meter、progress。

(1) mark。定义有记号的文本。

(2) time。定义日期/时间。

(3) meter。定义预定义范围内的度量。

(4) progress。定义运行中的进度。

mark 元素用来标记一些不是特别需要强调的文本。

实例代码：

```
<!doctype html>
<html>
<head>
<meta charset="utf-8">
```

```
<title>mark元素</title>
</head>
<body>
<p>别忘了今天是你的<mark>生日</mark>。</p>
</body>
</HTML>
```

运行代码，在浏览器中浏览，效果如图7-5所示。<mark>与</mark>标记之间的文字“生日”添加了记号。

time元素用于定义时间或日期。该元素可以代表24小时中的某一时刻，在表示时刻时，允许有时间差。在设置时间或日期时，只需要将该元素的属性datetime设为相应的时间或日期即可。

实例代码：

```
<p id="p1">
  <time datetime="2017-4-7">今天是2017年4月7日</time>
<p>
<p id="p2">
  <time datetime="2017-4-7T20:00">当前时间是2017年4月7日晚上8点</time>
<p>
<p id="p3">
  <time datetime="2017-3-31">公司将于今年年底上市</time>
</p>
<p id="p4">
  <time datetime="2017-4-1" pubdate="true">本消息发布于2017年4月1日</time>
</p>
```

在上述代码中，<p>元素ID号为p1中的<time>元素表示的是日期。页面在解析时，获取的是属性datetime中的值，而标记之间的内容只是用于显示在页面中。

<p>元素ID号为p2中的<time>元素表示的是日期和时间，它们之间使用字母T进行分隔。

<p>元素ID号为p3中的<time>元素表示的是将来时间。

<p>元素ID号为p4中的<time>元素表示的是发布日期。为了在文档中将这两个日期进行区分，在最后一个<time>元素中增加了pubdate属性，表示此日期为发布日期。

运行代码，在浏览器中浏览，效果如图7-6所示。

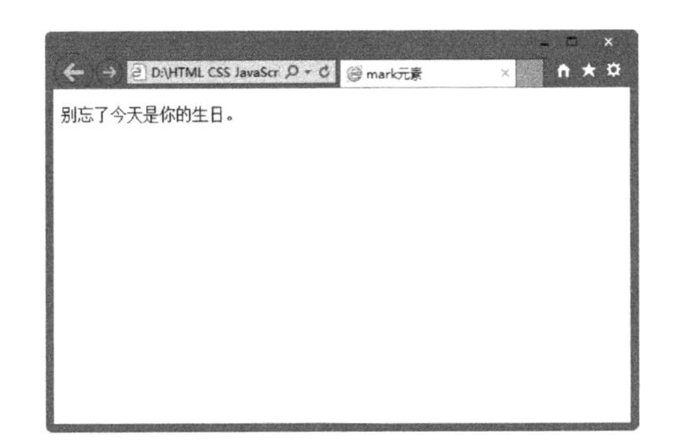

图7-5 mark元素实例

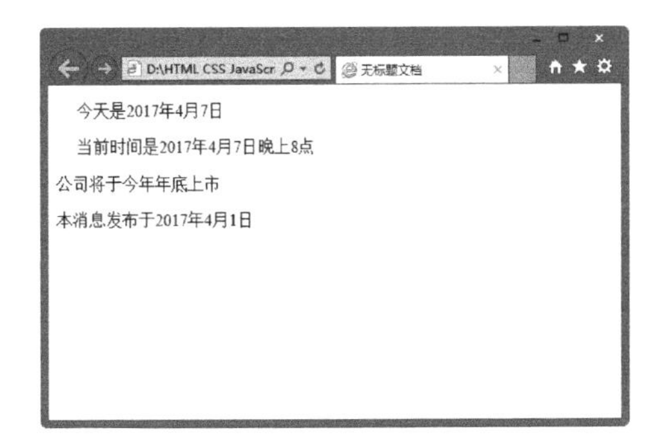

图7-6 time元素实例

progress 是 HTML 5 中新增的状态交互元素，用来表示页面中的某个任务完成的进度(进程)。例如在下载文件时，文件下载到本地的进度值，可以通过该元素动态展示在页面中，展示的方式既可以使用整数(如 1～70)，也可以使用百分比(如 7%～70%)。

下面通过一个实例介绍 progress 元素在文件下载时的使用。

实例代码：

```
<!doctype html>
<html>
<head>
<meta charset="utf-8">
<title>progress 元素在下载中的使用</title>
<style type="text/css">
body { font-size:13px}
p {padding:0px; margin:0px }
.inputbtn {
border:solid 1px #ccc;
background-color:#eee;
line-height:18px;
font-size:12px
}
</style>
</head>
<body>
<p id="pTip">开始下载</p>
<progress value="0" max="70" id="proDownFile"></progress>
<input type="button" value="下载"      class="inputbtn"
onClick="Btn_Click();">
<script type="text/javascript">
var intValue = 0;
var intTimer;
var objPro = document.getElementById('proDownFile');
var objTip = document.getElementById('pTip');   //定时事件
function Interval_handler() {
intValue++;
objPro.value = intValue;
if (intValue >= objPro.max) {  clearInterval(intTimer);
objTip.innerHTML = "下载完成!"; }
else {
objTip.innerHTML = "正在下载" + intValue + "%";
 }
 }  //下载按钮单击事件
function Btn_Click(){
   intTimer = setInterval(Interval_handler, 70);
   }
   </script>
</body>
</HTML>
```

为了使 progress 元素能动态展示下载进度，需要通过 JavaScript 代码编写一个定时事件。在该事件中，累加变量值，并将该值设置为 progress 元素的 value 属性值；当这个属性值大于或等于 progress 元素的 max 属性值时，则停止累加，并显示"下载完成！"的字样；否则，动态显示正在累加的百分比数。在浏览器中预览，效果如图 7-7 所示。

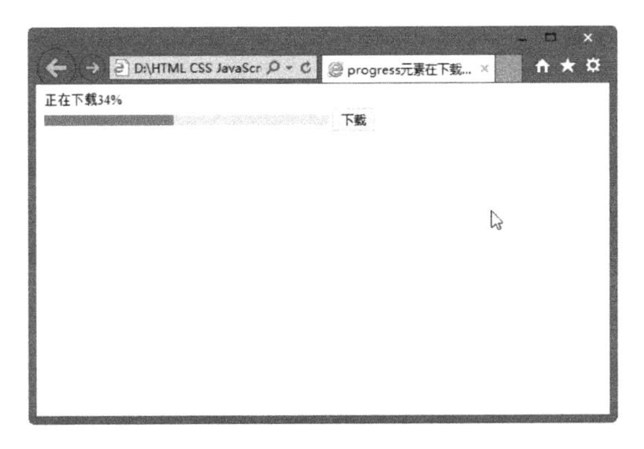

图 7-7 progress 元素实例

7.3.4 新增的嵌入多媒体元素与交互性元素

HTML 5 新增了很多多媒体和交互性元素如 video、 audio。在 HTML 4 中如要嵌入一个视频或是音频，需要引入一大段代码，还要兼容各个浏览器，而 HTML 5 只需要通过引入一个标记即可，就像 img 标记一样方便。

1. video 元素

video 元素定义视频，如电影片段或其他视频流。

HTML 5 中代码示例：

```
<video src="movie.ogg" controls="controls">video 元素</video>
```

HTML 4 中代码示例：

```
<object type="video/ogg" data="movie.ogv">
<param name="src" value="movie.ogv">
</object>
```

2. audio 元素

audio 元素定义音频，如音乐或其他音频流。

HTML 5 中代码示例：

```
<audio src="someaudio.wav">audio 元素</audio>
```

HTML 4 中代码示例：

```
<object type="application/ogg" data="someaudio.wav">
<param name="src" value="someaudio.wav">
</object>
```

3. embed 元素

embed 元素用来插入各种多媒体，格式可以是 Midi、Wav、AIFF、AU、MP3 等。

HTML 5 中代码示例：

```
<embed src="horse.wav" />
```

HTML 4 中代码示例：

```
<object data="flash.swf"  type="application/x-shockwave-flash"></object>
```

7.3.5 新增的 input 元素的类型

在设计网站页面的时候，难免会碰到表单的开发。用户输入的大部分内容都是在表单中完成提交到后台的。HTML 5 也提供了大量的表单功能。

在 HTML 5 中，对 input 元素进行了大幅度的改进，可以简单地使用这些新增的元素来实现需要 JavaScript 才能实现的功能。

1. url 类型

input 元素里的 url 类型是一种专门用来输入 url 地址的文本框。如果该文本框中内容不是 url 地址格式的文字，则不允许提交。

实例代码：

```
<body>
<form>
   <input name="urls" type="url" value="http://www.baidu.com "/>
    <input type="submit" value="提交"/>
</form>
```

设置此类型后，从外观上来看与普通的元素差不多，可是如果你将此类型放到表单中之后，当单击“提交”按钮，如果此输入框中输入的不是一个 URL 地址，将无法提交，如图 7-8 所示。

2. email 类型

如果将上面的 url 类型的代码中的 type 修改为 email，那么在表单提交的时候，会自动验证此输入框中的内容是否为 email 格式，如果不是，则无法提交。

实例代码：

```
<form>
  <input name="email" type="email" value="sdssh@163.com"/>
  <input type="submit" value="提交"/>
</form>
```

如果用户在该文本框中输入的不是 email 地址的话，则会提醒不允许提交，如图 7-9 所示。

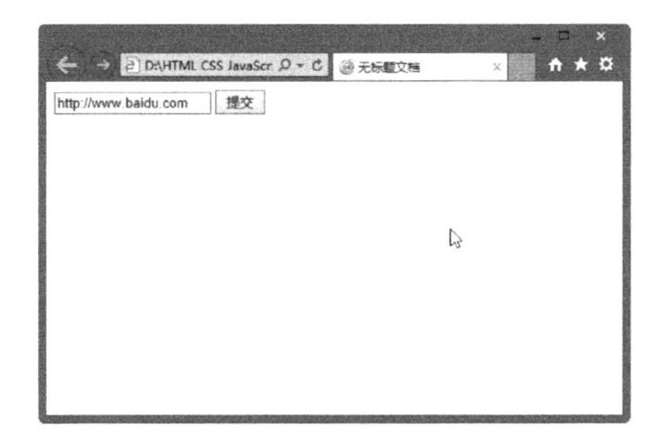

图7-8　url 类型实例

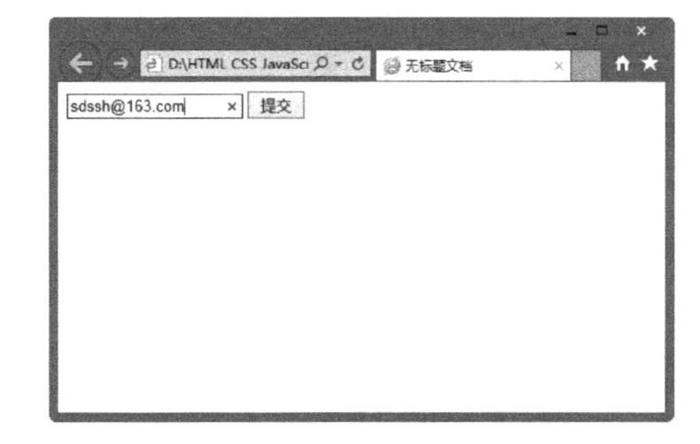

图7-9　email 类型实例

3．date 类型

input 元素里的 date 类型在开发网页过程中是非常多见的。例如，我们经常看到的购买日期、发布时间、订票时间。这种 date 类型的时间是以日历的形式来方便用户输入的。

实例代码：

```
<form>
  <input id="linyi _date" name="linyi.com" type="date"/>
  <input type="submit" value="提交"/>
</form>
```

在 HTML 4 中，需要结合使用 JavaScript 才能实现日历选择日期的效果。而在 HTML 5 中，只需要设置 input 为 date 类型即可，提交表单时也不需要验证数据了，如图 7-10 所示。

4．time 类型

input 元素里的 time 类型是专门用来输入时间的文本框，并且在提交时会对输入时间的有效性进行检查。它的外观可能会根据不同类型的浏览器而出现不同表现形式。

实例代码：

```
<form>
  <input id="shijian_time" name="shijian.com" type="time"/>
  <input type="submit" value="提交"/>
</form>
```

time 类型是用来输入时间的，在提交时检查是否输入了有效的时间，如图 7-11 所示。

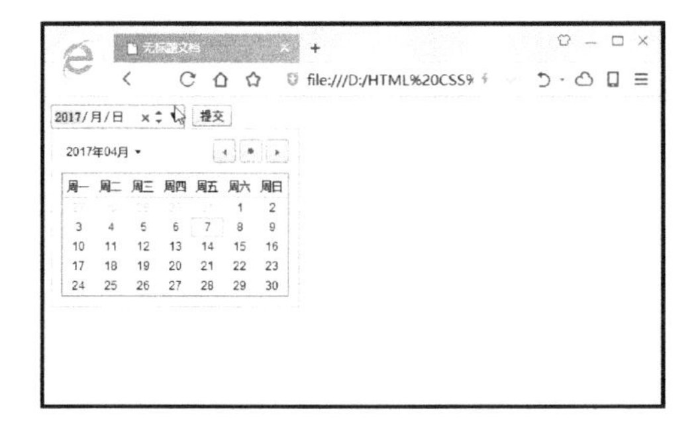

图7-10　date 类型实例

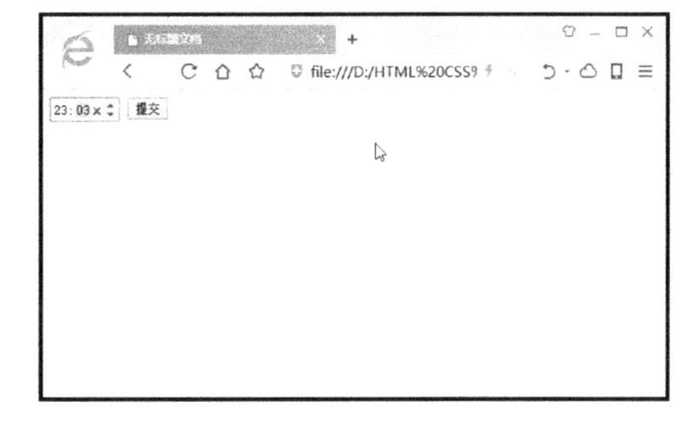

图7-11　time 类型实例

7.3.6 废除的元素

在 HTML 5 中废除了很多元素，具体介绍如下。

1. 能使用 CSS 替代的元素

对于 basefont、big、center、font、s、strike、tt、u 这些元素，由于它们的功能都是纯粹为页面样式服务的，而 HTML 5 中提倡把页面样式性功能放在 CSS 样式表中编辑，所以将这些元素废除了。

2. 不再使用 frame 框架

对于 frameset 元素、frame 元素与 noframes 元素，由于 frame 框架对网页可用性存在负面影响，在 HTML 5 中已不支持 frame 框架，只支持 iframe 框架，同时将上述 3 个元素废除。

3. 只有部分浏览器支持的元素

对于 applet、bgsound、blink、marquee 等元素，由于只有部分浏览器支持这些元素，特别是 bgsound 元素以及 marquee 元素，只被 Internet Explorer 所支持，所以在 HTML 5 中被废除。其中 applet 元素可由 embed 元素或 object 元素替代，bgsound 元素可由 audio 元素替代，marquee 可以由 JavaScript 编程的方式所替代。

4. 其他被废除的元素

其他被废除元素介绍如下。

(1) 废除 acronym 元素，使用 abbr 元素替代。
(2) 废除 dir 元素，使用 ul 元素替代。
(3) 废除 isindex 元素，使用 form 元素与 input 元素相结合的方式替代。
(4) 废除 listing 元素，使用 pre 元素替代。
(5) 废除 xmp 元素，使用 code 元素替代。
(6) 废除 nextid 元素，使用 GUIDS 替代。
(7) 废除 plaintext 元素，使用 text/plian MIME 类型替代。

7.4 新增的属性和废除的属性

HTML 5 中，在新增加和废除很多元素的同时，也增加和废除了很多属性。

7.4.1 新增的属性

1. 表单新增相关属性

(1) 对 input(type=text)、select、textarea 与 button 指定 autofocus 属性。它以指定属性的方式让元素在画面打开时自动获得焦点。

(2) 对 input(type=text)、textarea 指定 placeholder 属性。它会对用户的输入进行提示，提示用户可以输入的内容。

(3) 对 input、output、select、textarea、button 与 fieldset 指定 form 属性。它声明属于哪个表单，然后将其放置在页面的任何位置，而不是表单之内。

(4) 对 input(type=text)、textarea 指定 required 属性。该属性表示用户提交时进行检查，检查该元素内必定要有输入内容。

(5) 为 input 标记增加几个新的属性：autocomplete、min、max、multiple、pattern 与 step。还有 list 属性与 datalist 元素配合使用；datalist 元素与 autocomplete 属性配合使用。multiple 属性允许上传时一次上传多个文件。pattern 属性用于验证输入字段的模式，其实就是正则表达式。step 属性规定输入字段的合法数字间隔(假如 step="3"，则合法数字应该是-3、0、3、6，以此类推)。step 属性可以与 max 以及 min 属性配合使用，以创建合法值的范围。

(6) 为 input、button 元素增加 formaction、formenctype、formmethod、formnovalidate 与 formtarget 属性。用户重载 form 元素的 action、enctype、method、novalidate 与 target 属性。为 fieldset 元素增加 disabled 属性，可以把它的子元素设为 disabled 状态。

(7) 为 input、button、form 增加 novalidate 属性，可以取消提交时进行的有关检查，表单可以被无条件地提交。

2. 链接相关属性

(1) 为 a、area 增加 media 属性。规定目标 URL 是为什么类型的媒介/设备进行优化的。该属性用于规定目标 URL 是为特殊设备(如 iPhone)、语音或打印媒介设计的。该属性可接受多个值，只能在 href 属性存在时使用。

(2) 为 area 增加 hreflang 和 rel 属性。hreflang 属性规定在被链接文档中的文本的语言。只有当设置了 href 属性时，才能使用该属性。rel 属性规定当前文档与被链接文档/资源之间的关系。只有当使用 href 属性时，才能使用 rel 属性。

(3) 为 link 增加 size 属性。size 属性规定被链接资源的尺寸。只有当被链接资源是图标时(rel="icon")，才能使用该属性。该属性可接受多个值，值由空格分隔。

(4) 为 base 元素增加 target 属性，主要是保持与 a 元素的一致性。

3. 其他属性

(1) 为 ol 增加 reversed 属性，它指定列表倒序显示。

(2) 为 meta 增加 charset 属性。

(3) 为 menu 增加 type 和 label 属性。label 为菜单定义一个可见的标注，type 属性让菜单可以以上下文菜单、工具条与列表菜单 3 种形式出现。

(4) 为 style 增加 scoped 属性。它允许我们为文档的指定部分定义样式，而不是整个文档。如果使用 scoped 属性，那么所规定的样式只能应用到 style 元素的父元素及其子元素中。

(5) 为 script 增加属性，它定义脚本是否异步执行。async 属性仅适用于外部脚本(只有在使用 src 属性时)。

(6) 为 HTML 元素增加 manifest，开发离线 Web 应用程序时它与 API 结合使用，定义一个 URL，在这个 URL 上描述文档的缓存信息。

(7) 为 iframe 增加 3 个属性：sandbox、seamless、srcdoc。用来提高页面安全性，防止不信任的 Web 页面执行某些操作。

7.4.2 废除的属性

HTML 4 中一些属性在 HTML 5 中不再被使用，而是采用其他属性或其他方式进行替代，具体情况如表 7-1 所示。

表 7-1 废除的属性

HTML 4 中使用的属性	使用该属性的元素	在 HTML 5 中的替代方案
rev	link、a	rel
charset	link、a	在被链接的资源中使用 HTTP Content-type 头元素
shape、coords	a	使用 area 元素代替 a 元素
longdesc	img、iframe	使用 a 元素链接到较长描述
target	link	多余属性，被省略
nohref	area	多余属性，被省略
profile	head	多余属性，被省略
version	HTML	多余属性，被省略
name	img	id
scheme	meta	只为某个表单域使用 scheme
archive、chlassid、codebose、codetype、declare、standby	object	使用 data 与 type 属性类调用插件。需要使用这些属性来设置参数时，使用 param 属性
valuetype、type	param	使用 name 与 value 属性，不声明 MIME 类型
axis、abbr	td、th	使用以明确简洁的文字开头、后跟详述文字的形式。可以对更详细内容使用 title 属性，来使单元格的内容变得简短
scope	td	在被链接的资源中使用 HTTP Content-type 头元素
align	caption、input、legend、div、h1、h2、h3、h4、h5、h6、p	使用 CSS 样式表替代
alink、link、text、vlink、background、bgcolor	body	使用 CSS 样式表替代
align、bgcolor、border、cellpadding、cellspacing、frame、rules、width	table	使用 CSS 样式表替代

续表

HTML 4 中使用的属性	使用该属性的元素	在 HTML 5 中的替代方案
align、char、charoff、height、nowrap、valign	tbody、thead、tfoot	使用 CSS 样式表替代
align、bgcolor、char、charoff、height、nowrap、valign、width	td、th	使用 CSS 样式表替代
align、bgcolor、char、charoff、valign	tr	使用 CSS 样式表替代
align、char、charoff、valign、width	col、colgroup	使用 CSS 样式表替代
align、border、hspace、vspace	object	使用 CSS 样式表替代
clear	br	使用 CSS 样式表替代
compace、type	ol、ul、li	使用 CSS 样式表替代
compace	dl	使用 CSS 样式表替代
compace	menu	使用 CSS 样式表替代
width	pre	使用 CSS 样式表替代
align、hspace、vspace	img	使用 CSS 样式表替代
align、noshade、size、width	hr	使用 CSS 样式表替代
align、frameborder、scrolling、marginheight、marginwidth	iframe	使用 CSS 样式表替代
autosubmit	menu	

7.5 创建简单的 HTML 5 页面

尽管各种最新版浏览器都对 HTML 5 提供了很好的支持，但毕竟 HTML 5 是一种全新的 HTML 标记语言，许多新的功能必须在搭建好相应的浏览环境后才可以正常浏览。为此，在正式执行一个 HTML 5 页面之前，必须先搭建支持 HTML 5 的浏览器环境，并检查浏览器是否支持 HTML 5 标记。

7.5.1 HTML 5 文档类型

因为浏览器各自的内核不同，对于默认样式的渲染也不尽相同，所以就需要一份各浏览器都遵循的规则来保证同一个网页文档在不同浏览器上呈现出来的样式是一致的，这个规则就是 doctype 声明。

每个 HTML 5 文档的第一行都是一个特定的文档类型声明。这个文档类型声明用于告知这是一个 HTML 5 网页文档。doctype 声明的格式如下：

```
<!doctype html>
```

可以看到 HTML 5 的文档类型声明极其简单。另外，它不包含官方规范的版本号，只要有新功能添加到 HTML 语言中，你在页面中就可以使用它们，而不必为此修改文档类型声明。

7.5.2 字符编码

为了能被浏览器正确地解释，HTML 5 文档都应该声明所使用的字符编码。很多时候网页文档出现乱码大部分都是由于字符编码不对而引起的。

现有的编码标准有很多种。但实际上，所有英文网站今天都在使用一种叫 UTF-8 的编码，这种编码简洁、转换速度快，而且支持非英文字符。

在 HTML 5 文档中添加字符编码信息也很简单。只要在<head>区块的最开始处(如果没有添加<head>元素，则是紧跟在文档类型声明之后)添加相应的元数据(meta)元素即可。代码如下：

```
<!doctype html>
<html>
<head>
<meta charset="utf-8">
<title>无标题文档</title>
</head>
```

Dreamweaver 在创建新网页时自动添加这个元信息，也会默认将文件保存为 UTF 编码格式。

提示： utf-8 是 unicode 的一种变长度的编码表达方式，作为一种全球通用型的字符编码正被越来越多的网页文档所使用。使用 utf-8 字符编码的网页可最大程度地避免不同区域的用户访问相同网页时因字符编码不同而导致的乱码现象。

7.5.3 页面语言

为给内容指定语言，可以在任何元素上使用 lang 属性，并为该属性指定相应的语言代码(如 en 表示英语)。

为整个页面添加语言说明的最简单方式，就是为<HTML>元素指定 lang 属性：

```
<HTML lang="en">
```

如果页面中包含多种语言的文本，在这种情况下，可以为文本中的不同区块指定 lang 属性，指明该区块中文本的语言。

7.5.4 添加样式表

要想做出精美的网页，一定要用到 CSS 样式表。指定想要使用的样式表时，需要在 HTML 5 文档的<head>区块中添加<link>元素。代码如下：

```
<link href="images/css.css" rel=stylesheet>
```

这跟向 HTML 4 文档中添加样式表大同小异，但稍微简单一点。因为 CSS 是网页中唯一可用的样式表语言，所以网页中过去要求的 type="text/css"属性就没有什么必要了。

7.5.5 添加 JavaScript

使用 JavaScript 特效可以改进网站界面，从而得到更好的用户体验。如今 JavaScript 的主要用途不再是美化界面，而是开发高级的 Web 应用，包括在浏览器中运行的极其先进的电子邮件客户端、文字处理程序及地图引擎等。

在 HTML 5 页面中添加 JavaScript 与在传统页面中添加类似：

```
<script  src="script.js"></script>
```

这里没有像 HTML 4 中那样加上 language="JavaScript"属性。不过，即使是引用外部 JavaScript 文件，也不能忘了后面的</script>标签。

7.5.6 测试结果

最终做成了一个如下所示的 HTML 5 文档：

```
<!doctype html>
<html>
<head>
<meta charset="utf-8">
<title>HTML5 网页文档</title>
<link href="images/css.css"  rel=stylesheet>
<script  src="script.js"></script>
</head>
<body>
<h1>欢迎光临我的网站主页</h1>
</body>
</HTML>
```

虽然这不再是一个最短的 HTML 5 文档，但以它为基础可以构建出任何网页。

7.6 本 章 小 结

随着 HTML 5 的迅猛发展，各大浏览器开发公司如 Google、微软、苹果和 Opera 的浏览器开发业务都变得异常繁忙。在这种局势下，学习 HTML 5 无疑成为 Web 开发者的一大重要任务，谁先学会 HTML 5，谁就掌握了迈向未来 Web 平台的一把钥匙。通过本章的学习，读者应对 HTML5 有一个初步的了解。

7.7 练 习 题

1. 填空题

(1) 在 HTML 4 中设置属性值时，可以使用＿＿＿＿＿和＿＿＿＿＿。

(2) ＿＿＿＿＿表示整个页面或页面中一个内容区块的脚注。一般来说，它会包含创作者的姓名、创作日期及创作者联系信息。

(3) input 元素里的＿＿＿＿＿类型是专门用来输入时间的文本框。

2. 操作题

利用 mark 元素来标记一些不是特别需要强调的文本，如图 7-12 所示。

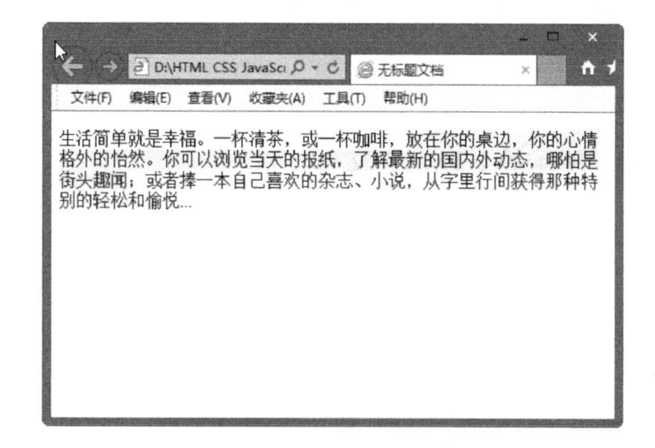

图 7-12 强调文字效果

第 8 章　HTML 5 的结构

本章要点

在 HTML 5 的新特性中，新增的结构元素主要功能就是解决之前在 HTML 4 中 Div 漫天飞舞的情况，增强网页内容的语义性，这对搜索引擎而言，将更好识别和组织索引内容。合理地使用这种结构元素，将极大地提高搜索结果的准确度和体验。新增的结构元素，从代码上看，很容易看出主要是消除 Div，即增强语义，强调 HTML 的语义化。本章主要内容包括:

(1) 新增的主体结构元素;

(2) 新增的非主体结构元素。

8.1　新增主体结构元素

在 HTML 5 中，为了使文档的结构更加清晰明确，容易阅读，增加了很多新的结构元素，如页眉、页脚、内容区块等结构元素。

8.1.1　article 元素

article 元素可以灵活使用。article 元素可以包含独立的内容项，所以可以包含一个论坛帖子、一篇杂志文章、一篇博客文章、用户评论等。这个元素可以将信息各部分进行任意分组，而不论信息原来的性质。

作为文档的独立部分，每一个 article 元素的内容都具有独立的结构。为了定义这个结构，可以利用前面介绍的<header>和<footer>标记的丰富功能。它们不仅仅能够用在正文中，也能够用于文档的各个节中。

下面以一篇文章讲述 article 元素的使用，具体代码如下：

```
<article>
    <header>
        <h1>意境，是一种心态</h1>
        <p>发表日期：<time pubdate="pubdate">2017/03/09</time></p>
    </header>
    <p>意境，其实是一种享受，是一个人对生活的理解，当你让平和褪减了浮躁，让稳重驯服了张扬，你就会表现出一种成熟的韵味，耐得住寂寞、沉得下心，懂得发现生活中的美，懂得欣赏当下的自己，懂得珍惜你身边的亲人、朋友，甚至茫茫人海中那些与你擦肩而过的陌生人……你就会拥有一个好心态，此时的你懂得了，知恩感恩，敬畏生命，从而一种惟妙惟肖的画面，在你眼前呈现，也许这就是意境！一个懂生活、爱生活的人，随时都会从平淡的日子找到心灵的意境。</p>
    <footer>
        <p><small>版权所有@智慧艺术。</small></p>
```

```
    </footer>
</article>
```

对上述代码分析如下：在 header 元素中嵌入了文章的标题部分，在 h1 元素中是文章的标题“意境，是一种心态”，文章的发表日期在 p 元素中。在标题下部的 p 元素中是文章的正文，在结尾处的 footer 元素中是文章的版权。对这部分内容使用了 article 元素。在浏览器中预览，效果如图 8-1 所示。

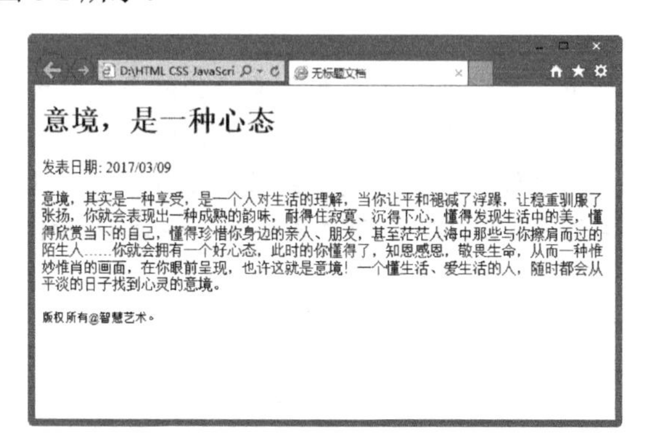

图 8-1　article 元素

8.1.2　section 元素

section 元素用于对网站或应用程序中页面上的内容进行分块。一个 section 元素通常由内容及其标题组成。但 section 元素也并非一个普通的容器元素，当一个容器需要被重新定义样式或者定义脚本行为的时候，还是推荐使用 Div 控制。语法格式示例如下：

```
<section>
    <h1>计算机专业分类</h1>
    <p>计算机专业的分类以及详细介绍，还有各专业的侧重点……</p>
</section>
```

下面是一个带有 section 元素的 article 元素例子。代码如下：

```
<article>
    <h1>计算机专业分类</h1>
    <p>计算机专业的分类以及详细介绍，还有各专业的侧重点……</p>
    <section>
        <h2>计算机科学与技术专业</h2>
        <p>主要课程： 汇编与接口技术、计算机组成原理、操作系统、数据结构、软件项目管理、
软件测试技术、Java 高级程序设计....  ...</p>
    </section>
    <section>
        <h2>电子信息科学与技术</h2>
        <p>主要课程：模拟和数字电路、高频电子线路、电子技术自动化、信号与系统、数字信号
处理、通信原理、算法与程序设计...  ...</p>
    </section>
</article>
```

从上述代码中可以看出，首页整体呈现的是一段完整独立的内容，所以要用 article 元素包起来，这其中又可分为三段，每一段都有一个独立的标题，使用了两个 section 元素为其分段。这样使文档的结构显得清晰。在浏览器中预览，效果如图 8-2 所示。

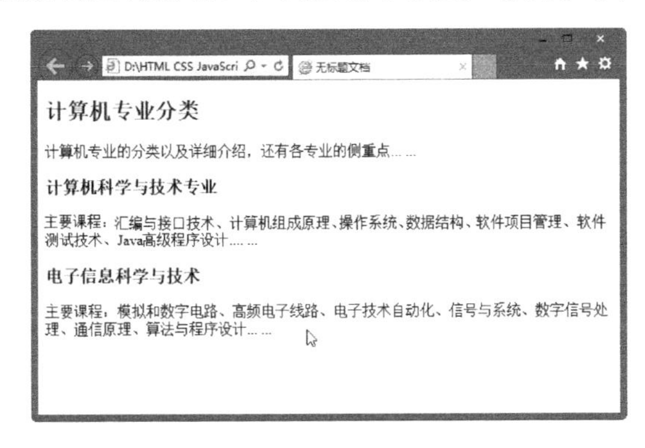

图 8-2 带有 section 元素的 article 元素实例

article 元素和 section 元素有什么区别呢？在 HTML 5 中，article 元素可以看成是一种特殊种类的 section 元素，它比 section 元素更强调独立性。即 section 元素强调分段或分块，而 article 强调独立性。如果一块内容相对来说比较独立、完整的时候，应该使用 article 元素，但是如果想将一块内容分成几段的时候，应该使用 section 元素。

提示： section 元素使用时的注意事项如下。

(1) 不要将 section 元素用作设置样式的页面容器，而要选用 Div。

(2) 如果 article 元素、aside 元素或 nav 元素更符合使用条件，不要使用 section 元素。

(3) 不要为没有标题的内容区块使用 section 元素。

8.1.3 nav 元素

nav 元素在 HTML 5 中用于包裹一个导航链接组，用于显式地说明这是一个导航组，在同一个页面中可以同时存在多个 nav。

并不是所有的链接组都要被放进 nav 元素，只需要将主要的、基本的链接组放进 nav 元素即可。例如，在页脚中通常会有一组链接，包括服务条款、首页、版权声明等，这时使用 footer 元素是最恰当的。

一直以来，习惯于使用形如<div id="nav">或<ul id="nav">这样的代码来编写页面的导航。在 HTML 5 中，可以直接将导航链接列表放到<nav>标记中：

```
<nav>
<ul>
<li><a href="index.html">Home</a></li>
<li><a href="#">About</a></li>
<li><a href="#">Blog</a></li>
</ul>
</nav>
```

导航，顾名思义，就是引导的路线，那么具有引导功能的都可以认为是导航。导航可以页与页之间导航，也可以是页内的段与段之间导航。

下面的实例是设置页面之间的导航，代码如下：

```
<header>
  <h1>网站导航
    <h1>
     <nav>
       <ul>
         <li><a href="index.html">首页</a></li>
         <li><a href="about.html">公司简介</a></li>
         <li><a href="liuyan.html">在线留言</a></li>
     </ul>
     </nav>
  </h1></h1>
  </header>
```

在上述代码中，nav 元素中包含了 3 个用于导航的超链接，即“首页”“公司简介”“在线留言”。该导航可用于全局导航，也可放在某个段落，作为区域导航。运行代码，在浏览器中预览，效果如图 8-3 所示。

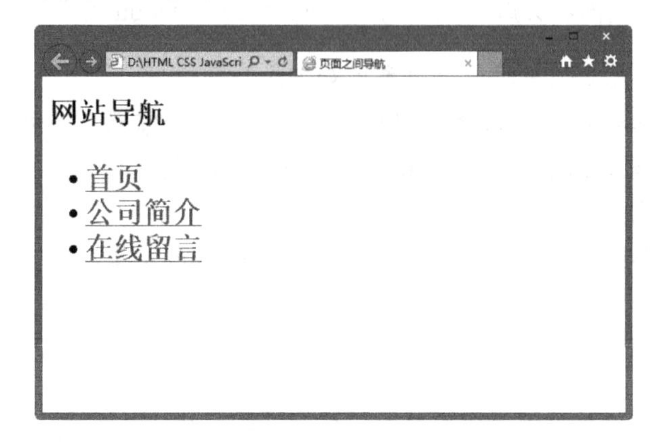

图 8-3　页面之间导航

下面的实例是设置页内导航。代码如下：

```
<!doctype html>
<html>
<head>
<meta charset="utf-8">
<title>段内导航</title>
<header>
</header>
<article>
      <h2>文章标题</h2>
      <nav>
          <ul>
```

```
            <li><a href="#p1">标题一</a></li>
            <li><a href="#p2">标题二</a></li>
             <li><a href="#p3">标题三</a></li>
        </ul>
    </nav>
    <p id=p1>标题一</p>
    <p id=p2>标题二</p>
    <p id=p3>标题三</p>
</article>
```

运行代码，效果如图 8-4 所示。

图 8-4　页内导航

8.1.4　aside 元素

aside 元素用来表示当前页面或文章的附属信息部分，它可以包含与当前页面或主要内容相关的引用、侧边栏、广告、导航条，以及其他类似的有别于主要内容的部分。

aside 元素主要有以下两种使用方法。

(1)　包含在 article 元素中作为主要内容的附属信息部分，其中的内容可以是与当前文章有关的参考资料、名词解释等。语法格式如下：

```
<article>
 <h1>…</h1>
<p>…</p>
<aside>…</aside>
</article>
```

(2)　在 article 元素之外使用作为页面或站点全局的附属信息部分。最典型的是侧边栏，其中的内容可以是友情链接、文章列表、广告单元等。代码如下：

```
<!doctype html>
<html>
<head>
<meta charset="utf-8">
<title> aside 元素</title>
<aside>
```

```
<h2>天天特价</h2>
<ul>
<li>今日爆款</li>
<li>十元包邮</li>
</ul>
<h2>品牌清仓</h2>
<ul>
<li>品牌尾货</li>
<li>断色断码清</li>
</ul>
</aside>
```

运行代码，在浏览器中预览，效果如图 8-5 所示。

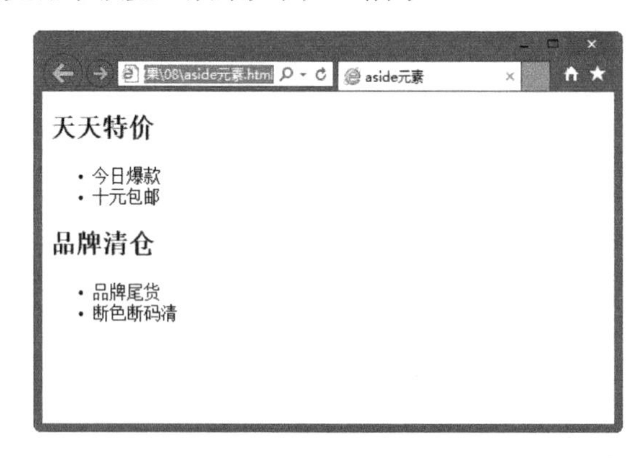

图 8-5　aside 元素实例

8.2　新增的非主体结构元素

除了以上几个主要的结构元素之外，HTML 5 内还增加了一些表示逻辑结构或附加信息的非主体结构元素。

8.2.1　header 元素

header 元素是一种具有引导和导航作用的结构元素，通常用来放置整个页面或页面内的一个内容区块的标题，header 内也可以包含其他内容，如表格、表单或相关的 Logo 图片。

在 HTML 5 中，一个 header 元素通常包括至少一个 headering 元素(h1～h6)，也可以包括 hgroup、nav 等元素。

下面是一个网页中的 header 元素使用实例。代码如下：

```
<!doctype html>
<html>
<head>
<meta charset="utf-8">
<title>无标题文档</title>
```

```
<header>
  <hgroup>
    <h1>水果</h1>
    <p>水果是指多汁且大多数有甜味可直接生吃的植物果实，不但含有丰富的营养且能够帮助消化。水果有降血压、减缓衰老、减肥瘦身、皮肤保养、 明目、抗癌、降低胆固醇补充维生素等保健作用……</p>
  </hgroup>
  <nav>
    <ul>
      <li>分类</li>
      <li>清洗</li>
      <li>成分</li>
    </ul>
  </nav>
</header>
```

运行代码，在浏览器中预览，效果如图 8-6 所示。

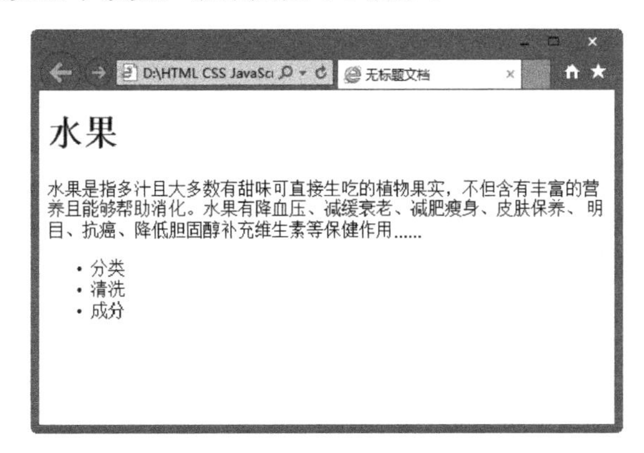

图 8-6 header 元素使用实例

8.2.2 hgroup 元素

header 元素位于正文开头，可以在这些元素中添加<h1>标记，用于显示标题。基本上，<h1>标记已经足够用于创建文档各部分的标题行。但是，有时候还需要添加副标题或其他信息，以说明网页或各节的内容。

hgroup 元素是将标题及其子标题进行分组的元素。hgroup 元素通常会将 h1～h6 元素进行分组，一个内容区块的标题及其子标题算一组。

通常，如果文章只有一个主标题，是不需要使用 hgroup 元素的。但是，如果文章有主标题，主标题下有子标题，就需要使用 hgroup 元素了。hgroup 元素实例代码如下：

```
<article>
    <header>
        <hgroup>
            <h1>西湖十景经典一日游</h1>
            <h2> </h2>
```

```
        <p>
        <time datetime="2017-04-20">2017 年 04 月 20 日</time></p>
    <p>西湖的美，四季如一，冬的断桥，春的湖柳，夏的风荷，还有秋的桂香，无一不令人神往。夜之魅，雨之朦胧，晴天之落日，雪天的纯洁，都是一幅幅美丽的图画，只有用心方能感受到西湖带给的喜悦。秋天的杭州最撩人，在秋风起落满梧桐叶的北山路，骑着单车，唱着歌，想着那些传说，穿过人群与微凉，一次驻足，一次转身，都能找到心动的理由。……</p>
    </header>
</article>
```

运行代码，效果如图 8-7 所示。

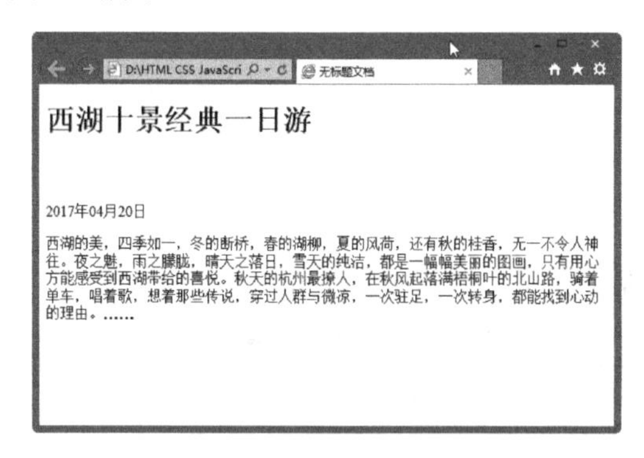

图 8-7　hgroup 元素实例

8.2.3　footer 元素

footer 通常包括其相关区块的脚注信息，如作者、相关阅读链接及版权信息等。footer 元素和 header 元素使用基本上一样，可以在一个页面中使用多次。如果在一个区段后面加入 footer 元素，那么它就相当于该区段的尾部了。

在 HTML 5 出现之前，通常使用类似下面这样的代码来写页面的页脚：

```
<div id="footer">
    <ul>
        <li>版权信息</li>
        <li>站点地图</li>
        <li>联系方式</li>
    </ul>
<div>
```

在 HTML 5 中，可以不使用 div，而用更加语义化的 footer 来写：

```
<footer>
    <ul>
        <li>版权信息</li>
        <li>站点地图</li>
        <li>联系方式</li>
    </ul>
</footer>
```

footer 元素即可以用作页面整体的页脚，也可以作为一个内容区块的结尾。例如，可以将<footer>直接写在<article>或是<section>中：

在 article 元素中添加 footer 元素：

```
<article>
    文章内容
    <footer>
        文章的脚注
    </footer>
</article>
```

在 section 元素中添加 footer 元素：

```
<section>
    分段内容
    <footer>
        分段内容的脚注
    </footer>
</section>
```

8.2.4　address 元素

address 元素通常位于文档的末尾。address 元素用来在文档中呈现联系信息，包括文档创建者的名字、站点链接、电子邮箱、真实地址、电话号码等。address 不只是用来呈现电子邮箱或真实地址这样的“地址”概念，而且应该包括与文档创建人相关的各类联系方式。

下面是 address 元素实例。代码如下：

```
<!doctype html>
<html>
<head>
<meta charset="utf-8">
<title>address 元素实例</title>
</head>
<body>
<address>
<a href="mailto:example@example.com">webmaster</a><br />
桃源科技有限公司<br />
xxx 区 xxx 号<br />
</address>
</body>
</html>
```

浏览器中显示地址的方式与其周围的文档不同，如 IE、Firefox 和 Safari 浏览器以斜体显示地址，如图 8-8 所示。

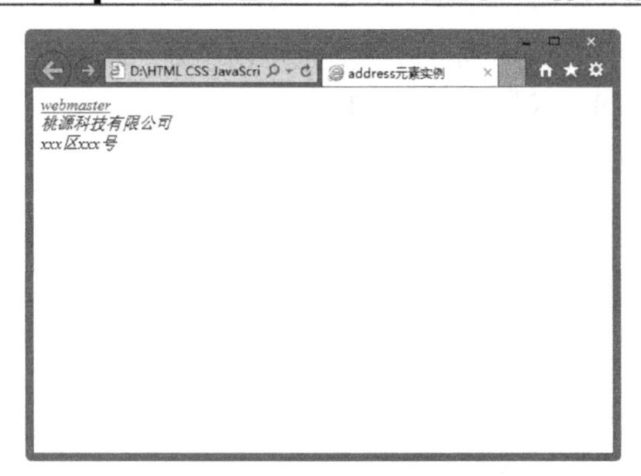

图 8-8　address 元素实例

8.3　本 章 小 结

本章主要讲述了新增的主体结构元素和新增的非主体结构元素。通过对本章的学习，使读者认识了新的结构性的标记的标准，让 HTML 文档更加清晰，可阅读性更强，更利于 SEO，也更利于视障人士阅读，它通过一些新标签，新功能的开发，解决了三大问题：浏览器兼容问题，解决了文档结构不明确的问题，解决了 Web 应用程序功能受限等问题。

8.4　练　习　题

填空题

(1) __________可以灵活使用，article 元素可以包含独立的内容项，所以可以包含一个论坛帖子、一篇杂志文章、一篇博客文章、用户评论等。

(2) nav 元素在 HTML 5 中用于包裹一个导航链接组，用于显式地说明这是一个导航组，在同一个页面中可以同时存在__________个 nav。

(3) 在 HTML 5 中，一个 header 元素通常包括至少一个__________，也可以包括 hgroup、nav 等元素。

(4) hgroup 元素是将标题及其子标题进行分组的元素。hgroup 元素通常会将__________元素进行分组，一个内容区块的标题及其子标题算一组。

第 9 章　CSS 入门基础

本章重点

对一个网页设计者来说，对 HTML 语言一定感到不陌生，因为它是网页制作的基础。但是如果希望网页能够美观、大方，并且升级维护方便，那么仅仅知道 HTML 是不够的，还需要了解 CSS。了解 CSS 基础知识，可以为后面的学习打下基础。本章主要内容包括:

(1) 为什么在网页中加入 CSS;

(2) CSS 基本语法;

(3) 在 HTML 中使用 CSS。

9.1　为什么要在网页中加入 CSS

CSS 是 Cascading Style Sheet 的缩写，又称为“层叠样式表”，简称为样式表。它是一种制作网页的新技术，现在已经为大多数浏览器所支持，成为网页设计必不可少的工具之一。

9.1.1　什么是 CSS

网页最初是用 HTML 标记来定义页面文档及格式，如标题<hl>、段落<p>、表格<table>等。但这些标记不能满足更多的文档样式需求。为了解决这个问题，在 1997 年 W3C 颁布 HTML 4 标准的同时也公布了有关样式表的第一个标准 CSS 1。自 CSS 1 的版本之后，又在 1999 年 5 月发布了 CSS 2 版本，样式表得到了更多的充实。使用 CSS 能够简化网页的格式代码，加快下载显示的速度，也减少了需要上传的代码数量，大大减少了重复劳动的工作量。

样式表的首要目的是为网页上的元素精确定位。其次，它把网页上的内容结构和格式控制相分离。浏览者想要看的是网页上的内容结构，而为了让浏览者更好地看到这些信息，就要通过使用格式来控制。内容结构和格式控制相分离，使得网页可以仅由内容构成，而将网页的格式通过 CSS 样式表文件来控制。

网页设计中我们通常需要统一网页的整体风格。统一的风格大部分涉及网页中文字属性、网页背景色及链接文字属性等。如果应用 CSS 来控制这些属性，会大大提高网页设计速度，更利于统一网页总体效果。

如图 9-1 和图 9-2 所示的网页分别为使用 CSS 前后的效果。

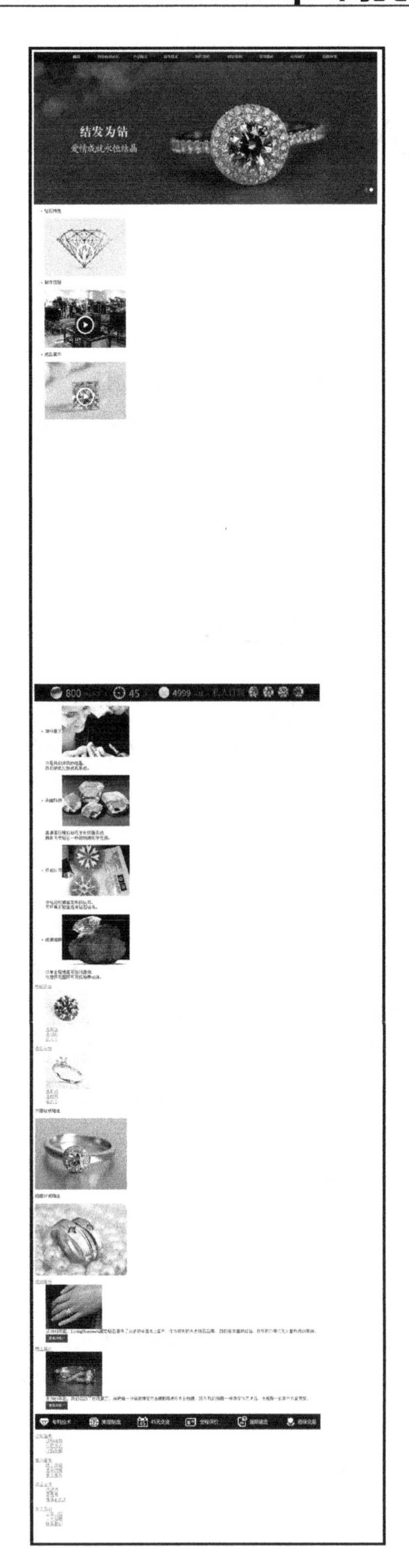

图 9-1　使用 CSS 前

图 9-2　使用 CSS 后

9.1.2　使用 CSS 的好处

掌握基于 CSS 的网页布局方式，是实现 Web 标准的基础。在网页制作时采用 CSS 技术，可以有效地对页面的布局、字体、颜色、背景和其他效果实现更加精确的控制。只要对相应的代码做一些简单的修改，就可以改变网页的外观和格式。采用 CSS 具有以下优点。

(1)　大大缩减页面代码，提高页面浏览速度，缩减带宽成本。

(2)　结构清晰。容易被搜索引擎搜索到。用只包含结构化内容的 HTML 代替嵌套的标记，搜索引擎将更有效地搜索到内容。

(3)　缩短改版时间。只要简单地修改几个 CSS 文件就可以重新设计一个有成百上千页面的站点。

(4)　强大的字体控制和排版能力。使页面的字体变得更漂亮，更容易编排，使页面真正赏心悦目。

(5)　提高易用性。使用 CSS 可以结构化 HTML，如<p>标记只用来控制段落，<heading>标记只用来控制标题，<table>标记只用来表现格式化的数据等。

(6)　表现和内容相分离。将设计部分分离出来放在一个独立样式文件中。

(7)　<table>布局灵活性不大，只能遵循<table>、<tr>、<td>的格式，而 div 可以有各种格式。

(8)　<table>布局中，垃圾代码会很多，一些修饰的样式及布局的代码混合一起，很不直观。而 div 更能体现样式和结构相分离，结构的重构性强。

(9)　以前一些非要通过图片转换实现的功能，现在只要用 CSS 就可以轻松实现，从而更快地下载页面。

(10) 可以将许多网页的风格格式同时更新，不用再一页一页地更新了。可以将站点上所有的网页风格都使用一个 CSS 文件进行控制，只要修改这个 CSS 文件中相应的行，那么整个站点的所有页面都会随之发生变动。

9.1.3　如何编写 CSS

CSS 的文件与 HTML 文件一样，都是纯文本文件，因此一般的文字处理软件都可以对 CSS 进行编辑。“记事本”程序和 UltraEdit 等最常用的文本编辑工具对 CSS 的初学者都很有帮助。

Dreamweaver 这款专业的网页设计软件在代码模式下对 HTML、CSS 和 JavaScript 等代码有着非常好的语法着色以及语法提示功能，对 CSS 的学习很有帮助。

在 Dreamweaver 编辑器中，对于 CSS 代码，在默认情况下都采用粉红色进行语法着色，而 HTML 代码中的标记则是蓝色，正文内容在默认情况下为黑色。而且对于每行代码，前面都有行号进行标记，方便对代码的整体规划。

无论是 CSS 代码还是 HTML 代码，都有很好的语法提示。在编写具体 CSS 代码时，按 Enter 键或空格键都可以触发语法提示。例如，当光标移动到“color :#000000;”一句的末尾时，按空格键或者 Enter 键，都可以触发语法提示的功能。如图 9-3 所示，Dreamweaver 会列出所有可以供选择的 CSS 样式属性，方便设计者快速进行选择，从而提高工作效率。

当已经选定某个 CSS 样式，例如 color 样式，在其冒号后面再按空格键时，Dreamweaver 会弹出新的详细提示框，让用户对相应 CSS 的值进行直接选择。如图 9-4 所示的调色板就是其中的一种情况。

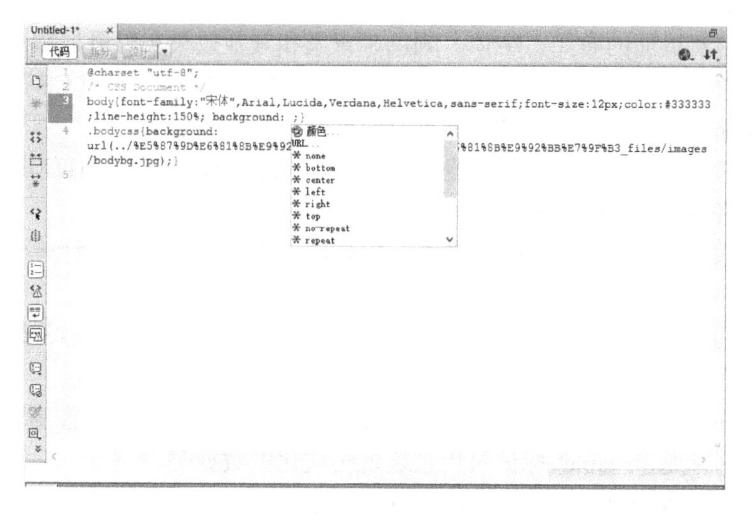

图 9-3　代码提示

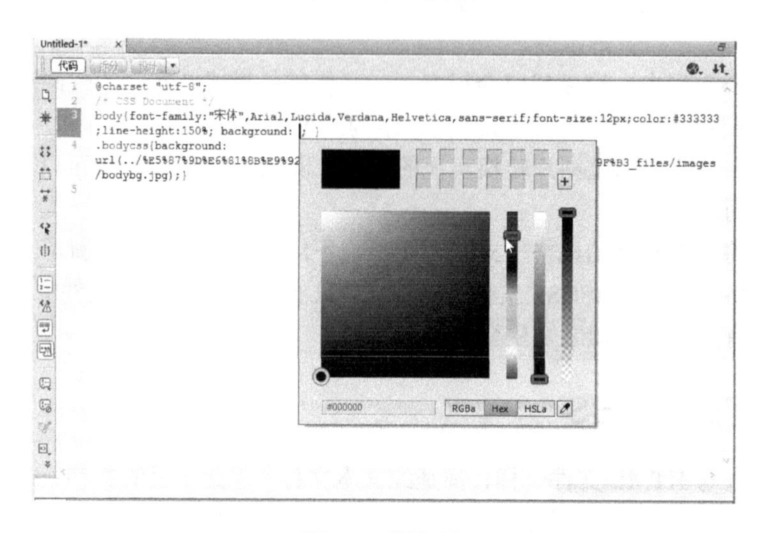

图 9-4　调色板

9.1.4　CSS 基本语法

CSS 的语法结构仅由 3 部分组成，分别为选择器、样式属性和值，基本语法如下：

```
选择器{样式属性：取值；样式属性：取值；样式属性：取值；… }
```

(1) 选择器(Selector)。是指这组样式编码所要针对的对象，可以是一个 XHTML 标记，如 body，hl；也可以是定义了特定 id 或 class 的标记，如#main 选择器表示选择<div id=main>，即一个被指定了 main 为 id 的对象。浏览器将对 CSS 选择器进行严格的解析，每一组样式均会被浏览器应用到对应的对象上。

(2) 属性(Property)。是 CSS 样式控制的核心，对于每一个 XHTML 中的标记，CSS 都提供了丰富的样式属性，如颜色、大小、定位、浮动方式等。

(3) 值(Value)。是指属性的值，形式有两种，一种是指定范围的值，如 float 属性，只可以应用到 left、right 和 none 3 种值中；另一种是数值，如 width 能够取值于 0～9999px，或通过其他数学单位来指定。

在实际应用中，往往使用以下类似的应用形式：

```
Body {background-color: blue}
```

表示选择符为 body，即选择了页面中的<body>标记，属性为 background-color，这个属性用于控制对象的背景色，而值为 blue。页面中的 body 对象的背景色通过使用这组 CSS 编码，被定义为蓝色。

9.1.5　浏览器与 CSS

网上的浏览器各式各样，绝大多数浏览器对 CSS 都有很好的支持，因此设计者往往不用担心其设计的 CSS 文件不被用户的浏览器所支持。但目前主要的问题在于，各个浏览器之间对 CSS 很多细节的处理上存在差异，设计者在一种浏览器上设计的 CSS 效果，在其他浏览器上的显示效果很可能不一样。就目前主流的两大浏览器 IE 与 Firefox 而言，在某些细节的处理上就不尽相同。

使用 CSS 制作网页，一个基础的要求就是主流的浏览器之间的显示效果要基本一致。通常的做法是一边编写 HTML 和 CSS 代码，一边在两个不同的浏览器上进行预览，及时地调整各个细节，这对深入掌握 CSS 也是很有好处的。

另外，Dreamweaver 的“视图”模式只能作为设计时的参考来使用，绝对不能作为最终显示效果的依据，只有浏览器中的效果才是大家所看到的。

9.2　在 HTML 中使用 CSS

在 HTML 网页中添加 CSS 有 4 种方法：链接方式、行内方式、导入样式和内嵌样式。下面分别进行介绍。

9.2.1　链接外部样式表

链接方式就是在网页中调用已经定义好的样式表来实现样式表的应用，它是一个单独的文件，然后在页面中用<link>标记链接到这个样式表文件，这个<link>标记必须放到页面的<head>区内。这种方法最适合大型网站的 CSS 样式定义。

基本语法：

```
<link type="text/css" rel="stylesheet"  href="外部样式表的文件名称">
```

语法说明：

(1) 链接外部样式表时，不需要使用 style 元素，只需要直接用<link>标记放在<head>

标记中就可以了。

(2) 同样外部样式表的文件名称是要嵌入的样式表文件名称，后缀为.css。

(3) CSS 文件一定是纯文本格式。

(4) 在修改外部样式表时，引用它的所有外部页面也会自动地更新。

(5) 外部样式表中的 URL 相对于样式表文件在服务器上的位置。

(6) 外部样式表优先级低于内部样式表。

(7) 可以同时链接几个样式表，靠后的样式表优先于靠前的样式表。

一个外联样式表文件可以应用于多个页面。当改变这个样式表文件时，所有应用该样式的页面都随之改变。在制作大量相同样式页面的网站时，外联样式表非常有用，不仅减少了重复的工作量，而且有利于以后的修改、编辑，浏览时也减少了重复下载代码。

9.2.2 行内方式

行内方式是混合在 HTML 标记里使用的。用这种方法，可以很简单地对某个元素单独定义样式。行内方式的使用是直接在 HTML 标记里添加 style 参数，而 style 参数的内容就是 CSS 的属性和值，在 style 参数后面的引号里的内容相当于在样式表大括号里的内容。

基本语法：

```
<标记 style="样式属性：属性值;样式属性：属性值…">
```

语法说明：

(1) 标记：HTML 标记，如 body、table、p 等。

(2) 标记的 style 定义只能影响标记本身。

(3) style 的多个属性之间用分号分隔。

(4) 标记本身定义的 style 优先于其他所有样式定义。

虽然这种方法使用比较简单、显示直观，但在制作页面的时候需要为很多的标签设置 style 属性，所以会导致 HTML 页面不够纯净，文件容量过大，不利于搜索引擎(或网络爬虫)搜索，从而导致后期维护成本高。

9.2.3 嵌入外部样式表

嵌入外部样式表就是在 HTML 代码的主体中直接导入样式表的方法。

基本语法：

```
<style type=text/css>
@import url("外部样式表的文件名称");
</style>
```

语法说明：

(1) import 语句后的“;”一定要加上！

(2) 外部样式表的文件名称是要嵌入的样式表文件名称，后缀为.css。

(3) @import 应该放在 style 元素的任何其他样式规则前面。

9.2.4 定义内部样式表

内部样式表允许在它们所应用的 HTML 文档的顶部设置样式，然后在整个 HTML 文件中直接调用使用该样式的标记。

基本语法：

```
<style type="text/css">
<!-
选择符 1 (样式属性: 属性值; 样式属性: 属性值; ...)
选择符 2 (样式属性: 属性值; 样式属性: 属性值; ...)
选择符 3 (样式属性: 属性值; 样式属性: 属性值; ...)
...
选择符 n (样式属性: 属性值; 样式属性: 属性值; ...)
-->
```

语法说明：

(1) <style>元素是用来说明所要定义的样式，type 属性是指 stype 元素以 CSS 的语法定义。

(2) <!--…-->隐藏标记：避免了因浏览器不支持 CSS 而导致错误，加上这些标记后，不支持 CSS 的浏览器，会自动跳过此段内容，避免一些错误。

(3) 选择符 1…选择符 *n*：选择符可以使用 HTML 标记的名称，所有的 HTML 标记都可以作为选择符。

(4) 样式属性主要是关于对选择符格式化显示风格的也是属性名称。

(5) 属性值设置对应也是属性的值。

9.3 选择器类型

选择器(selector)是 CSS 中很重要的概念，所有 HTML 语言中的标签都是通过不同的 CSS 选择器进行控制的。用户只需要通过选择器对不同的 HTML 标签进行控制，并赋予各种样式声明，即可实现各种效果。在 CSS 中，有各种不同类型的选择器，基本选择器有标签选择器、类选择器和 ID 选择器 3 种，下面详细介绍。

9.3.1 标签选择器

一个完整的 HTML 页面是有很多不同的标签组成。标签选择器是直接将 HTML 标签作为选择器，可以是 p、h1、dl、strong 等 HTML 标签。例如 p 选择器，下面就是用于声明页面中所有<p>标签的样式风格。

```
p{
font-size:14px;
color:093;
}
```

以上这段代码声明了页面中所有的 p 标签，文字大小均是 14px，颜色为#093(绿色)，这在后期维护中，如果想改变整个网站中 p 标签文字的颜色，只需要修改 color 属性就可以了，就这么容易！

每一个 CSS 选择器都包含了选择器本身、属性和值，其中属性和值可以设置多个，从而实现对同一个标签声明多种样式风格，如图 9-5 所示。

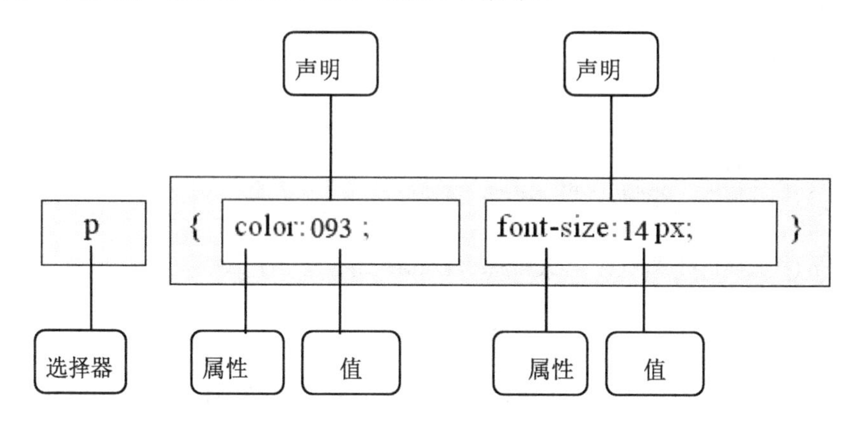

图 9-5　CSS 标签选择器

9.3.2　类选择器

类选择器能够把相同的元素分类定义成不同的样式，对 XHTML 标签均可以使用 class=""的形式对类进行名称指派。定义类型选择器时，在自定义类的名称前面要加一个“.”号。

标记选择器一旦声明，则页面中所有的该标记都会相应地产生变化，如声明了<p>标记为红色时，则页面中所有的<p>标记都将显示为红色，如果希望其中的某一个标记不是红色，而是蓝色，则仅依靠标记选择器是远远不够的，所以还需要引入类(class)选择器。定义类选择器时，在自定义类的名称前面要加一个“.”号。

类选择器的名称可以由用户自定义，属性和值跟标记选择器一样，也必须符合 CSS 规范，如图 9-6 所示。

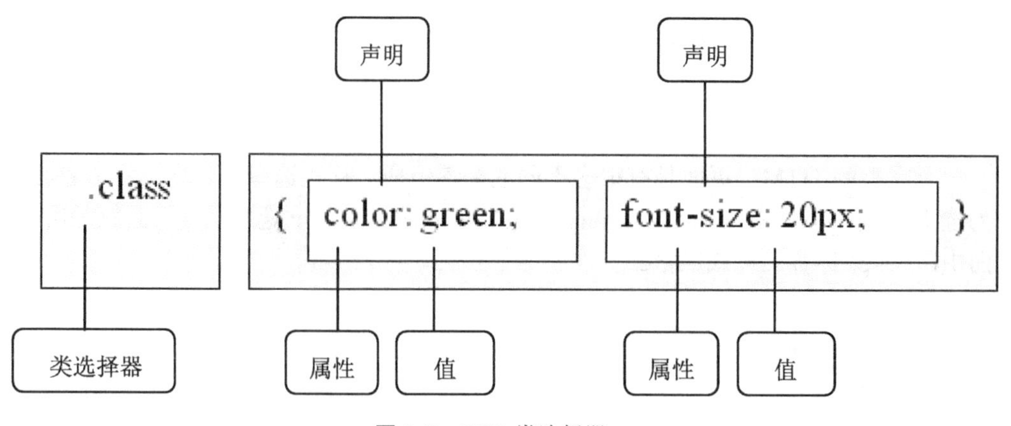

图 9-6　CSS 类选择器

例如，当页面同时出现 3 个<p>标签时，如果想让它们的颜色各不相同，就可以通过设置不同的 class 选择器来实现。一个完整的案例如下所示：

实例代码：

```
<!doctype html>
<html>
<head>
<meta charset="utf-8">
<title>class 选择器</title>
<style type="text/css">
.red{ color:red; font-size:18px;}
.green{ color:green; font-size:20px;}
</style>
</head>
<body>
<p class="red">class 选择器 1</p>
<p class="green">class 选择器 2</p>
<h3 class="green">h3 同样适用</h3>
</body>
</html>
```

其显示效果如图 9-7 所示。从图中可以看到两个<p>标记分别呈现出了不同的颜色和字体大小，而且任何一个 class 选择器都适用于所有 HTML 标记，只需要用 HTML 标记的 class 属性声明即可，例如<H3>标记同样适用了.green 这个类别。

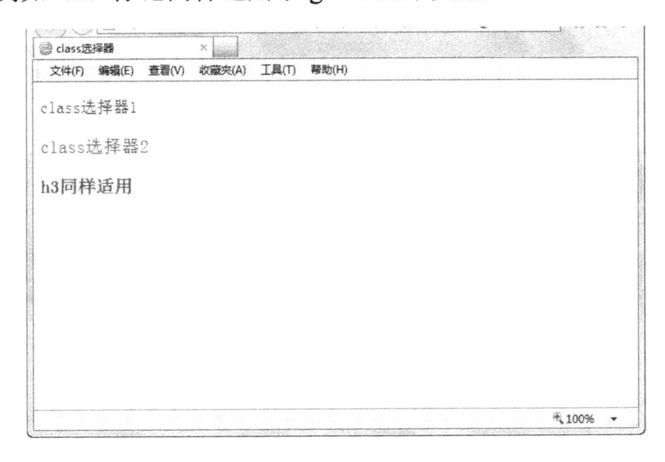

图 9-7　类选择器实例

在上面的例子中仔细观察还会发现，最后一行<H3>标记显示效果为粗字，这是因为在没有定义字体的粗细属性的情况下，浏览器采用默认的显示方式，<P>默认为正常粗细，<H3>默认为粗字体。

9.3.3　ID 选择器

在 HTML 页面中 ID 参数指定了某一个元素，ID 选择器是用来对这个单一元素定义单独的样式。对于一个网页而言，其中的每一个标签均可以使用“id=""”的形式对 id 属性进行名称的指派。ID 可以理解为一个标识，每个标识只能用一次。在定义 ID 选择器时，要在 ID 名称前加上“#”号。

ID 选择器的使用方法跟 class 选择器基本相同，不同之处在于 ID 选择器只能在 HTML 页面中使用一次，因此其针对性更强。在 HTML 的标记中只需要利用 id 属性，就可以直接调用 CSS 中的 ID 选择器，其格式如图 9-8 所示。

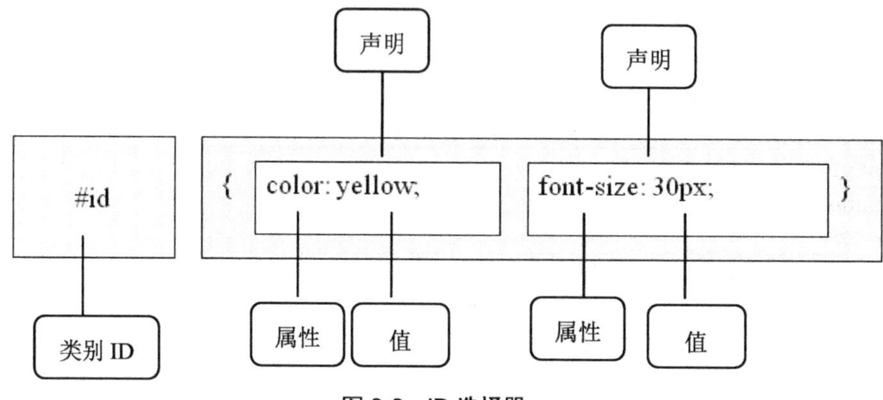

图 9-8　ID 选择器

类选择器和 ID 选择器一般情况下是区分大小写的。这取决于文档的语言。HTML 和 XHTML 将类和 ID 值定义为区分大小写，所以类和 ID 值的大小写必须与文档中的相应值匹配。

下面举一个实际案例，其代码如下。

实例代码：

```
<!doctype html>
<html>
<head>
<meta charset="utf-8">
<title>ID 选择器</title>
<style type="text/css">
<!--
#one{
    font-weight:bold;    /* 粗体 */
}
#two{
    font-size:30px;      /* 字体大小 */
    color:#009900;       /* 颜色 */
}
-->
</style>
  </head>

<body>
    <p id="one">ID 选择器 1</p>
```

```
    <p id="two">ID 选择器 2</p>
    <p id="two">ID 选择器 3</p>
    <p id="one two">ID 选择器 3</p>
</body>
</html>
```

显示效果如图 9-9 所示，第 2 行与第 3 行都显示的是 CSS 的方案。可以看出，在很多浏览器下，ID 选择器可以用于多个标记，即每个标记定义的 id 不只是 CSS 可调用，JavaScript 等其他脚本语言同样也可以调用。因为这个特性，所以不要将 ID 选择器用于多个标记，否则会出现意想不到的错误。如果一个 HTML 中有两个相同的 id 标记，那么将会导致 JavaScript 在查找 id 时出错，例如函数 getElementById()。

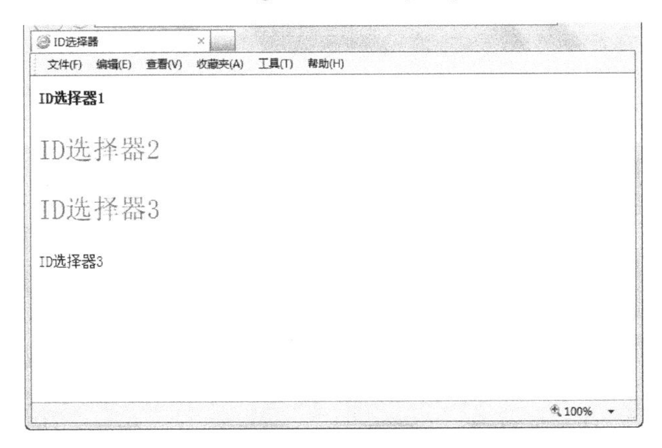

图 9-9 ID 选择器实例

正因为 JavaScript 等脚本语言也能调用 HTML 中设置的 id，所以 ID 选择器一直被广泛地使用。网站建设者在编写 CSS 代码时，应该养成良好的编写习惯，一个 id 最多只能赋予一个 HTML 标记。

另外从图 9-9 可以看到，最后一行没有任何 CSS 样式风格显示，这意味着 ID 选择器不支持像 class 选择器那样的多风格同时使用，类似“id="one two"”这样的写法是完全错误的语法。

9.4 本 章 小 结

CSS 是为了简化 Web 页面的更新工作而诞生的，它使网页变得更加美观，维护更加方便。CSS 在网页制作中起着非常重要的作用，对于控制网页中对象的属性、增加页面中内容的样式、精确的布局定位等都发挥了非常重要的作用，是网页设计师必须熟练掌握的内容之一。网页的设计与布局好与不好，CSS 的学习很重要，深信自己坚持每天多学一点。本章主要介绍了为什么在网页中加入 CSS、在 HTML 中使用 CSS 基础知识。

9.5 练 习 题

1. 填空题

(1) ＿＿＿＿＿是 CSS 样式控制的核心，对于每一个 XHTML 中的标签，CSS 都提供了丰富的样式属性，如颜色、大小、定位和浮动方式等。

(2) 选择器(selector)是 CSS 中很重要的概念，所有 HTML 语言中的标签都是通过不同的 CSS 选择器进行控制的。在 CSS 中，有各种不同类型的选择器，基本选择器有＿＿＿＿＿、＿＿＿＿＿和＿＿＿＿＿3 种。

(3) 在 HTML 网页中添加 CSS 有 4 种方法：＿＿＿＿＿、＿＿＿＿＿、＿＿＿＿＿和＿＿＿＿＿。

2. 操作题

给网页添加 CSS，使用 CSS 设置文本字体为宋体、文本颜色为黑色，文字大小为 12px，如图 9-10 所示。

图 9-10 给网页添加 CSS

第 10 章　用 CSS 设置文本样式

本章要点

在网页中添加文字并不困难，可主要问题是如何编排这些文字以及控制这些文字的显示方式，让文字看上去编排有序、整齐美观。本章主要讲述使用 CSS 设计丰富的文本样式，以及使用 CSS 排版文本。本章主要内容包括：

(1) 设计网页中的文字样式；

(2) 设计文本的段落样式。

10.1　设计网页中的文字样式

使用 CSS 样式表可以定义丰富多彩的文字格式。文字的属性主要有字体、字号、加粗、斜体等。如图 10-1 所示的网页中应用了多种样式的文字，在颜色、大小以及形式上富于变化，但同时也保持了页面的整洁与美观，给人以美的享受。

图 10-1　采用 CSS 定义网页文字

10.1.1　font-family 属性

font-family 属性用来定义相关元素使用的字体。

基本语法：

```
font-family: "字体 1", "字体 2", …
```

语法说明：

font-family 属性中指定的字体要受到用户环境的影响。打开网页时，浏览器会先从用户计算机中寻找 font-family 中的第一个字体，如果计算机中没有这个字体，会向右继续寻找第二个字体，依次类推。如果浏览页面的用户在浏览环境中没有设置相关的字体，则定义的字体将失去作用。

下面通过实例讲述 font-family 属性的使用。

实例代码：

```
<!doctype html>
<html>
<head>
<meta charset="utf-8">
<title>无标题文档</title>
<style type="text/css">
<!--
.font {font-family: 华文琥珀, "华文琥珀";}
-->
</style>
</head>
<body>
<div class="font">
  <ul>
    <li>我爱我的家，爸爸和妈妈</li>
  </ul>
</div>
</body>
</html>
```

这里使用 font-family: 华文琥珀，在浏览器中浏览，效果如图 10-2 所示。

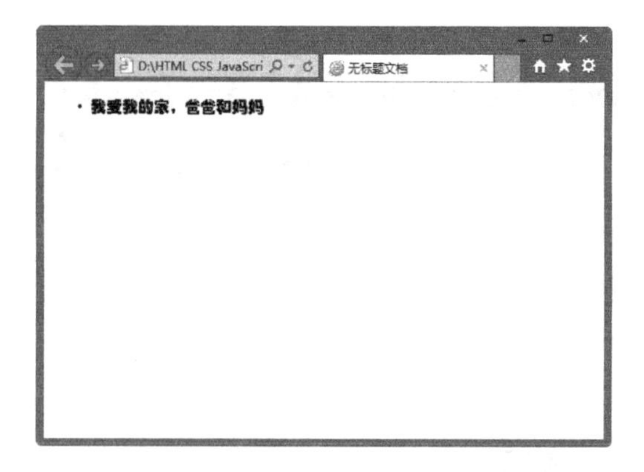

图 10-2　用 font-family 定义字体

10.1.2　font-size 属性

字号属性 font-size 用来定义字体的大小。

基本语法：

```
font-size:大小的取值
```

语法说明：

font-size 属性的属性值可以有多种指定方式，绝对尺寸、相对尺寸、长度、百分比值都可以用来定义。

在 CSS 中，有两种单位。一种是绝对长度单位，包括英寸(in)、厘米(cm)、毫米(mm)、点(pt)和派卡(pc)。另一种是相对长度单位，包括 em、ex 和像素(px)。ex 由于在实际应用中需要获取 x 大小，因浏览器对此处理方式非常粗糙而被抛弃，所以现在的网页设计中对大小距离的控制使用的单位是 em 和 px(当然还有百分数值，但它必须是相对于另外一个值的)。

实例代码：

```
<style type="text/css">
<!--
.font {
    font-family: Arial, Helvetica, sans-serif;
    font-size: 24pt;
}
-->
</style>
```

在上述代码中，使用 font-size: 24pt 设置字号为 24pt，在浏览器中浏览，文字效果如图 10-3 所示。

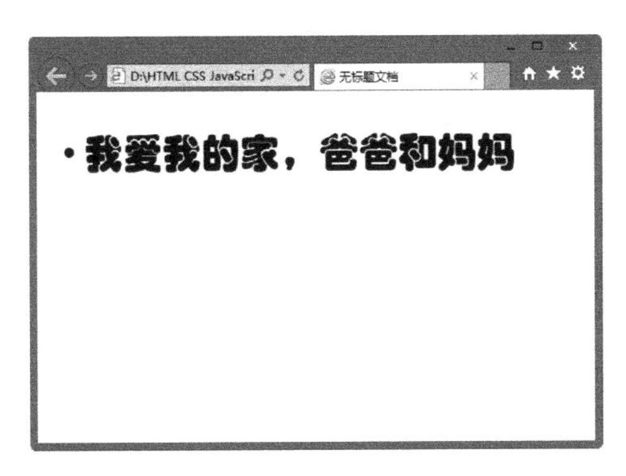

图 10-3　设置字号后的效果

一般网页常用的字号大小为 12 磅左右。较大的字体可用于标题或其他需要强调的地方，小一些的字体可以用于页脚和辅助信息。需要注意的是，小字号容易产生整体感和精致感，但可读性较差。在网页应用中经常使用不同的字号来排版网页，如图 10-4 所示。

图 10-4　使用不同的字号来排版网页

10.1.3　font-weight 属性

在 CSS 中利用 font-weight 属性来设置字体的粗细。

基本语法：

```
font-weight:字体粗度值
```

语法说明：

font-weight 的取值范围包括 normal、bold、bolder、lighter、number。其中 normal 表示正常粗细；bold 表示粗体；bolder 表示特粗体；lighter 表示特细体；number 不是真正的取值，其范围是 100～1000，一般情况下都是整百的数字，如 200、300 等。

网页中的标题，比较醒目的文字或需要重点突出的内容一般都会用粗体字。

实例代码：

```
<style type="text/css">
<!--
.font {
    font-family: 方正姚体, "方正姚体";
    font-size: 30pt;
    font-weight: 300
}
-->
</style>
```

在浏览器中预览，效果如图 10-5 所示。

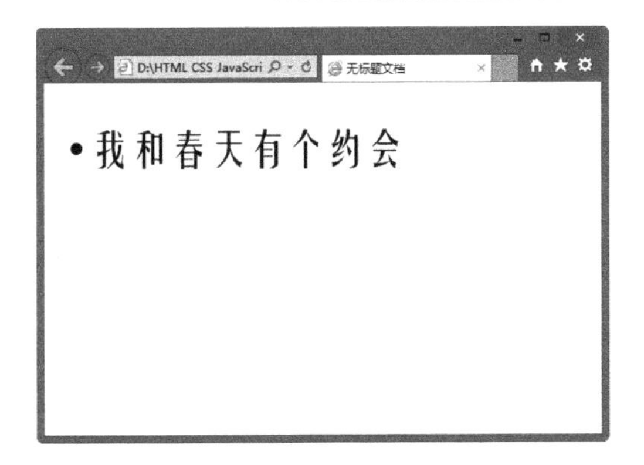

图 10-5　设置字体粗细

10.1.4　font-style 属性

font-style 属性用来设置字体的风格。

基本语法：

```
font-style:样式的取值
```

语法说明：

font-style 属性也可以在 Dreamweaver 中进行可视化操作。

其 CSS 代码如下，使用 font-style: italic 设置字体为斜体，在浏览器中浏览，效果如图 10-6 所示。

实例代码：

```
<style type="text/css">
<!--
.font {
    font-family: 华文行楷;font-size: 24pt;
    font-style: italic; font-weight: bold;
    }
-->
</style>
```

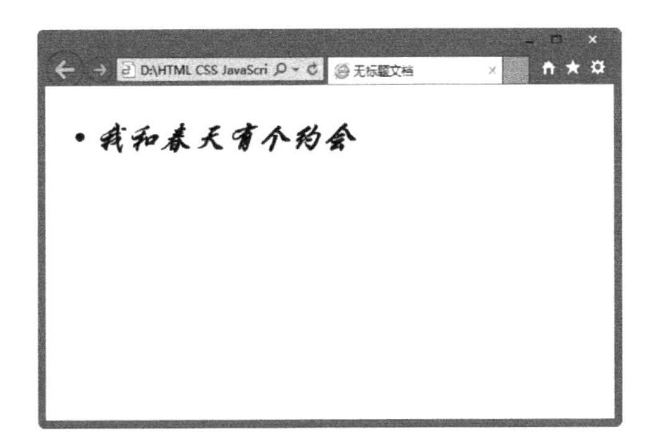

图 10-6　样式

10.1.5　font-variant 属性

使用 font-variant 属性可以将小写的英文字母转变为大写，而且在大写的同时，能够让字母大小保持与小写时一样的尺寸高度。

基本语法：

```
font-variant:变体属性值
```

语法说明：

font-variant 属性值如表 10-1 所示。

表 10-1　font-variant 属性

属 性 值	描　述
normal	正常值
small-caps	将小写英文字体转换为大写英文字体

实例代码：

```
<!doctype html>
<html>
<head>
<meta charset="utf-8">
<title>无标题文档</title>
<style type="text/css">
<!--
.font {
    font-family: 黑体;font-size: 24pt;
    font-variant: small-caps;
    }
-->
</style>
</head>
<body>
<div class="font">
  <ul>
    <li>dreamweaver</li>
  </ul>
</div>
</body>
</html>
```

在上述代码中，使用 font-variant: small-caps 设置英文字母全部大写，而且在大写的同时，能够让字母大小保持与小写时一样的尺寸高度。在浏览器中浏览，效果如图 10-7 所示。

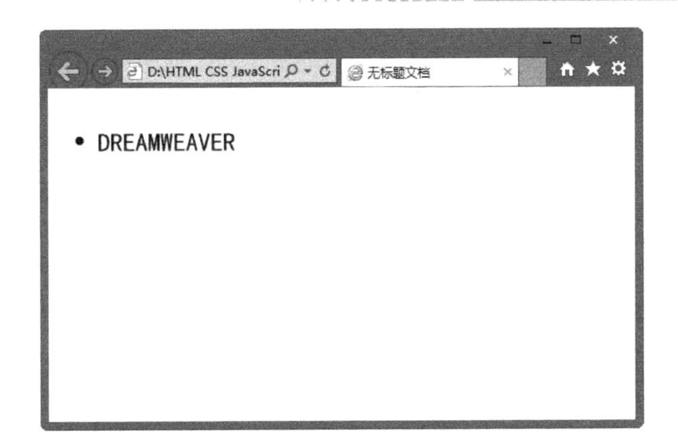

图 10-7　将小写英文字体转换为大写英文字体

10.1.6　text-decoration 属性

使用文字修饰 text-decoration 属性可以对文本进行修饰，如设置下画线、删除线等。

基本语法：

```
text-decoration:取值
```

语法说明：

text-decoration 属性值如表 10-2 所示。

表 10-2　text-decoration 属性

属 性 值	描　述
none	默认值
underline	对文字添加下画线
overline	对文字添加上划线
line-through	对文字添加删除线
blink	闪烁文字效果

其 CSS 代码如下所示，使用 text-decoration: underline 设置文字带有下画线。在浏览器中浏览，效果如图 10-8 所示。

实例代码：

```
<style type="text/css">
<!--
.font {
    font-family: 黑体;font-size: 24pt;
    font-variant: small-caps;
    text-decoration: underline;
    }
-->
</style>
```

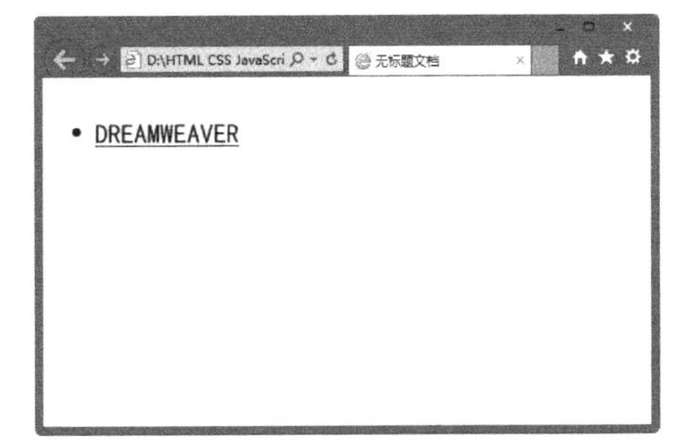

图 10-8　下画线效果

10.2　设计文本的段落样式

文本的段落样式定义整段的文本特性。在 CSS 中，主要包括单词间距、字母间距、垂直对齐、文本对齐、文字缩进、行高等。

10.2.1　line-height 属性

line-height 属性可以设置对象的行高，行高值可以为长度、倍数和百分比。

基本语法：

```
line-height:行高值
```

其 CSS 代码如下所示，使用 line-height:设置行高为 50px 和 100px，设置行高前后在浏览器中浏览，效果分别如图 10-9 和图 10-10 所示。

实例代码：

```
<style type="text/css">
<!--
.font {
    font-family: Arial, Helvetica, sans-serif;
    font-size: 24pt;
    font-style: italic;
    font-weight: bold;
    font-variant: small-caps;
    text-decoration: underline;
    line-height: 50px;
}
-->
</style>
```

图 10-9　设置行高为 50px

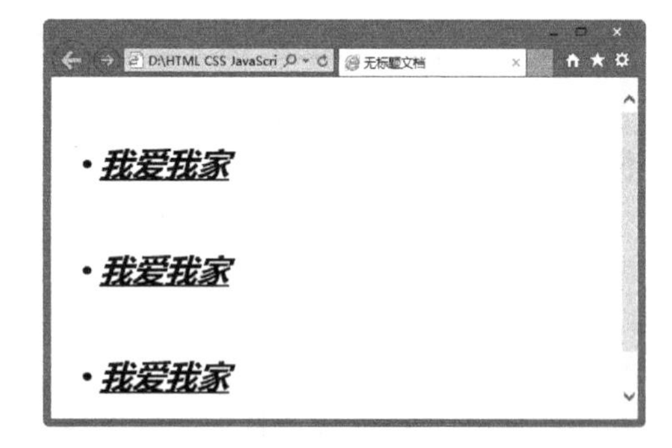

图 10-10　设置行高为 100px

10.2.2　text-align 属性

text-align 用于设置文本的水平对齐方式。

基本语法：

```
text-align:排列值
```

语法说明：

水平对齐方式取值范围包括 left、right、center 和 justify 这 4 种对齐方式。

(1) left：左对齐。

(2) right：右对齐。

(3) center：居中对齐。

(4) justify：两端对齐。

实例代码：

```
<style type="text/css">
<!--
.font {
    font-family: Arial, Helvetica, sans-serif;
    font-size: 24pt;
    line-height: 100px;
    text-align: Center
}
-->
</style>
```

这里设置为 Center，设置完成后的效果如图 10-11 所示。

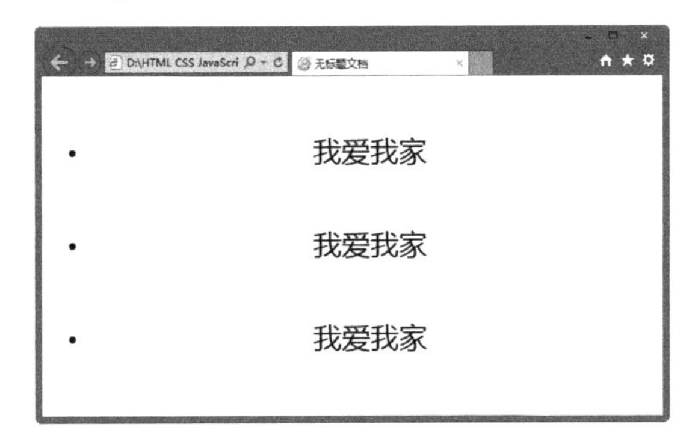

图 10-11　设置文本对齐后的效果

10.2.3　text-indent 属性

在 HTML 中只能控制段落的整体向右缩进，如果不进行设置，浏览器则默认为不缩进，而在 CSS 中可以控制段落的首行缩进以及缩进的距离。

基本语法：

```
text-indent:缩进值
```

语法说明：

文本的缩进值必须是长度值或百分比。

实例代码：

```
<!doctype html>
<html>
<head>
<meta charset="utf-8">
<title>无标题文档</title>
<style type="text/css">
<!--
.font {
    font-family: Arial, Helvetica, sans-serif;
    font-size: 18pt;
    text-indent:2em;
    }
-->
</style>
</head>
<body>
<div class="font">提高生命质量就是要活出自己的人生价值，这不取决于物质金钱而取决于健康快乐。健康是生理上的强壮，快乐则是精神上的愉悦。快乐的标志是充满亲情爱情友情，想方设法带给别人快乐，才会获得自己的快乐，这往往是常人无法理解的，所以才表现出羡慕嫉妒恨。
</div>
</body>
</html>
```

设置完成后的效果如图 10-12 所示。

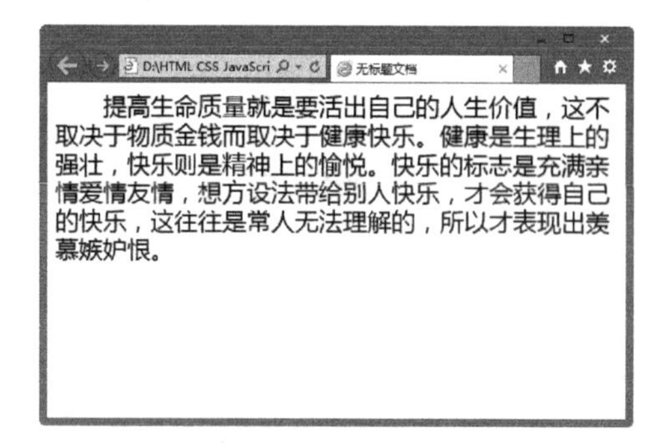

图 10-12　文字缩进后的效果

10.2.4　word-spacing 属性

word-spacing 可以设置英文单词之间的距离。

基本语法：

```
word-spacing:取值
```

语法说明：

取值可以使用 normal，也可以使用长度值。normal 指正常的间隔，是默认选项；长度是设置单词间隔的数值及单位，可以使用负值。

实例代码：

```
<!doctype html>
<html>
<head>
<meta charset="utf-8">
<title>无标题文档</title>
<style type="text/css">
<!--
.font {
    font-family: Arial, Helvetica, sans-serif;
    font-size: 18pt;
    text-indent:2em;
    word-spacing:25px;
    }
-->
</style>
</head>
<body>
<div class="font">Hello, welcome to our home。</div>
</body>
</html>
```

没有设置单词间距的效果如图 10-13 所示；将单词间距设置为 25px 后的效果如图 10-14 所示。

图 10-13　设置间距前

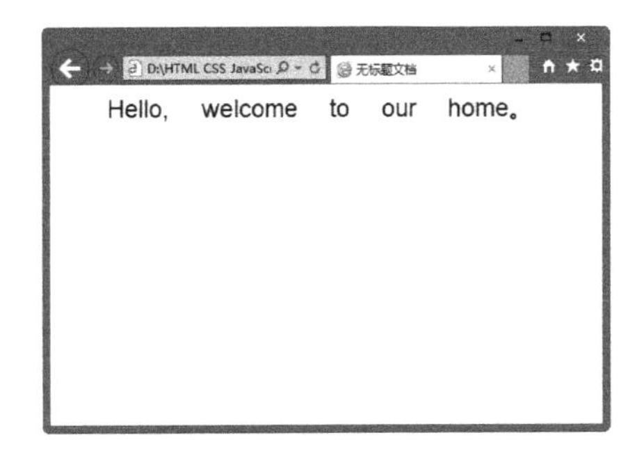

图 10-14　设置间距后

10.2.5　first-letter 首字下沉

在使用 Word 制作文档或者观看某些报纸杂志时，总会看到段落的首字下沉的效果。在制作网页时，使用 CSS 也能做出这样的效果。

基本语法：

```
P: first_letter{font-size:16px;color:red;float;left;}
```

语法说明：

首字下沉主要使用到 CSS 的 first-letter，然后配合使用 font-size 和 float 来设置文字的样式即可实现。first-letter 选择器选取指定元素文本内容的第一个字母，即用于设置第一个字母的 CSS 样式。

(1) font-weight:bolder，定义字体的粗细，这里设置成特粗。

(2) font-size:300%，定义字体的大小。

(3) float:left，定义字体的浮动方式，这里设置左对齐。

(4) color:#000，定义字体的颜色值。

(5) line-heigh，定义字体的行高。

下面是一个转换英文字母的大小写的实例，具体代码如下：

实例代码：

```
<!doctype html>
<html>
<head>
<meta charset="utf-8">
<title>CSS 首字下沉</title>
<style type="text/css">
.dyfirst {  width:300px;    border:1px solid
#ddd;padding:5px;font-size:12px;margin:5px 0;}
.dyfirst:first-line {color:#050;}
.dyfirst:first-letter {font-size:300%;font-weight:bold;
    color:#000;float:left;}
</style>
</head>
<body>
<div class="dyfirst"> word</div>
<div class="dyfirst"> float</div>
</body>
</html>
```

如图 10-15 所示是网页应用首字下沉后的效果。

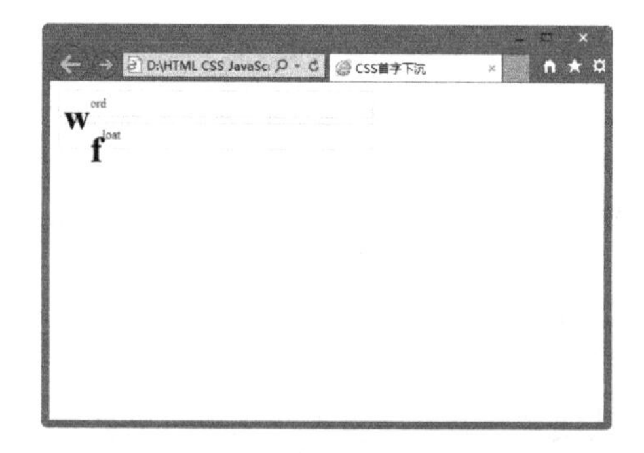

图 10-15　首字下沉后的效果

10.2.6　text-transform

text-transform 用来转换英文字母的大小写。

基本语法：

```
text-transform:转换值
```

语法说明：

text-transform 的取值范围如下。

(1) none：表示使用原始值。

(2) lowercase：表示使每个单词的所有字母转换为小写。

(3) uppercase：表示使每个单词的所有字母转换为大写。

(4) capitalize：表示使每个单词的首字母转换为大写。

实例代码：

```
<!doctype html>
<html>
<head>
<meta charset="utf-8">
<title>无标题文档</title>
<style type="text/css">
<!--
.font {
    font-family: Arial, Helvetica, sans-serif;
    font-size: 18pt;
    text-indent:2em;
    text-transform: capitalize;
    }
-->
</style>
</head>
<body>
<div class="font">The pineapple is nature's healing fruit. It is a
nutritionally-packed member of the bromeliad family. This delightful tropical
fruit is high in the enzyme bromelain and the antioxidant vitamin C, both
of which play a major role in the body' s healing processes.。</div>
</body>
</html>
```

在浏览器中预览，效果如图 10-16 所示。

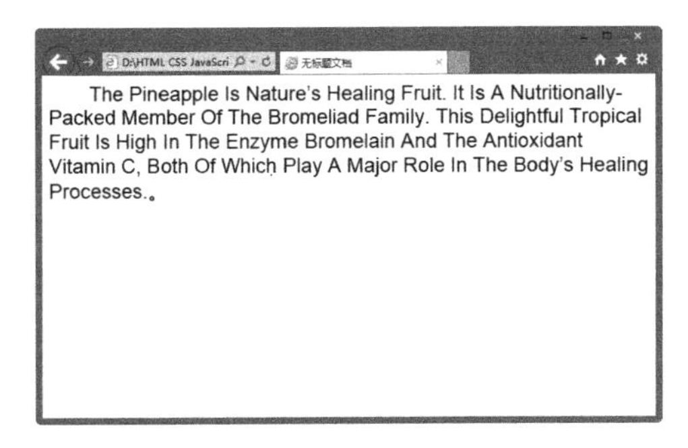

图 10-16　转换为首字母大写

10.3 综合实例——用 CSS 排版网页文字

前面对 CSS 设置文字的各种效果进行了详细的介绍。下面通过实例讲述文字效果的综合使用。具体操作步骤如下。

(1) 启动 Dreamweaver CC，打开网页文档，如图 10-17 所示。

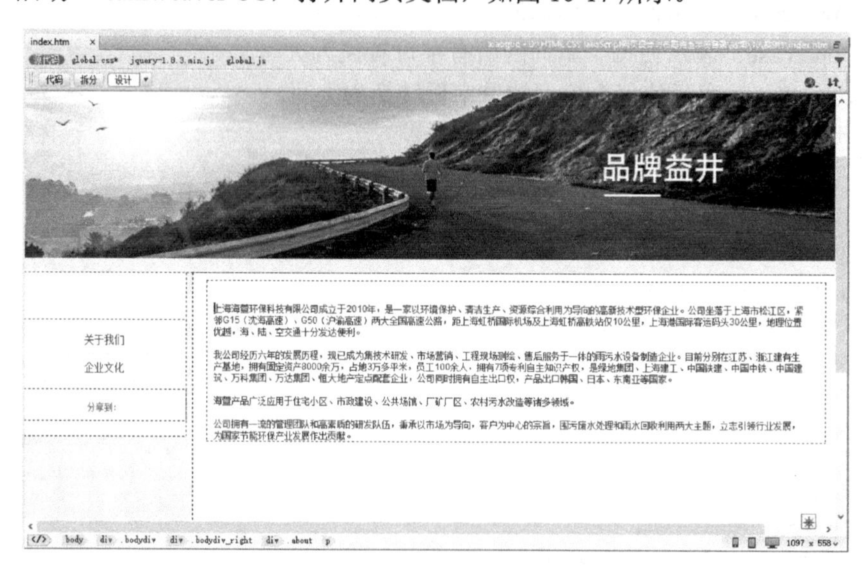

图 10-17 打开网页文档

(2) 切换到拆分视图，在文字的前面输入以下代码，设置文字的字体、大小、颜色，如图 10-18 所示。

```
<font color="#E7A518" face="新宋体" size="5">
```

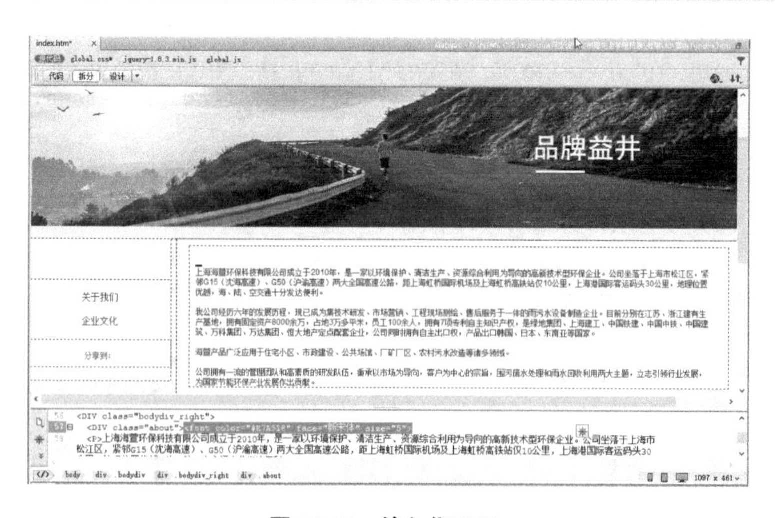

图 10-18 输入代码(1)

(3) 在拆分视图中，在文字的最后面输入代码</font>，如图 10-19 所示。

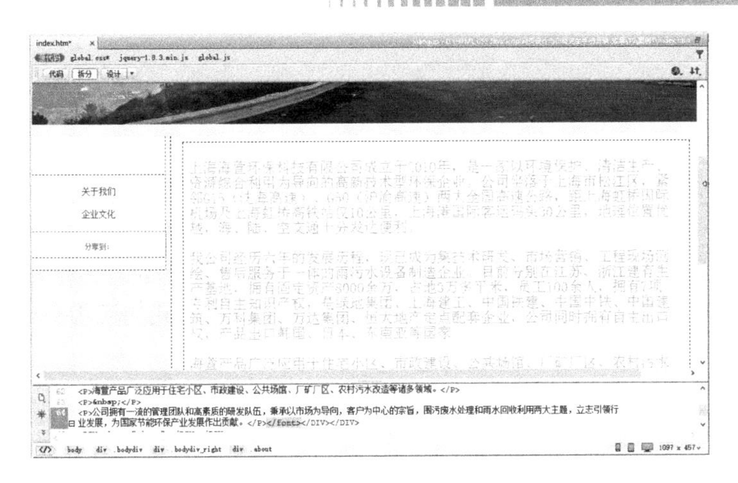

图 10-19　输入代码(2)

(4) 将光标置于文字下边，在代码视图中输入如下代码，插入水平线，如图 10-20 所示。

```
<hr size="3" width="550" align="center" color="#CC3300">
```

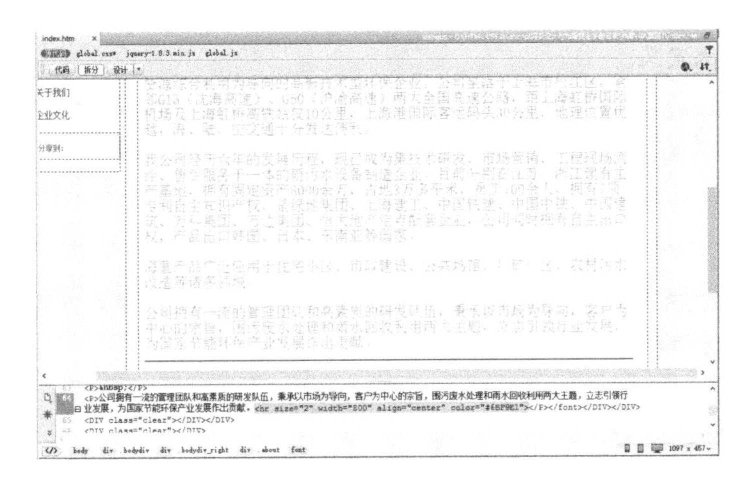

图 10-20　插入水平线

(5) 保存网页，在浏览器中预览效果，如图 10-21 所示。

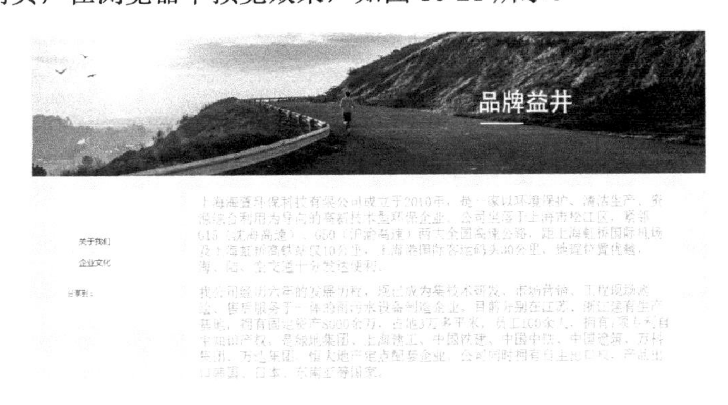

图 10-21　预览网页

10.4 本章小结

CSS 样式是网页的精髓，网页中最直接表现出来的就是文字和图片。一个网页最多的还是文字，文字是人类语言最基本的表达方式，文本的控制与布局在网页设计中占了很大比例，文本与段落也可以说是最重要的组成部分。本章主要讲述了设置文字样式、设置段落格式。通过本章的学习，读者应对网页中文字格式和段落格式的应用有一个深刻的了解。

10.5 练习题

1. 填空题

(1) ________属性中指定的字体要受到用户环境的影响。打开网页时，浏览器会先从用户计算机中寻找________中的第一个字体，如果计算机中没有这个字体，会向右继续寻找第二个字体，依次类推。

(2) ________属性的属性值可以有多种指定方式，绝对尺寸、相对尺寸、长度、百分比值都可以用来定义。

(3) 使用________属性可以将小写的英文字母转变为大写，而且在大写的同时，能够让字母大小保持与小写时一样的尺寸高度。

(4) 使用文字修饰________属性可以对文本进行修饰，如设置下画线、删除线等。

2. 操作题

给网页添加 CSS 样式，使用 CSS 设置文本字体为宋体、文本颜色为黑色，文字大小为 14px，如图 10-22 所示。

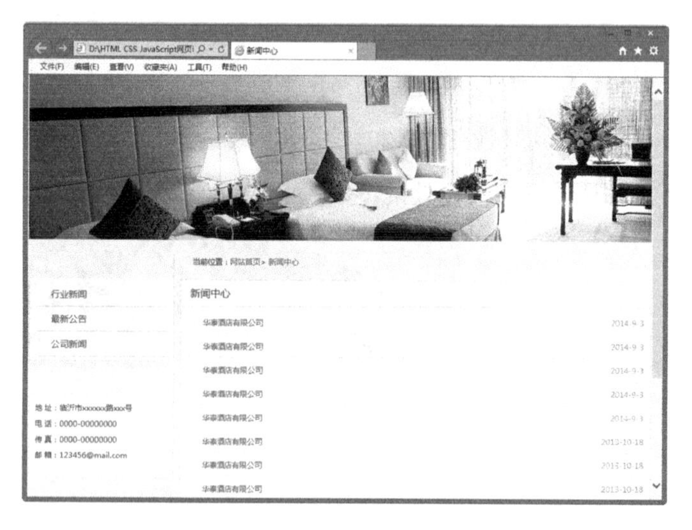

图 10-22 给网页添加 CSS

第 11 章　用 CSS 设计图像和背景

本章要点

图像是网页中最重要的元素之一。图像不但能美化网页，而且与文本相比能够更直观地说明问题。美观的网页是图文并茂的，一幅幅图像和一个个漂亮的按钮，不但使网页更加美观、生动，而且使网页中的内容更加丰富。作为单独的图片本身，它的很多属性可以直接在 HTML 中进行调整，但是通过 CSS 统一管理，不但可以更加精确地调整图片的各种属性，还可以实现很多特殊的效果。本章主要介绍使用 CSS 设置图像和背景图片的方法。本章主要内容包括:

(1) 设置网页的背景;

(2) 设置背景图像的属性;

(3) 设置网页图像的样式。

11.1　设置网页的背景

背景属性是网页设计中应用非常广泛的一种技术。通过背景颜色或背景图像，能给网页带来丰富的视觉效果。HTML 的各种元素基本上都支持 background 属性。

11.1.1　background-color 属性

在 HTML 中，利用<body>标记中的 bgcolor 属性可以设置网页的背景颜色，而在 CSS 中使用 background-color 属性不但可以设置网页的背景颜色，还可以设置文字的背景颜色。

基本语法：

```
background-color:颜色取值
```

语法说明：

背景颜色用于设置对象的背景颜色。背景颜色的默认值是透明色，大多数情况下可以不用此方法进行设置。background-color 属性可以用于各种网页元素。

其 CSS 代码如下，使用 background-color: #D331DD 定义表格的背景颜色为紫色，如图 11-1 所示。

```
<style>
.table {
    background-color:#D331DD;
}
</style>
```

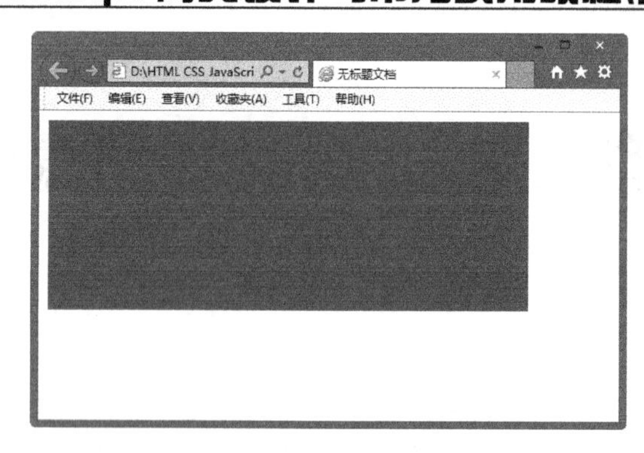

图 11-1　背景颜色效果

11.1.2　background-image 属性

背景不仅可以设置为某种颜色，CSS 中还可以用图像作为网页元素的背景，而且用途极为广泛。使用 background-image 属性可以设置元素的背景图像。

基本语法：

```
background-image:url(图像地址)
```

语法说明：

图像地址可以是绝对地址，也可以是相对地址。

其 CSS 代码如下，使用 background-image: url(1.jpg)定义了 Div 的背景图像，如图 11-2 所示。

```
<style type="text/css">
.div {
    background-image: url(1.jpg);
}
</style>
```

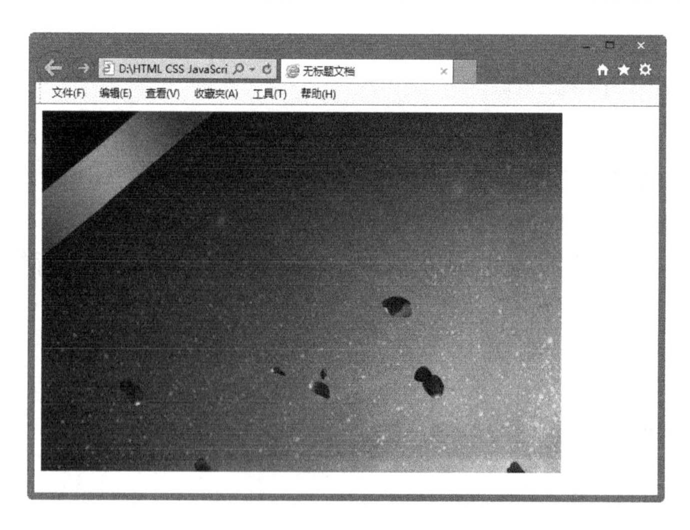

图 11-2　背景图像效果

11.2 设置背景图像的属性

利用 CSS 可以精确地控制背景图像的各项设置。可以决定是否平铺及如何平铺，背景图像应该滚动还是保持固定，以及将其放在什么位置。

11.2.1 background-repeat 属性

使用 background-repeat 属性设置是否及如何重复背景图像。图像的重复方式共有 4 种平铺选项，分别是不重复、重复、横向重复、纵向重复。

基本语法：

```
background-repeat: no-repeat | repeat| repeat-x| repeat-y;
```

语法说明：

background-repeat 的属性值如表 11-1 所示。

表 11-1 background-repeat 的属性值

属 性 值	描 述
no-repeat	背景图像不重复，仅显示一次
repeat	默认。背景图像将在垂直方向和水平方向重复
repeat-x	背景图像只在水平方向上重复
repeat-y	背景图像只在垂直方向上重复

其 CSS 代码如下，使用 background-repeat: repeat-y 定义背景图像在垂直方向上重复，如图 11-3 所示。

```
<style type="text/css">
.div {
    background-image: url(2.jpg);
    background-repeat: repeat-y;
}
</style>
```

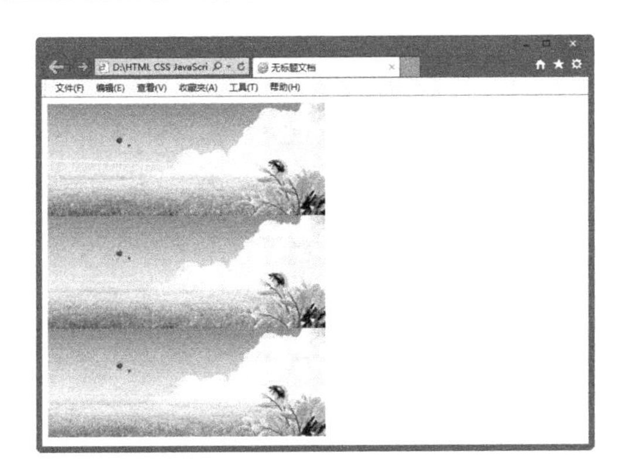

图 11-3 垂直方向上的重复效果

提示： 在 CSS 中还可以同时设置背景图像和背景颜色，这样背景图像覆盖的地方就显示背景图像，背景图像覆盖不到的地方就显示背景颜色。

11.2.2 background-attachment 属性

在网页中，背景图像通常会随网页的滚动而一起滚动。利用 CSS 的固定背景属性，可以建立不滚动的背景图像，即页面滚动时背景图像可以保持固定。

基本语法：

```
background-attachment: scroll | fixed;
```

语法说明：

background-attachment 的属性值如表 11-2 所示。

表 11-2 background-attachment 的属性值

属 性 值	描 述
scroll	背景图像随对象内容滚动
fixed	背景图像固定

固定背景属性一般都是用于整个网页的背景图像，即<body>标记内容设定的背景图像。

其 CSS 代码如下，使用 background-attachment 定义背景图像固定背景，浏览器如何下拉背景图像始终保持不变，如图 11-4 所示。

```
<style type="text/css">
.div {
    background-image: url(3.jpg);
    background-attachment: fixed;
}
</style>
```

图 11-4 固定背景网页

11.2.3 background-position 属性

除了图像重复方式的设置，CSS 还提供了背景图像定位功能。背景定位用于设置对象的背景图像位置，必须先指定 background-image 属性。

基本语法：

```
background-position: 450px 360px;
```

语法说明：

background-position 的属性值如表 11-3 所示。

表 11-3 background-position 的属性值

设 置 值	描 述
X(数值)	设置网页的横向位置，其单位可以是所有尺度单位
Y(数值)	设置网页的纵向位置，其单位可以是所有尺度单位

其 CSS 代码如下，可以对背景图像的位置做出精确的控制(见加粗部分的代码)，效果如图 11-5 所示。

```
<style type="text/css">
.div {
    background-image: url(4.jpg);
    background-repeat: repeat-y;
    background-attachment: fixed;
    background-position: 100px 160px;
}
</style>
```

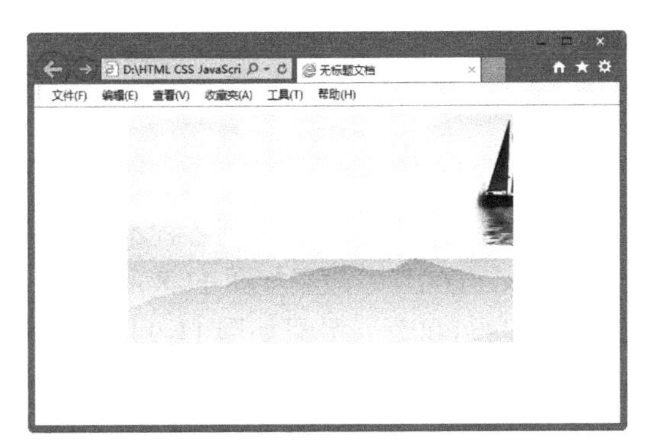

图 11-5 定位效果

11.3 设置网页图像的样式

在网页中恰当地使用图像，能够充分展现网页的主题和增强网页的美感，同时能够极大地吸引浏览者的目光。网页中的图像包括 Logo、Banner、广告、按钮及各种装饰性的图标等。CSS 提供了强大的图像样式控制能力，以帮助用户设计专业美观的网页。

11.3.1 border 属性

在默认情况下，图像是没有边框的，通过 border(边框)属性可以为图像添加边框线。定义图像的边框属性后，在图像四周出现了 5px 宽的实线边框，效果如图 11-6 所示。

其 CSS 代码如下：

```
<style type="text/css">
.div {
    border: 5px solid #FF5D5F;
}
</style>
```

例如设置 5px 的虚线边框，如图 11-7 所示。

图 11-6 图像的实线边框效果

图 11-7 图像的虚线边框效果

其 CSS 代码如下：

```
<style type="text/css">
.div {
    border: 5px dashed #FF5D5F;
}
</style>
```

通过该变边框样式、宽度和颜色，可以得到下列各种不同效果。

(1) 设置“border: 5px dotted #F00”，效果如图 11-8 所示。

(2) 设置“border: 5px double #F00”，效果如图 11-9 所示。

图 11-8 点画线边框效果

图 11-9 双线边框效果

11.3.2　图文混合排版

在网页中只有文字是非常单调的，因此在段落中经常会插入图像。在网页构成的诸多要素中，图像是形成设计风格和吸引视觉的重要因素之一。

为了使文字和图像之间保留一定的内边距，还要定义.pic 的填充属性，预览效果如图 11-10 所示。其 CSS 代码如下：

```
<style type="text/css">
.duiqi {
    padding: 11px;
    float: right;
}
</style>
```

如果要使图像居左，用同样的方法设置 float: left。其代码如下:

```
<style type="text/css">
.duiqi {
    padding: 11px;
    float: left;
}
</style>
```

预览效果如图 11-11 所示。

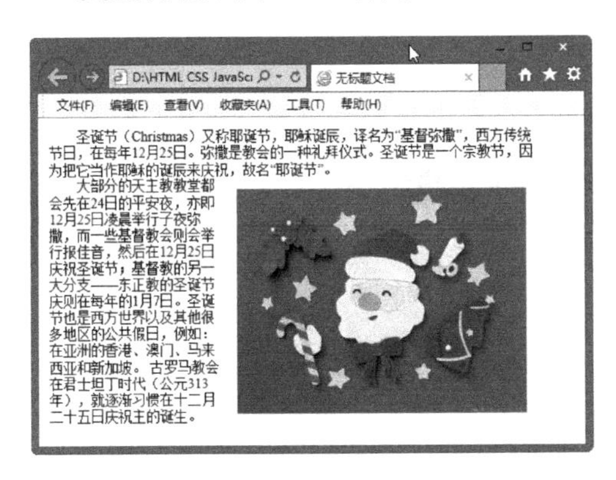

图 11-10　图像居右效果

图 11-11　图像居左效果

11.4　综合实例——给图片添加边框

前面几节我们学习了图像和背景的设置，下面我们通过实例来具体讲述操作步骤，以达到学以致用的目的。

网页中插入图片的时候，我们经常要给图片加上些修饰，比如加上边框或者阴影等。下面介绍一个用 CSS 给图片加上边框的实用例子。具体操作步骤如下。

(1)　启动 Dreamweaver，打开原始文件，如图 11-12 所示。

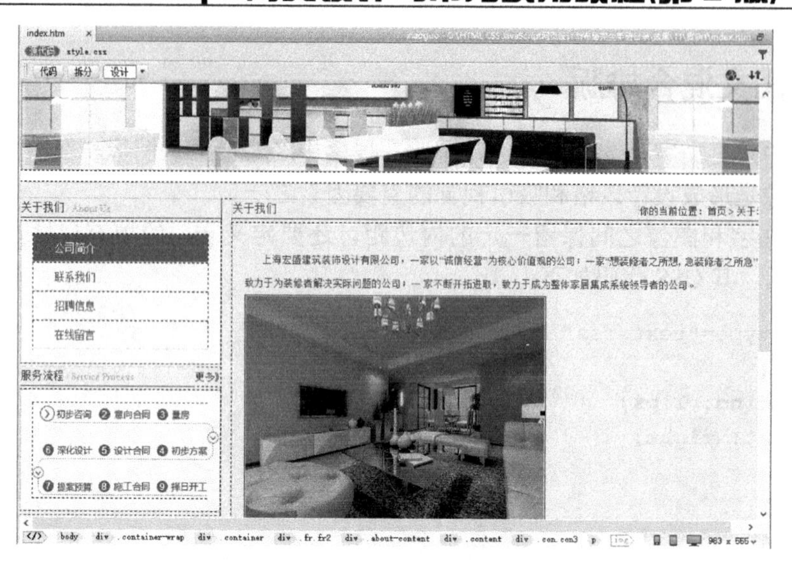

图 11-12　打开文件

(2) 打开拆分视图，在<head>中输入以下代码，设置图像样式，如图 11-13 所示。

```
<style type="text/css">
.yang {
        border: 5px dashed #42BCF7;
}
</style>
```

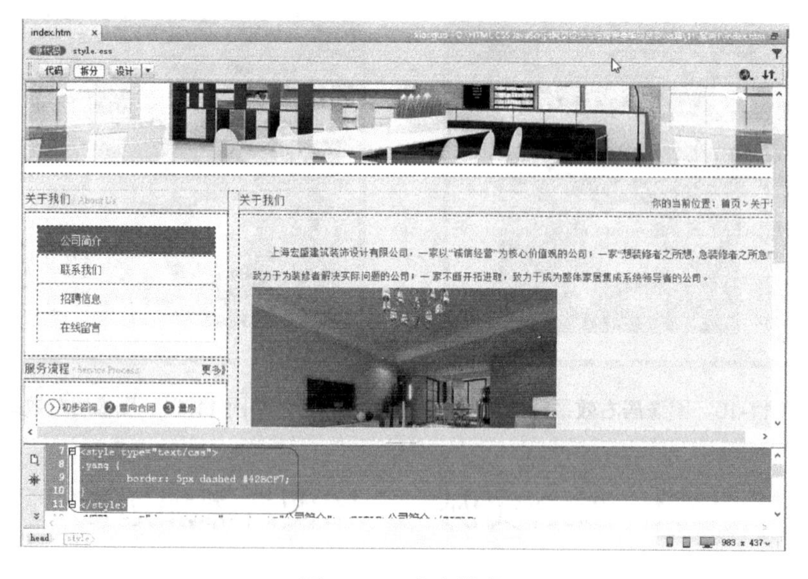

图 11-13　定义样式

(3) 在样式表中输入代码 float: right，设置图像右对齐，如图 11-14 所示。

(4) 打开拆分视图，在选择图像文件，在其代码后面输入 class="yang"，套用设置好的样式，可以清晰地看到蓝色线框，预览效果如图 11-15 所示。

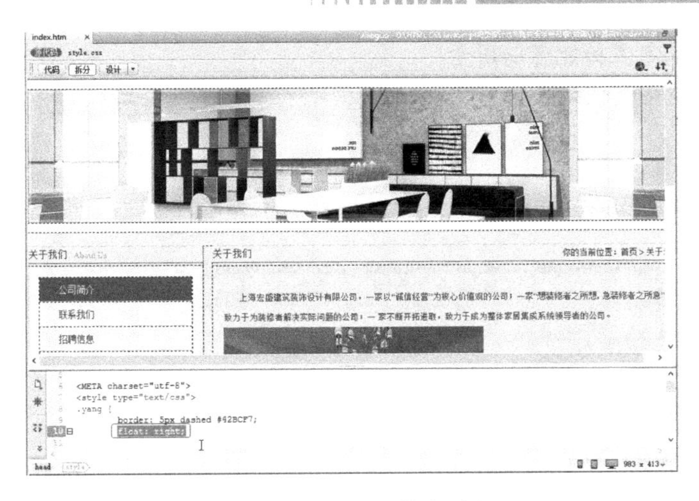

图 11-14　设置图像右对齐

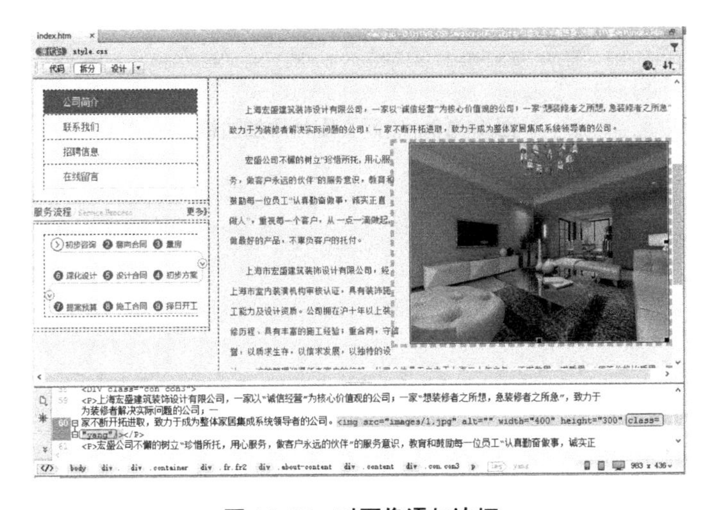

图 11-15　对图像添加边框

11.5　本 章 小 结

本章介绍了关于使用图像的一些相关设置方法。可以看到，使用 CSS 对图像进行设置，无论是边框的样式、与周围文字的间隔，还是与旁边文字的对齐方式等因素，都可以做到非常精确、灵活地设置，这些都是使用 HTML 中 img 标记的属性所无法实现的。

11.6　练　习　题

1. 填空题

(1)　在 HTML 中，利用<body>标记中的________属性可以设置网页的背景颜色，而在 CSS 中使用___________属性不但可以设置网页的背景颜色，还可以设置文字的背景颜色。

(2) 背景图像定位功能可以用于________________________中，将背景图像定位在适合的位置上，以获得最佳效果。

2. 操作题

给网页图片添加边框效果，如图 11-16 所示。

图 11-16　给网页图片添加边框

第 12 章　用 CSS 设置表格和表单样式

本章要点

表格是网页制作中使用得最多的工具之一。通过表格配合文字和精美的图片，才能制作出优秀的网页。表单是网页设计中重要的对象之一，特别是动态交互式网页更是不可缺少。使用表单可以轻松地完成对各种数据的收集，它是网站管理者与浏览者之间沟通的桥梁。收集、分析用户的反馈意见，并做出科学、合理的决策，是一个网站成功的主要因素。本章主要内容包括：

(1) 网页中的表格；

(2) 网页中的表单。

12.1　网页中的表格

表格是网页中对文本和图像布局的强有力的工具。一个表格通常由行、列和单元格组成，每行由一个或多个单元格组成。表格中的横向称为行，表格中的纵向称为列，表格中一行与一列相交所产生的区域则称为单元格。

12.1.1　表格对象标记

表格由行、列和单元格 3 部分组成，如图 12-1 所示。表格的行、列和单元格都可以进行复制、粘贴，在表格中还可以插入表格，表格嵌套使设计更加方便。

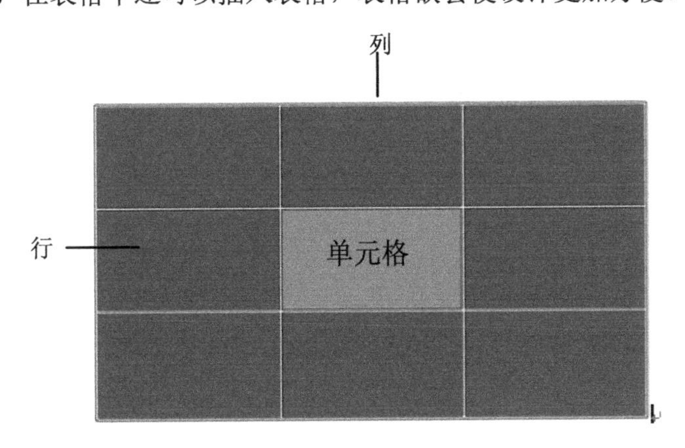

图 12-1　表格的基本组成

如图 12-1 所示的 3 行 3 列的表格，其 HTML 代码如下：

```
<table width="500" height="240" border="1" cellpadding="1" cellspacing="1"
bordercolor="#FF0000">
```

```
  <tr>
    <td bgcolor="#038628"> </td>
    <td bgcolor="#038628"> </td>
    <td bgcolor="#038628"> </td>
  </tr>
  <tr>
    <td bgcolor="#038628"> </td>
    <td bgcolor="#999966"> </td>
    <td bgcolor="#038628"> </td>
  </tr>
  <tr>
    <td bgcolor="#038628"> </td>
    <td bgcolor="#038628"> </td>
    <td bgcolor="#038628"> </td>
  </tr>
</table>
```

此外表格还有 caption、tbody、thead 和 th 标记。

(1) caption：可以通过<caption>来设置标题单元格，一个<table>表格只能含有一个<caption>标记定义表格标题。

(2) tbody：用于定义表格的内容区，如果一个表格由多个内容区构成，可以使用多个 tbody 组合。

(3) thead 和 th：thead 用于定义表格的页眉，th 定义页眉的单元格，通过适当地标出表格的页眉可以使表格更加有意义。

12.1.2 在 Dreamweaver 中插入表格

在 Dreamweaver 中插入表格非常简单，具体操作步骤如下。

(1) 使用 Dreamweaver CC 打开网页文档，将光标置于要插入表格的位置，选择“插入”|“表格”菜单命令，弹出“表格”对话框，在对话框中将“行数”设置为 2，“列”设置为 2，“表格宽度”设置为 600 像素，“边框粗细”“单元格边距”“单元格间距”分别设置为 0，如图 12-2 所示。

(2) 单击“确定”按钮，插入表格，如图 12-3 所示。

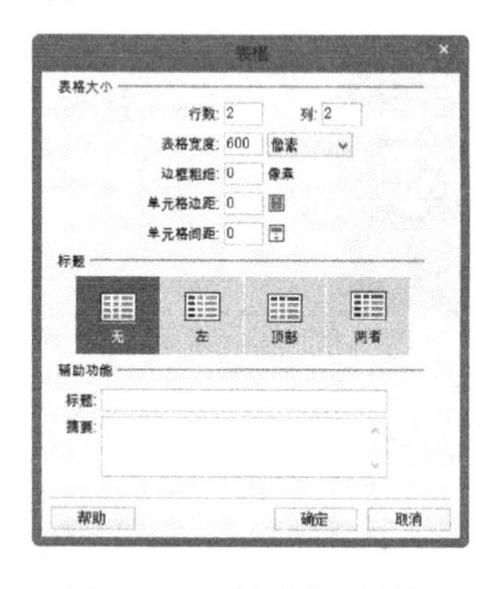

图 12-2 “表格”对话框

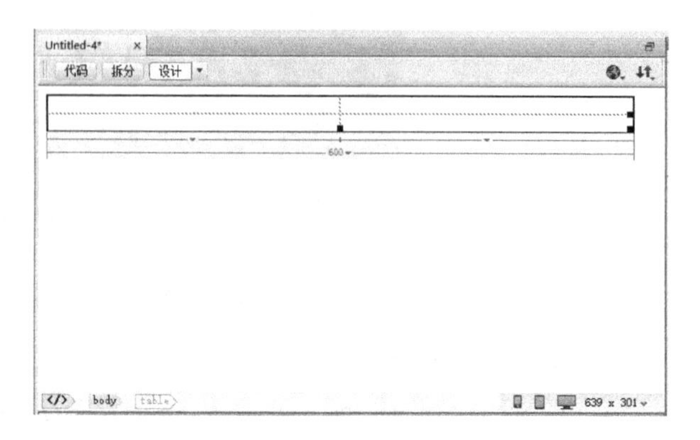

图 12-3 插入表格

(3) 选中表格，在“属性”面板中将表格的“填充”设置为 5，“间距”设置为 5，“边框”设置为 2，“对齐”设置为“居中对齐”，如图 12-4 所示。

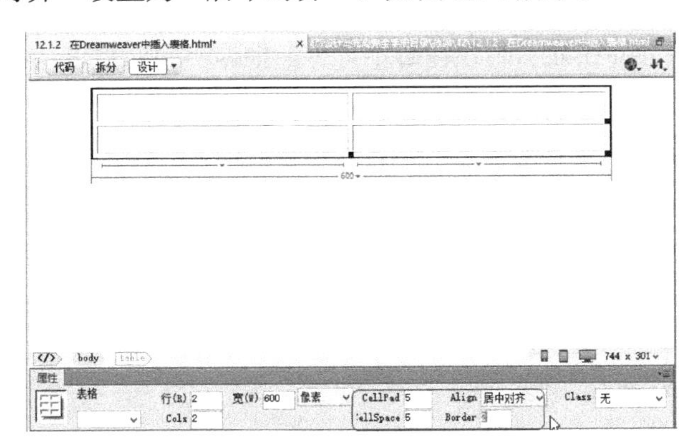

图 12-4　设置表格属性

12.1.3　表格的 bgcolor 属性

表格的颜色设置比较简单，通过 color 属性设置表格中文字的颜色，通过 bgcolor 属性设置表格的背景颜色等。下面的 CSS 代码定义了表格的颜色。

```
<table width="600" border="2" align="center" cellpadding="5"
cellspacing="5">
  <tbody>
    <tr>
      <td bgcolor="#078E02"> </td>
      <td bgcolor="#078E02"> </td>
    </tr>
    <tr>
      <td bgcolor="#A1FC93"> </td>
      <td bgcolor="#A1FC93"> </td>
    </tr>
  </tbody>
</table>
```

在浏览器中浏览，效果如图 12-5 所示。

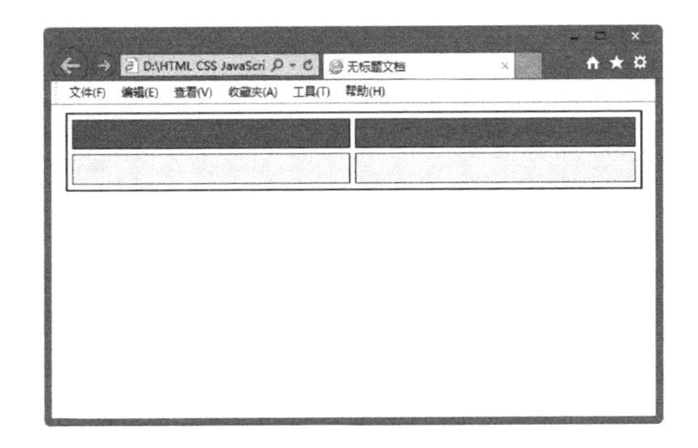

图 12-5　表格颜色

12.1.4 表格的 border 样式

边框作为表格的分界在显示时往往必不可少。根据不同的需求，可以对表格和单元格应用不同的边框。可以定义整个表格的边框，也可以对单独的单元格分别进行定义。CSS 的边框属性是美化表格的一个关键元素，利用 CSS 可以定义各种边框样式。

对于需要重复使用的样式都是使用类(class)选择符来定义样式。类选择符可以在同一页面中重复使用，大大提高了设计效率，简化了 CSS 代码的复杂性。在实际的网页设计中类样式的应用非常普遍。

下面就利用类样式来定义表格的边框，其 CSS 代码如下：

```
<style type="text/css">
.bottomborder {
    border-top-width: 1px;
    border-right-width: 1px;
    border-bottom-width: 1px;
    border-left-width: 1px;
    border-top-color: #009900;
    border-right-color: #009900;
    border-bottom-color: #009900;
    border-left-color: #009900;
    border-top-style: solid;
    border-right-style: solid;
    border-bottom-style: solid;
    border-left-style: solid;
}
</style>
```

在浏览器中浏览，效果如图 12-6 所示。

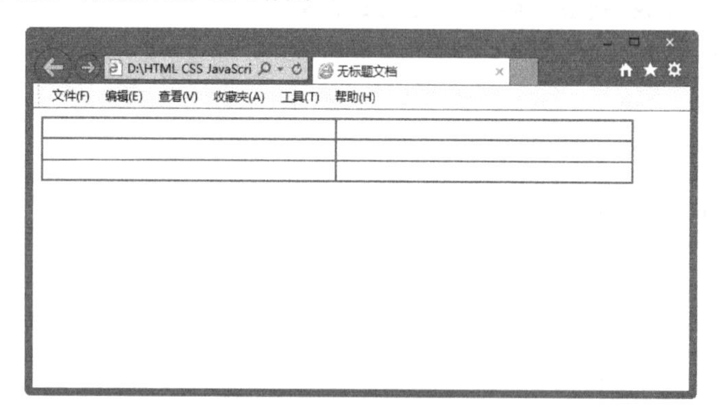

图 12-6 细线表格

要实现虚线边框，把“样式”设置为 dashed 即可。在浏览器中浏览，效果如图 12-7 所示。

```
<style type="text/css">
.bottomborder {
```

```
    border-top-width: 1px;
    border-right-width: 1px;
    border-bottom-width: 1px;
    border-left-width: 1px;
    border-top-color: #009900;
    border-right-color: #009900;
    border-bottom-color: #009900;
    border-left-color: #009900;
    border-top-style:dashed;
    border-right-style:dashed;
    border-bottom-style:dashed;
    border-left-style:dashed;
}
</style>
```

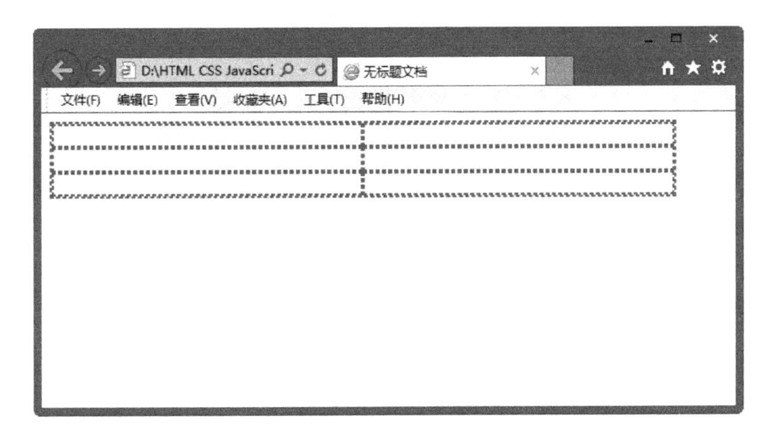

图 12-7 虚线表格

12.1.5 设置表格的阴影

利用 CSS 可以给表格制作出阴影效果。其 CSS 代码如下：

```
.boldtable {
    border-top-width: 1px;
    border-right-width: 6px;
    border-bottom-width: 6px;
    border-left-width: 1px;
    border-top-style: solid;
    border-right-style: solid;
    border-bottom-style: solid;
    border-left-style: solid;
    border-top-color: #FFFFFF;
    border-right-color: #999999;
    border-bottom-color: #999999;
    border-left-color: #999999;}
```

上述代码分别定义了表格的上下左右边框的颜色、样式和宽度。在浏览器中浏览，效果如图 12-8 所示。

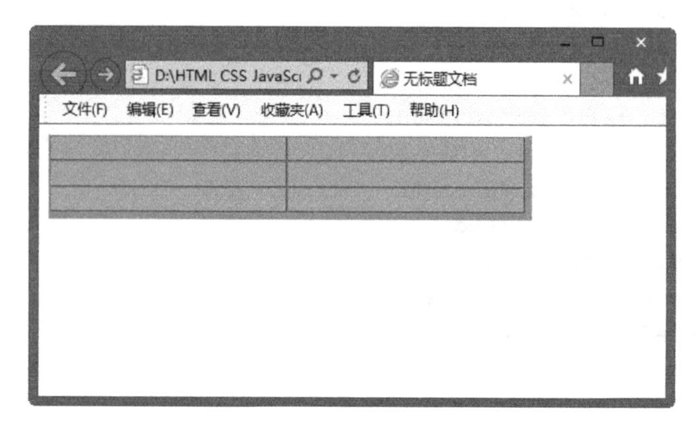

图 12-8　表格的阴影效果

12.2　网页中的表单

表单的作用是可以与站点的访问者进行交互，或收集信息，然后提交至服务器进行处理。表单中可以包含各种表单对象。

12.2.1　表单对象

表单由两个重要的部分组成：一是在页面中看到的表单界面；二是处理表单数据的程序，它可以是客户端应用程序，也可以是服务器端的程序。

创建表单后，需要在其中添加表单对象才能实现表单的作用。可以插入到表单中的对象有文本域、单选按钮、复选框、列表/菜单、按钮、图像域等，它们聚集在 Dreamweaver 中的"表单"插入栏中，如图 12-9 所示。

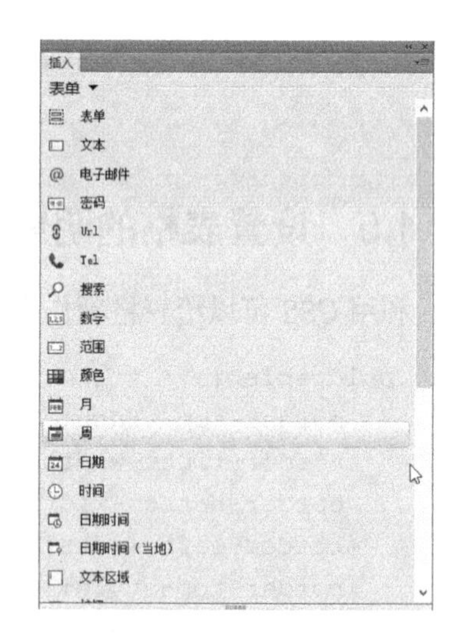

图 12-9　"表单"插入栏

12.2.2　表单标记

表单是网页上的一个特定区域，这个区域是由一对<form>标记定义的。这个标记有如下的作用。

(1)　限定表单的范围。其他的表单对象，都要插入到表单之中，单击提交按钮时，提交的也是表单范围之内的内容。

(2)　设置表单的相关信息。例如，处理表单的脚本程序的位置、提交表单的方法等。这些信息对于浏览者是不可见的，但对于处理表单的确有着决定性的作用。

基本语法：

```
<form name="form_name" method="method" action="url" enctype="value"
target="target_win">
</form>
```

<form>标记的属性如下。

(1) name：表单的名称。

(2) method：定义表单结果从浏览器传送到服务器的方法，一般有两种方法：get 和 post。

(3) action：用来定义表单处理程序(ASP、CGI 等程序)的位置。

(4) enctype：设置表单资料的编码方式。

(5) target：设置返回信息的显示方式。

此外还包括写入标记<input>、菜单下拉列表框<select><option>、多行的文本框<textarea>。

12.2.3　表单的布局设计

表单的布局是指表单在页面中的排版形式。为了美化页面，常常将表单元素设计成不同的外观样式。可以给文本框设置不同的背景色、边框和文字颜色等。对于一些大型网站，它们的表单布局设计都非常简洁美观。

如图 12-10 所示的网站留言表单页面简洁而美观。

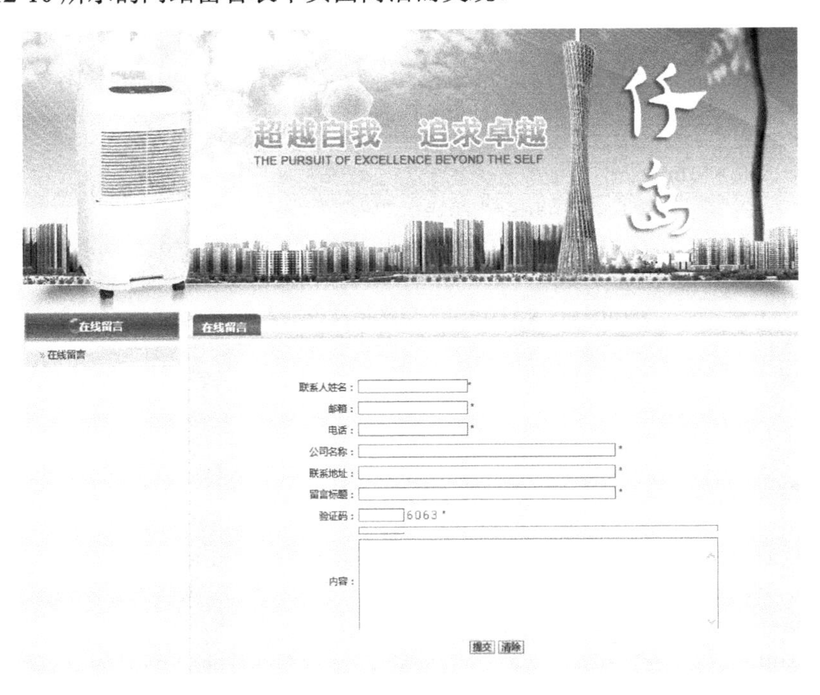

图 12-10　网站留言表单页面简洁而美观

页面由一个居中的 Div 对象作为表单的主容器，在这个容器内用一个表格来布局表单对象，表格对数据的排列方式非常适合于表单元素的排版。因此，表格是表单布局的主要工具。目前很多大型网站都采用表格来对表单进行布局，特别是一些复杂的表单。

```
<div id="reg">
<form name="form1" method="post" action="liuyan@163.com">
<table width="95%" border="0" align="center" cellpadding="3"
cellspacing="0">
<tr>
  <td width="22%" align="right"><span class="style2">姓名：</span></td>
  <td width="78%"><input name="textfield" type="text" size="20"></td>
</tr>
<tr>
    <td align="right" class="style2">日期：</td>
    <td><input name="textfield2" type="text" size="20"></td>
 </tr>
 <tr>
    <td align="right" class="style2">房间将留至：</td>
    <td>
<label><input name="textfield3" type="text" size="20"></label>
</td>
  </tr>
  <tr>
     <td align="right" class="style2">入住人数：</td>
     <td><input name="textfield4" type="text" size="20"></td>
   </tr>
   <tr>
      <td align="right" class="style2">入住房间：</td>
      <td>
<span class="unnamed1">
               <select name="select">
                 <option value="1" selected>双人房</option>
                 <option value="2">单人房</option>
                 <option value="3">豪华商务双人房</option>
                 <option value="4">豪华商务单人房</option>
                  </select>
          </span>
</td>
  </tr>
   <tr>
    <td align="right" class="style2">付款方式：</td>
    <td><input type="radio" name="radiobutton" value="radiobutton">
    <span class="style2">现金
     <input type="radio" name="radiobutton" value="radiobutton">信用卡
     <input type="radio" name="radiobutton" value="radiobutton">微信</span>
</td>
    </tr>
    <tr>
```

```
    <td align="right" class="style2">要求设置：</td>
    <td class="style2">
<input type="checkbox" name="checkbox" value="checkbox">电视
<input type="checkbox" name="checkbox2" value="checkbox">网线
</td>
   </tr>
   <tr>
      <td align="right" class="style2">备注：</td>
      <td><textarea name="textarea" cols="45" rows="8"></textarea></td>
    </tr>
    <tr>
       <td> </td>
       <td><input type="submit" name="Submit" value="提交">
       <input type="reset" name="Submit2" value="重置"></td>
     </tr>
    </table>
  </form>
</div>
```

这里将整个表单放在一个名称为 reg 的 Div 中，然后插入了一个 9 行 2 列的表格，表单对象整齐地排列在单元格中，还可以通过 CSS 样式设置表格的样式。其中的 CSS 代码如下：

```
<style>
#reg {
   background-color: #ffcccc;
}
</style>
```

上面的 CSS 代码设置了#reg 对象的背景颜色为#ffcccc，设置了表格内文字的字号为 12px，文字颜色为#003333，表格宽度为 530px，并且设置了边框样式，在浏览器中浏览，效果如图 12-11 所示。

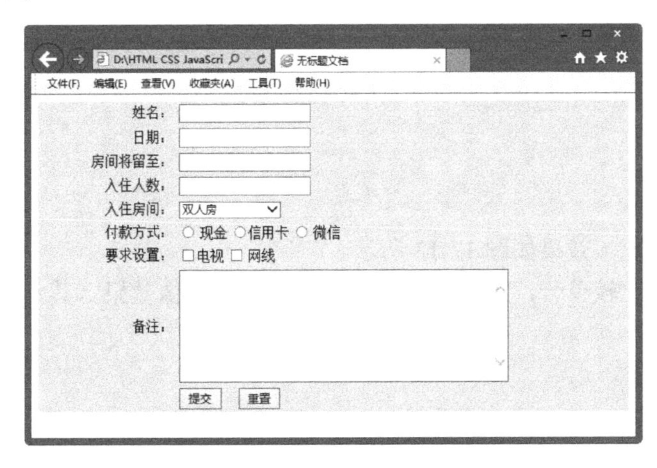

图 12-11　应用样式后的表单效果

12.2.4　设置边框样式

表单对象支持边框属性。边框属性提供了 10 多种样式。通过设置边框的样式、宽度和颜色，可以获得各种不同的效果。下面是设置 CSS 边框的代码：

```
<style>
.formstyle {
    border: 3px solid #1BA70A
    }
-->
</style>
```

在浏览器中预览，效果如图 12-12 所示。

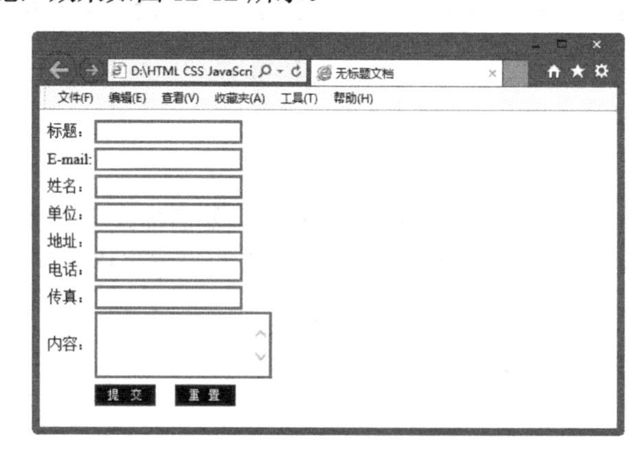

图 12-12　对表单框应用样式

12.2.5　设置背景样式

还可以设置表单对象的背景颜色。其 CSS 代码如下：

```
<style>
.formstyle {
    border: 3px solid #1BA70A; background-color: #A1FF8A;
    }
-->
</style>
```

在浏览器中浏览，效果如图 12-13 所示。

由于背景颜色比较单一，还可以设置更生动的背景图像效果。其 CSS 代码如下：

```
<style>
.formstyle {
    border: 3px solid #666666;
    background-image: url(1.jpg);
}
</style>
```

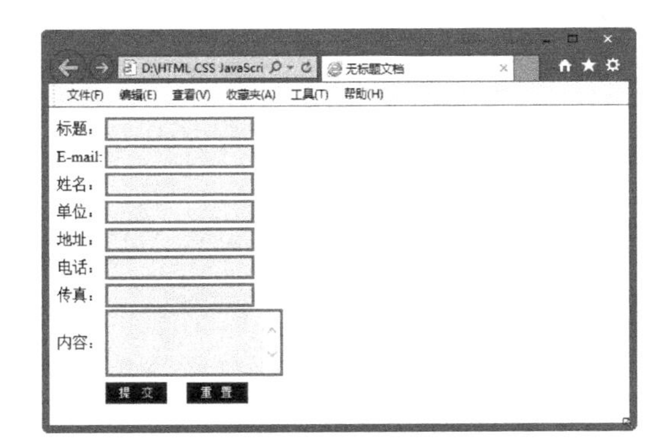

图 12-13　设置背景颜色的效果

在浏览器中浏览，效果如图 12-14 所示。

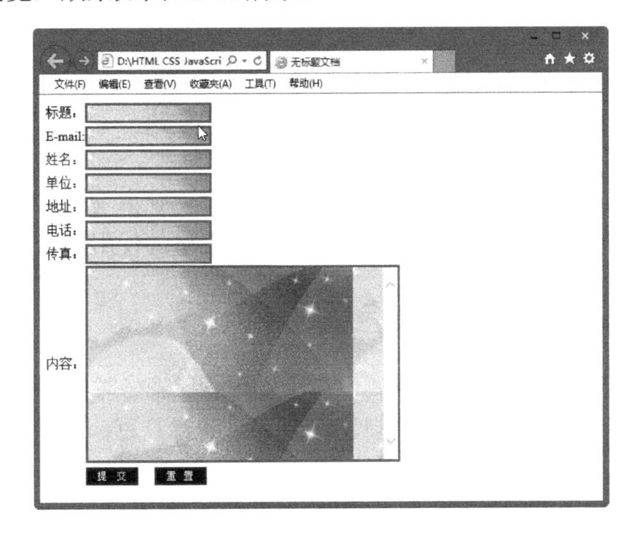

图 12-14　设置背景图像的效果

12.2.6　设置输入文本的样式

利用 CSS 样式可以控制浏览者输入文本的样式，起到美化表单的作用。

将样式表应用到表单对象中，其 CSS 代码如下：

```
<style>
.formstyle {
    border: 2px solid #2F9FA8;
    background-color: #CAE7F9;
    background-repeat: repeat-x;
    font-family: "隶书";
    color: #993300;
}
-->
</style>
```

在浏览器中浏览，效果如图 12-15 所示。

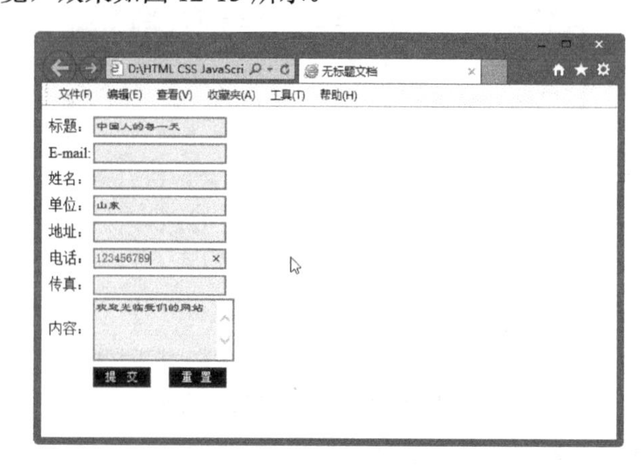

图 12-15　设置输入文本的样式

12.3　综 合 实 例

表格最基本的作用就是让复杂的数据变得更有条理，让人容易看懂。在设计页面时，往往要利用表格来排列网页元素。下面通过实例讲解表格的使用技巧。

综合实例 1——制作变换背景色的表格

如果希望浏览者特别留意某个表格属性，可以在设计表格时添加简单的 CSS 语法：当浏览者将鼠标指针移到表格上时，就会自动变换表格的背景色；当鼠标指针离开表格，即会恢复原来的背景色(或是换成另一种颜色)。

(1) 使用 Dreamweaver CC 打开网页文档，如图 12-16 所示。

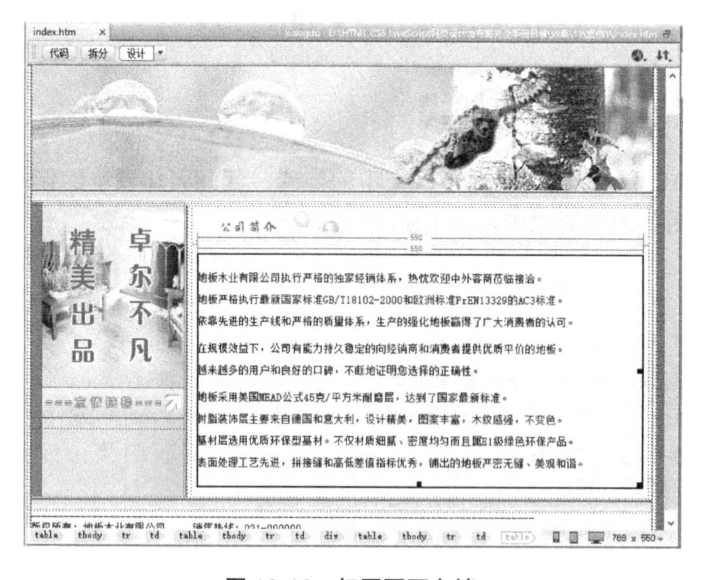

图 12-16　打开网页文档

(2) 选择要变换颜色的表格，切换到“拆分”视图，如图 12-17 所示。

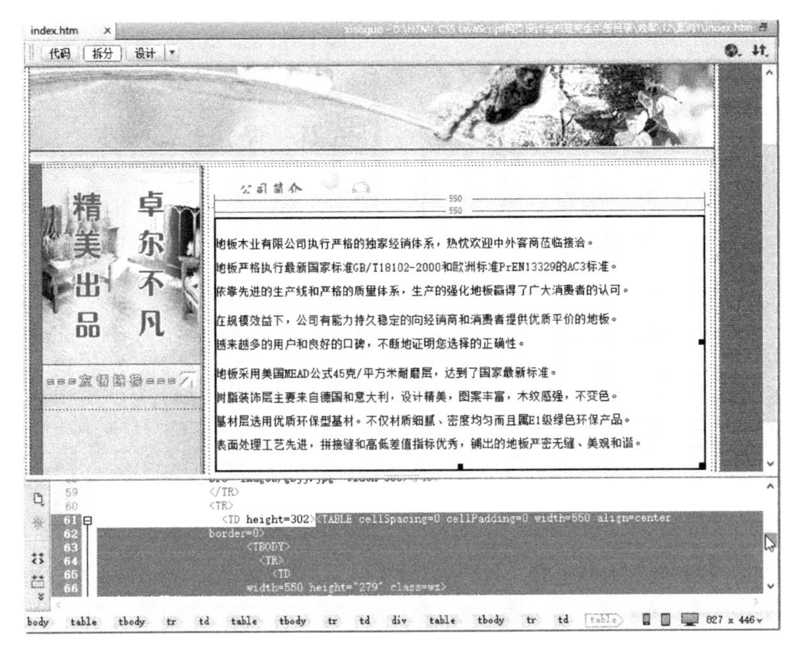

图 12-17　“拆分”视图

(3) 在<table>标记中输入以下代码，如图 12-18 所示。

```
onMouseOver="this.style.background='#FF3366'"
onMouseOut="this.style.background='#9FE417'"
```

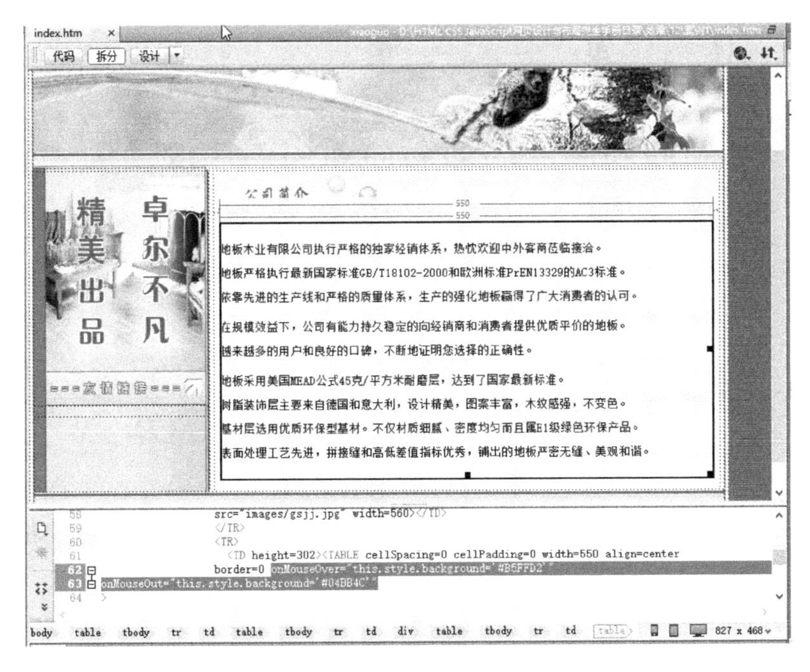

图 12-18　输入代码

(4) 保存文档，在浏览器中预览效果，光标移到表格上时如图 12-19 所示，光标没有移到表格上时如图 12-20 所示。

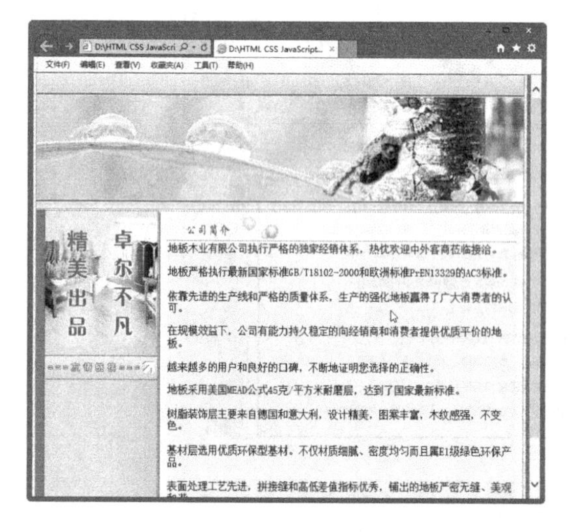

图 12-19 光标移到表格上时

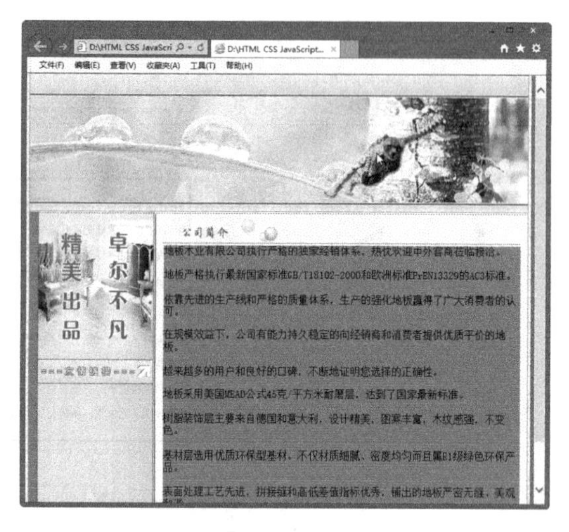

图 12-20 光标没有移到表格上时

综合实例 2——设计文本框的样式

设计文本框样式的具体操作步骤如下。

(1) 使用 Dreamweaver CC 打开网页文档，如图 12-21 所示。

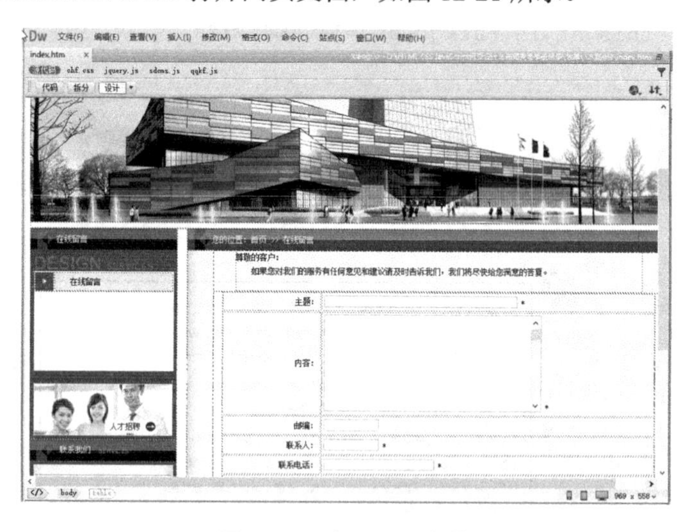

图 12-21 打开网页文档

(2) 打开“拆分”视图，在<head>和</head>之间相应的位置输入以下代码，如图 12-22 所示。

```
<style type="text/css">
.ys{
border:2 solid #0276ad;
```

```
background-color: #85f4eb;
}
</style>
```

图 12-22　输入代码

提示： 定义一个名为 ys 的按钮样式，将边框 border 设置为 2，边框颜色设置为#0276AD，背景颜色 background-color 设置为#85F4EB。

(3) 对要设置文本框样式的文本框套用样式，如图 12-23 所示。

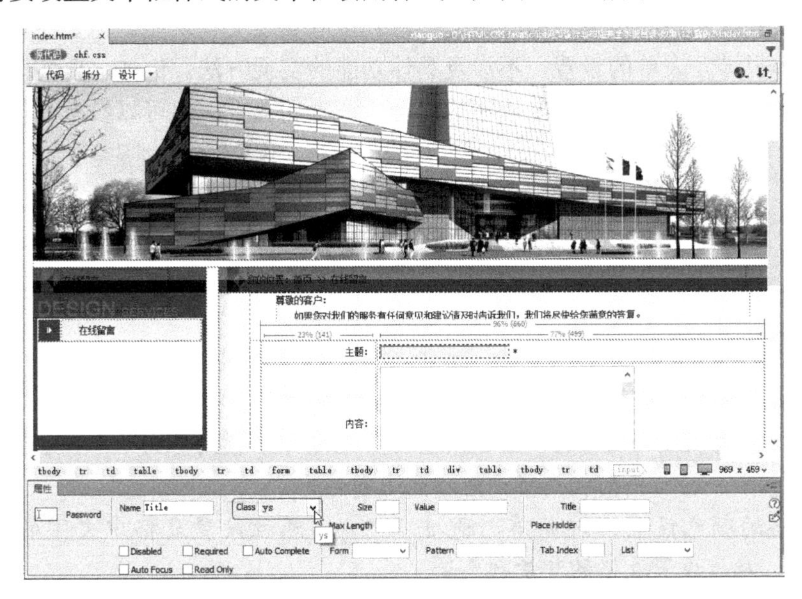

图 12-23　套用样式

(4) 保存网页，在浏览器中预览，效果如图 12-24 所示。

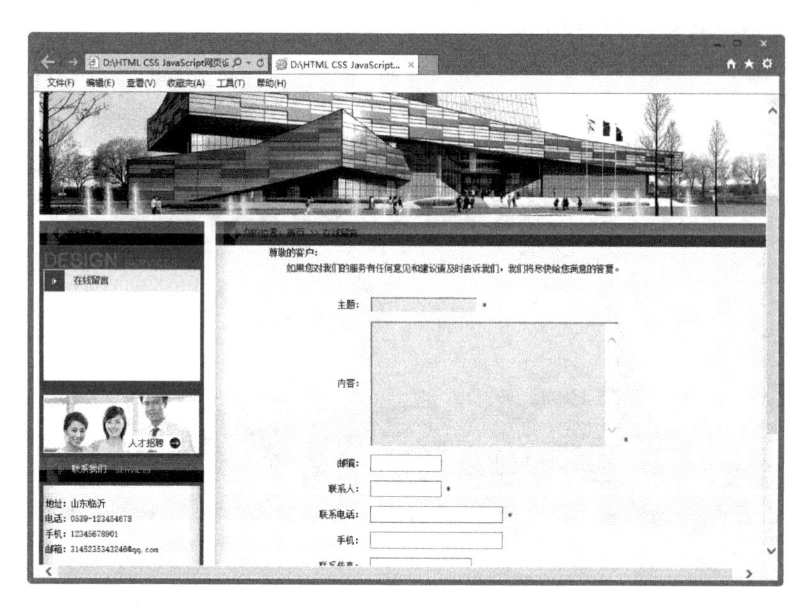

图 12-24　文本框应用样式

12.4　本 章 小 结

表格作为传统的 HTML 元素，一直受到网页设计者们的青睐。使用表格来表示数据、制作调查表等应用在网络中屡见不鲜。同时因为表格框架的简单、明了，使用没有边框的表格来排版，也受到很多设计者的喜爱。

表单是交互式网站的很重要的应用之一，它可以实现交互功能。需要注意的是，本章所介绍的内容只涉及表单的设置，不涉及具体功能的实现方法。例如，要实现一个真正的新闻发布系统，则必须具有服务器程序的配合，读者如有兴趣，可以参考其他相关的图书和资料。

12.5　练 习 题

1. 填空题

(1) 表格是网页中对文本和图像布局的强有力的工具。一个表格通常由____、____和________组成，每行由一个或多个单元格组成。表格中的横向称为____，表格中的纵向称为_____，表格中一行与一列相交所产生的区域则称为_____。

(2) 表格的颜色设置比较简单，通过________属性设置表格中文字的颜色，通过__________属性设置表格的背景颜色等。

(3) 表单由两个重要的部分组成：一是在页面中看到的______________；二是______________________，它可以是客户端应用程序，也可以是服务器端的程序。

2. 操作题

设计文本框的样式，如图 12-25 所示。

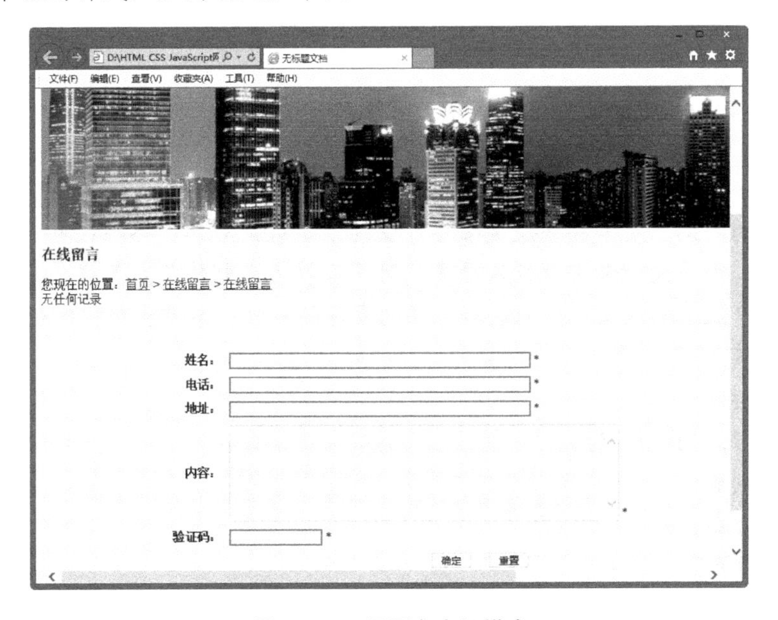

图 12-25 设置文本框样式

第 13 章　用 CSS 制作链接与网站导航

本章要点

一个优秀的网站，菜单和导航是必不可少的。导航菜单的风格往往也决定了整个网站的风格。因此，很多设计者都会投入很多的时间和精力来制作各式各样的导航。本章主要讲解超链接、导航菜单以及有序列表和无序列表等的制作。本章主要内容包括：

(1) 超链接基础；
(2) 链接标记；
(3) 各种形式的超链接；
(4) 项目列表；
(5) 横排导航；
(6) 竖排导航。

13.1　超链接基础

链接是从一个网页或文件到另一个网页或文件的链接，包括图像或多媒体文件，还可以指向电子邮件地址或程序。

13.1.1　超链接的基本概念

要正确地创建链接，就必须了解链接与被链接文档之间的路径。下面介绍网页超链接中常见的两种路径。

1. 绝对路径

绝对路径是包括服务器规范在内的完全路径。不管源文件在什么位置，通过绝对路径都可以非常精确地将目标文档找到，除非它的位置发生变化，否则链接不会失败。

采用绝对路径的好处是，它同链接的源端点无关。只要网站的地址不变，则无论文档在站点中如何移动，都可以正常实现跳转而不会发生错误。另外，如果希望链接到其他站点上的文件，就必须使用绝对路径。

采用绝对路径的缺点在于，这种方式的链接不利于测试。如果在站点中使用绝对路径，要想测试链接是否有效，就必须在 Internet 服务器端对链接进行测试。

2. 相对路径

相对路径也叫文档相对路径，对大多数的本地链接来说，是最适用的路径。在当前文档与所链接的文档处于同一文件夹内时，文档相对路径特别有用。文档相对路径还可以用来链接到其他文件夹中的文档，方法是利用文件夹的层次结构，指定从当前文档到所链接文档的路径。

13.1.2　使用页面属性设置超链接

在“页面属性”对话框中可以快速设置网页超链接的样式。启动 Dreamweaver，选择“修改”|“页面属性”菜单命令，弹出“页面属性”对话框，在该对话框中的“分类”列表中选择“链接”选项，在其中可以定义默认的链接字体、字体大小，以及链接、访问过的链接和活动链接的颜色，如图 13-1 所示。

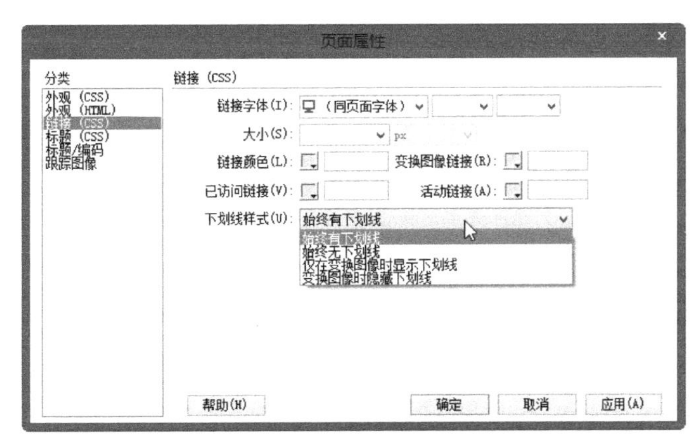

图 13-1　使用页面属性设置超链接

提示： 在“链接”选项卡中主要有以下参数。

- “链接字体”：可以设置页面中超链接文本的字体。
- “大小”：可以设置超链接文本的字体大小。
- “链接颜色”：可以设置页面中超链接文本的颜色。
- “变换图像链接”：可以设置页面里变换图像后的超链接文本颜色。
- “已访问链接”：可以设置网页中访问过的超链接的颜色。
- “活动链接”：可以设置网页里激活的超链接的颜色。
- “下划线样式”：可以自定义网页里鼠标上滚时采用某种下画线。

设置完相关参数后，单击“确定”按钮，可以看到其 CSS 代码主要定义了网页中超链接的颜色，具体如下：

```
<style type="text/css">
a {font-family: "黑体";font-size: 15px;color: #F54447;}
a:visited {color: #627B04;}
a:hover {color: #9A830C;}
a:active {  color: #F4C16C;}
</style>
```

13.2 链接标记

CSS 提供了 4 种 a 对象的伪类，它表示链接的 4 种不同状态，即 link(未访问的链接)、visited(已访问的链接)、active(激活链接)、hover(鼠标停留在链接上)，分别对这 4 种状态进行定义，就完成了对超链接样式的控制。

13.2.1 a:link

a:link 表示未访问过的链接的状态，link 选择器不会设置已经访问过的链接的样式。

选择未被访问的链接，并设置其样式，预览效果如图 13-2 所示。

```
<style type="text/css">
a:link
{
background-color:yellow;
}
</style>
```

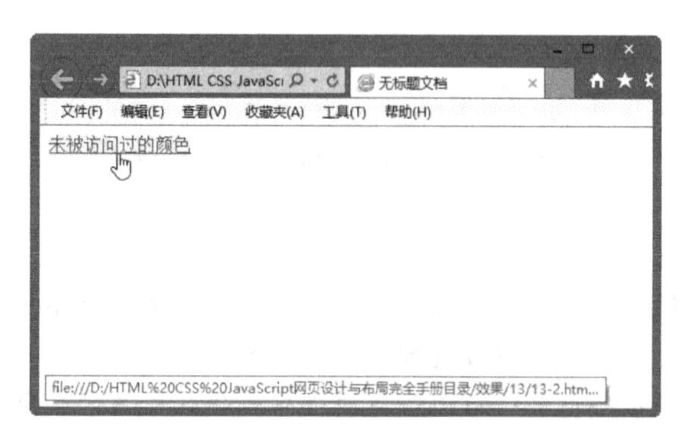

图 13-2 未被访问过的链接颜色

13.2.2 a:visited

a:visited 表示超链接被访问过后的样式。对浏览器而言，通常都是访问过的链接比没有访问过的链接颜色稍浅，以便提示浏览者该链接已经被单击过。其代码如下：

```
<style type="text/css">
a:visited
{
background-color:yellow;
}
</style>
```

在浏览器中浏览，可以看到访问过的链接颜色，如图 13-3 所示。

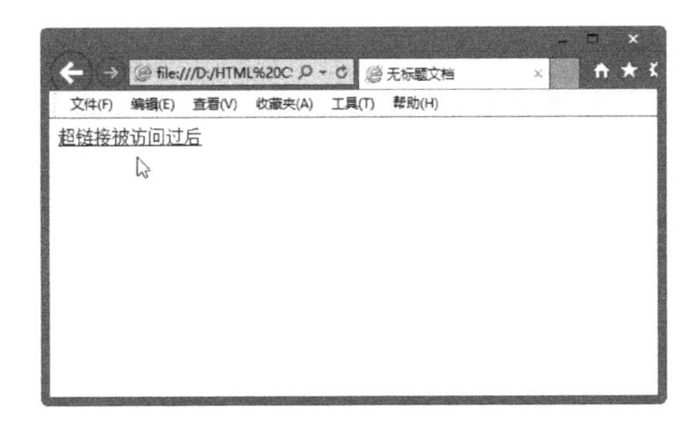

图 13-3　访问过的超链接颜色

13.2.3　a:active

a:active 表示超链接的激活状态，用来定义鼠标单击链接但还没有释放之前的样式。其代码如下：

```
<style type="text/css">
a:active
{
background-color:yellow;
}
</style>
```

在浏览器中单击链接文字且不释放鼠标，可以看到如图 13-4 所示的效果，有绿色的背景。

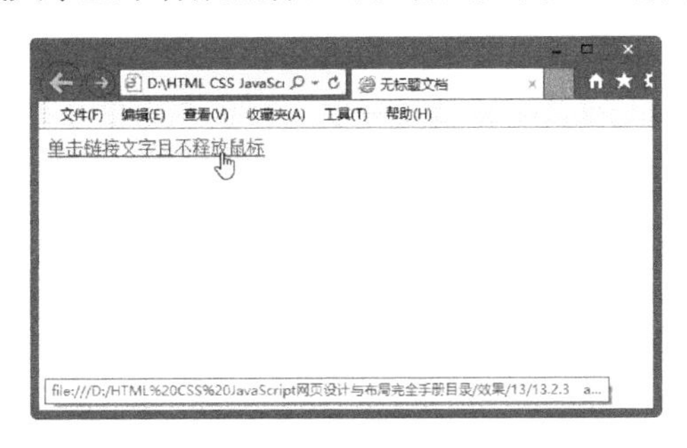

图 13-4　单击链接文字且不释放鼠标时的效果

13.2.4　a:hover

选择鼠标指针浮动在其上的元素，有时需要对一个网页中的链接文字做不同的效果，并且让鼠标移上时也有不同效果。a:hover 指的是当鼠标移到链接上时的样式。其代码如下：

```
<style type="text/css">
a:hover
{
background-color:yellow;
}
</style>
```

在浏览器中浏览，效果如图 13-5 所示。由于设置了 a:hover 的“颜色”为 yellow，则鼠标指针经过链接的时候，会改变文本的颜色。

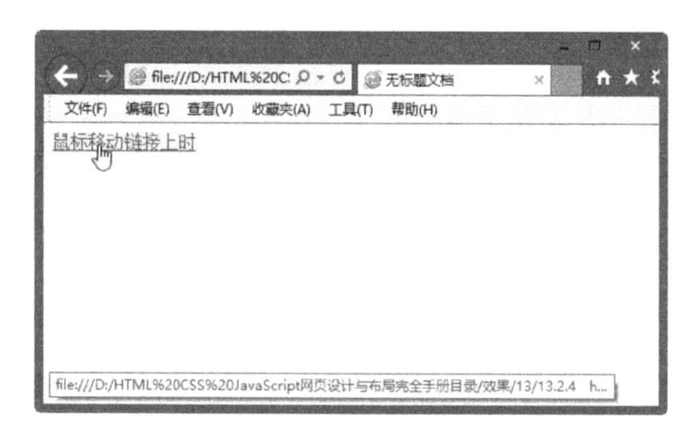

图 13-5　将鼠标指针移动到链接上时的效果

13.3　各种形式的超链接

超链接在本质上属于网页的一部分，它是一种允许同其他网页或站点之间进行链接的元素。各个网页链接在一起后，才能真正构成一个网站。链接样式的美观与否直接关系到网站的整体品质。

13.3.1　背景色变换链接

下面使用 CSS 制作一个背景色变换的超链接。具体操作步骤如下。

(1)　前面介绍了使用 ul 列表建立网站导航，下面就使用 ul 列表建立超链接文字的导航框架，代码如下所示，这里给每个链接文字设置了空链接，此时效果如图 13-6 所示。

```
<ul class="leftmenu">
<li><a target="_blank" href="#">首页</a>
<li><a target="_blank" href="#">公司简介</a>
<li><a target="_blank" href="#">公司新闻</a>
<li><a target="_blank" href="#">产品展示</a>
</ul>
```

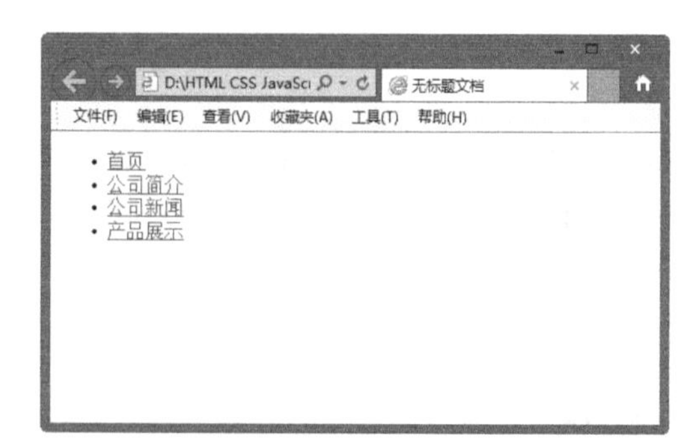

图 13-6　创建 ul 列表

(2) 下面使用 body 样式定义网页中文字的字体和字号，其 CSS 代码如下：

```
body        {
    font-family: "黑体";
    font-size: 14pt
}
```

(3) 下面定义 ul 列表的宽度为 130px，文本居中对齐，文字显示在 ul 内，不换行。代码如下：

```
.menu {
    width:130px;
    text-align: center;
}
.menu li {
       display: inline;
       white-space: nowrap;
}
```

(4) 下面定义 ul 列表的边界、填充和列表内链接文字的样式。代码如下：

```
.menu span,
.menu a:active,
.menu a:visited,
.menu a:link {
    display: block;
    text-decoration: none;
    margin: 6px 10px 6px 0px;
    padding: 2px 6px 2px 6px;
    color: #000000;
    background-color: #D1F968;
    border: 1px solid #FF0000;
}
.menu a:hover {
    color: #FFFF00;
    background-color: #CC3300;
}
.menu span {
 color: #a13100;
 }}
```

定义完 CSS 后，在浏览器中预览，效果如图 13-7 所示，当鼠标单击链接文字时，效果如图 13-8 所示。

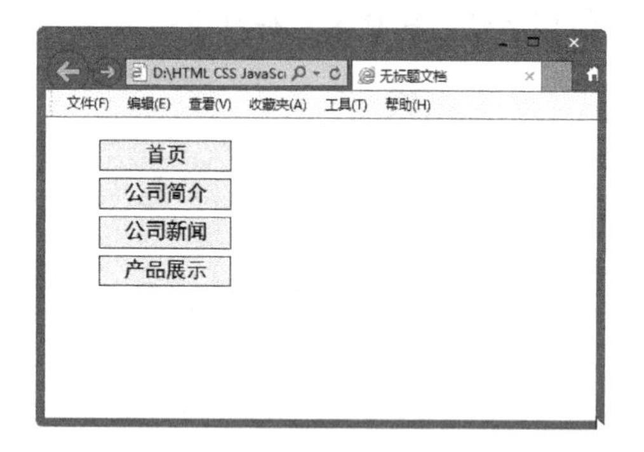

图 13-7　定义完 CSS 后的效果

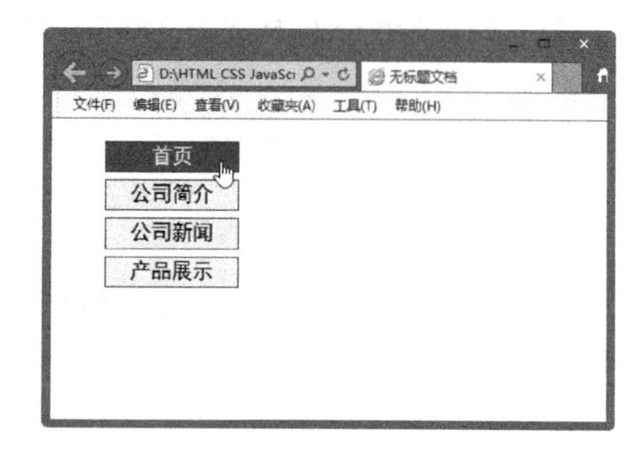

图 13-8　鼠标单击链接文字时的效果

13.3.2　多姿多彩的下画线链接

CSS 本身没有直接提供变换 HTML 链接下画线的功能，但只要运用一些技巧，就可以让单调的网页链接下画线变得丰富多彩。如图 13-9 所示，这是制作的多姿多彩的下画线链接。

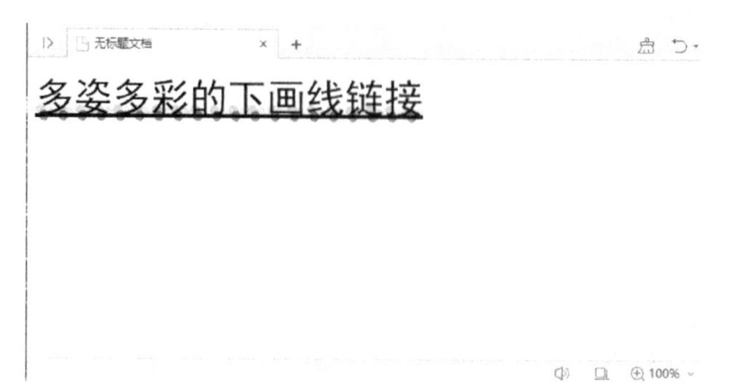

图 13-9　多姿多彩的下画线链接

(1) 新建文档，定义鼠标没有单击时，带有圆圈下画线的 CSS 代码如下。

```
<style>
.a {
    text-decoration: none;
    background: url(ti.gif) repeat-x 100% 100%;
    padding-bottom: 4px;
    white-space: nowrap;}
</style>
```

在上面的 CSS 代码中，为显示出自定义的下画线，首先必须隐藏默认的下画线，即 a {text-decoration: none;}。使用 background: url(huaduo.gif)定义自定义的图像下画线。使用 padding-bottom:4px 在链接文本的下方给自定义图形留出空间，加入适当的空白。

(2) 在样式中添加以下代码，设置文本的字体、大小。

```
font-family: "黑体";
font-size: 30pt
```

(3) 在正文中输入如下代码，保存网页，在浏览器中浏览，可以看到带有花朵的下画线效果。

```
<p><span class="a"><a href="#" >多姿多彩的下画线链接</a></span></p>
```

13.3.3 图像翻转链接

采用 CSS 可以制作图像翻转链接，其制作原理就是 a:link 和 a:hover 在不同状态下，利用 background-images 显示不同的图像制作而成。具体制作方法如下。

(1) 首先要准备好两幅图片，一幅用作链接背景图像，另一幅用作鼠标指针经过链接时的背景图像，如图 13-10 所示。

图 13-10　两幅背景图像

(2) 使用如下样式整体布局声明，20px 的文字大小，字体为黑体，并居中对齐。

```
.a  {
    font-size:20px;text-align:center;font-family: "黑体"; color:#A30104;
}
```

(3) 使用如下样式将 a 元素设置为块元素，宽度与高度分别定义为 100px、30px，设置文字颜色，设置行高为 30px，指定背景图片为 dd1.jpg，设置背景图片不重复，定位在(0,0)的位置。

```
.a {
    display:block;
    width:300px;
    height:83px;
    color:#353535;
    line-height:30px;
    background: url(dd1.jpg) no-repeat 0 0;
}
```

(4) 定义当鼠标指针移到链接文字时的背景图像为 dd2.jpg，设置背景图片不重复，定位在(0,0)的位置。

```
.a:hover {
    color:#000;background: url(dd2.jpg) no-repeat 0 0;
}
```

(5) 在正文中输入链接文字，代码如下所示，在浏览器中浏览，效果如图 13-11 所示。

```
<p><span class="a">公司简介</span></p>
<p><span class="a">公司新闻</span></p>
```

```
<p><span class="a">联系我们</span></p>
<p><span class="a">公司招聘</span></p>
```

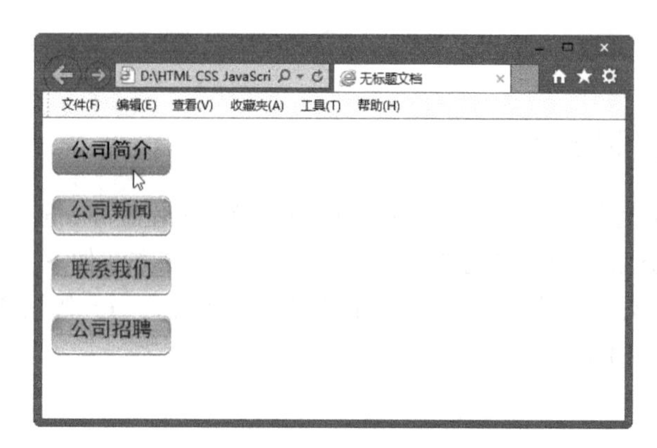

图 13-11　图像翻转链接效果

13.3.4　边框变换链接

边框变换链接是指当鼠标指针经过链接时改变链接对象边框的样式，包括边框颜色、样式和边框宽度。

在网页中可能会经常用边框变换链接的效果。在传统的做法中，这一效果的实现是比较困难或烦琐的，现在通过 CSS 实现鼠标移至链接图片，边框发生变换的效果，是非常容易的。具体实现方法如下。

(1) 新建空白文档，在 head 中输入 CSS 代码用来设置图像边框的颜色，如图 13-12 所示。其源代码如下：

```
<style type="text/css">
<!--
h1 {text-align:center;margin-top:50px;}
div#outer {
    margin:0 auto;
    width:437px;
    height:350px;
 }
#outer a {
    margin:0px;
    display:block;
    position: relative;
    border:5px solid #F50B0E;
}
#outer a:hover {border:5px dashed #B2B708;}
-->
</style>
```

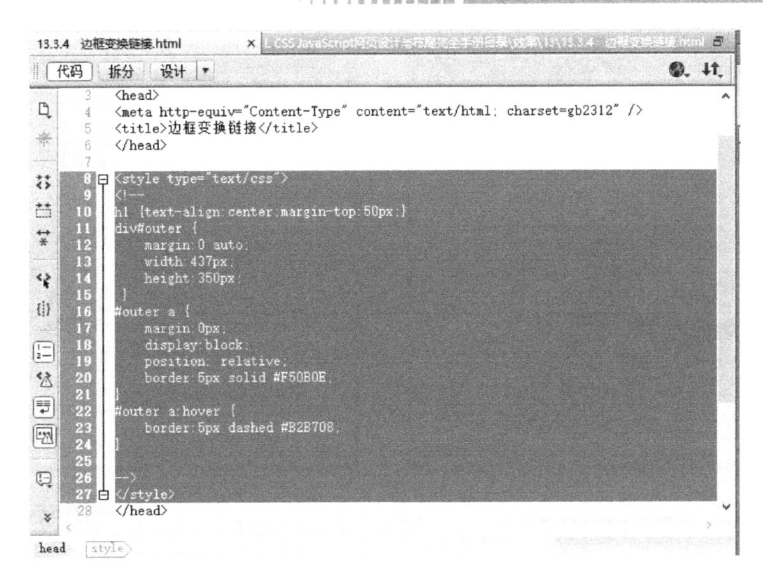

图 13-12　设置 CSS 代码

(2) 在 body 代码中输入文字和插入图像，将图像应用步骤 1 设置为 CSS 样式，如图 13-13 所示。其 CSS 代码如下：

```
<h1>将鼠标移至图片，将看到效果。</h1>
<div id="outer">
<a href="#"><img src="7.jpg" width="428" height="344" alt=""/></a>
</div>
```

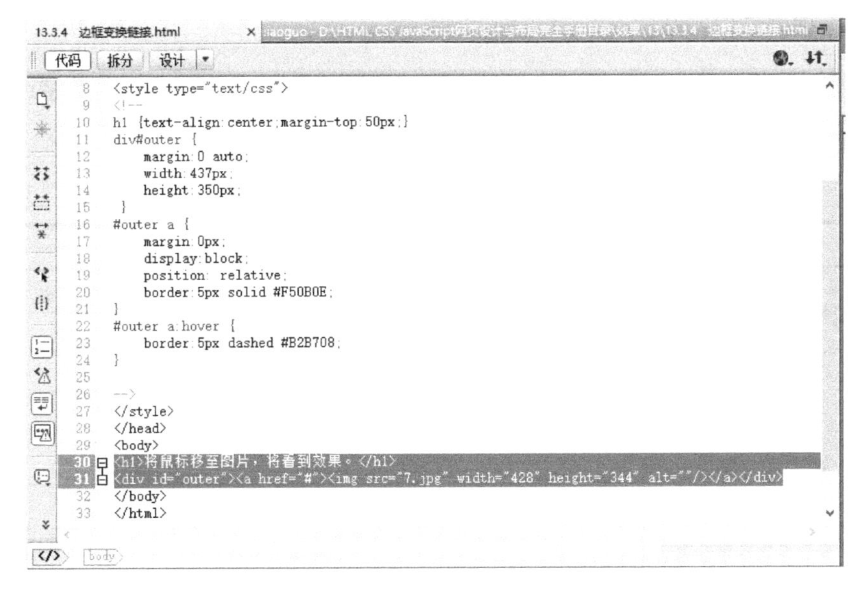

图 13-13　应用样式

(3) 保存文档，在浏览器中浏览，效果如图 13-14 所示，当鼠标指针移到图片时，效果如图 13-15 所示。

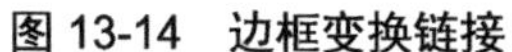
图 13-14　边框变换链接

图 13-15　边框变换后的效果

13.4　项 目 列 表

列表是一种非常实用的数据排列方式，它以条列式的模式来显示数据，可以帮助访问者方便地找到所需信息，同时引起访问者对重要信息的注意。

13.4.1　有序列表

1. 有序列表标记：ol

有序列表使用编号，而不是项目符号来进行排列，列表中的项目采用数字或英文字母开头，通常各项目之间有先后顺序性。ol 标记的属性及其说明如表 13-1 所示。

表 13-1　ol 标记的属性

	属 性 名	说　明
标记固有属性	type=项目符合	有序列表中列表项的项目符号格式
	start	有序列表中列表项的起始数字
可在其他位置定义的属性	id	在文档范围内的识别标志
	lang	语言信息
	dir	文本方向
	title	标记标题
	style	行内样式信息

基本语法：

```
<ol>
<li>列表 1</li>
<li>列表 2</li>
<li>列表 3</li>
```

```
…
</ol>
```

语法说明：

在该语法中，<ol>和</ol>标记标志着有序列表的开始和结束，而<li>和</li>标记表示一个列表项的开始。

实例代码：

```
<ol>
<p> 房型名称          价格(单位：元)           有无学校</p>
<li>首开凯郡          4580                     无</li>
<li>华府天地          5800                     有</li>
<li>中南熙悦          6300                     有</li>
<li>明秀庄园          5500                     有</li>
<li>万科城市          4500                     有</li>
</ol>
```

运行代码，在浏览器中预览网页，如图 13-16 所示。

提示： 在有序列表中，使用<ol>作为有序的声明，使用<li>作为每一个项目的起始。

2. 有序列表的类型：type

在默认情况下，有序列表的序号类型是数字，通过 type 属性可以设置有序列表的类型。有序列表的类型如表 13-2 所示。

图 13-16　设置有序列表

表 13-2　有序列表的类型

类 型 值	含　义
1	数字 1、2、3、4……
a	小写英文字母 a、b、c、d……
A	大写英文字母 A、B、C、D……
i	小写罗马数字 i、ii、iii、iv……
I	大写罗马数字 Ⅰ、Ⅱ、Ⅲ、Ⅳ……

基本语法：

```
<ol type="有序列表的类型">
<li>项目一</li>
<li>项目二</li>
<li>项目三</li>
...
</ol>
```

实例代码：

```
<table width="70%" align="center" cellpadding="0" cellspacing="0">
<tr><td class="style1">
<ol type="a"><br>
<li>单人间</li><br>
<li>商务豪华标准间</li><br>
<li>普通单人间</li><br>
<li>套间客房</li><br>
<li>公寓式客房</li><br>
<li>总统套房</li><br>
<li>绿色客房</li>
</ol>
</td>
</tr>
</table>
```

上述代码中使用 type="a"，将有序列表的类型设置为小写英文字母，在浏览器中浏览，效果如图 13-17 所示。

提示：罗马数字不适合于数字较大的项目编号，不仅显示空间需要调整，而且一般用户很难直观地把罗马数字同阿拉伯数字联系起来。因此，大小写罗马数字编号一般用在不超过 20 的编号中。

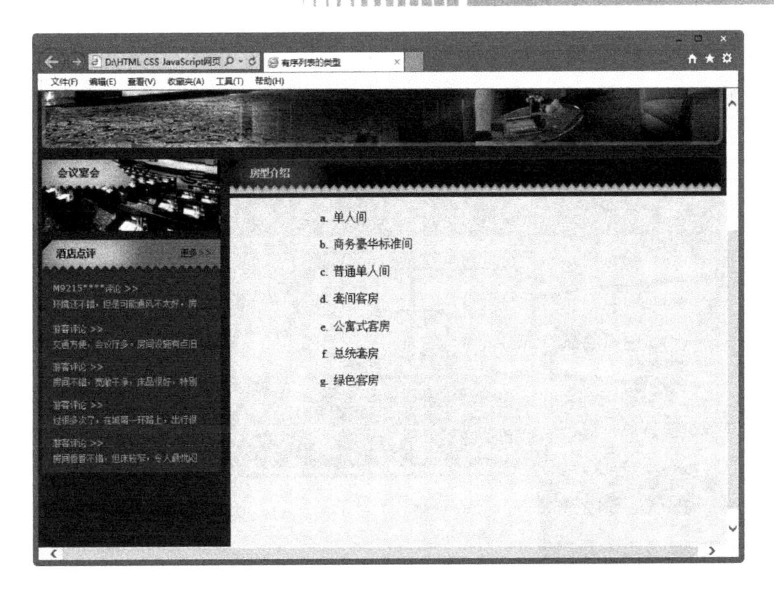

图 13-17　设置有序列表的类型

3. 有序列表的起始数值：start

使用 start 属性可以调整有序列表的起始数值，这个数值可以对数字起作用，也可以作用于英文字母或者罗马数字。

基本语法：

```
<ol start="起始数值">
<li>列表</li>
<li>列表</li>
<li>列表</li>
…
</ol>
```

实例代码：

```
<table  width=90% height=51 align="center" cellPadding=0 cellSpacing=0
id=table14>
<tbody>
<tr>
<td valign="top" class="style1">
<ol type="A" start="5">
<li>单人间</li><br>
<li>商务豪华标准间</li><br>
<li>普通单人间</li><br>
<li>套间客房</li><br>
<li>公寓式客房器</li>
</ol>
</td>
</tr>
</tbody>
</table>
```

上述代码中标记将有序列表的起始数值设置为从第 5 个小写英文字母开始。在浏览器中浏览，效果如图 13-18 所示。

图 13-18　设置有序列表的起始数值

提示： 网页在不同浏览器中显示可能不一样，HTML 标准没有指定浏览器应如何格式化列表，因此使用旧浏览器的用户看到的缩进可能与在这里看到的不同。

13.4.2　无序列表

1. 无序列表标记：ul

ul 用于设置无序列表，在每个项目文字之前，以项目符号作为每条列表项的前缀，各个列表之间没有顺序级别之分。如表 13-3 所示是 ul 标记的属性。

表 13-3　ul 标记的属性

	属 性 名	说　明
标记固有属性	type=项目符合	定义无序列表中列表项的项目符号图形样式
可在其他位置定义的属性	id	在文档范围内的识别标志
	class	
	lang	语言信息
	dir	文本方向
	title	标记标题
	style	行内样式信息

基本语法：

```
<ul>
<li>列表</li>
```

```
<li>列表</li>
<li>列表</li>
…
</ul>
```

语法说明：

在该语法中，<ul>和</ul>标记表示无序列表的开始和结束，<li>则表示一个列表项的开始。

实例代码：

```
<table border="0" align="center" cellpadding="0" cellspacing="0">
<tr>
<td width="701" height="259" valign="top">
<ul>
<p class="ys"><li>不得随意在承重墙上穿洞、拆除连接阳台和门窗的墙体</li></p>
<p class="ys">不得随意在承重墙上穿洞、拆除连接阳台和门窗的墙体以及扩大原有门窗尺寸或
者另建门窗，这种做法会造成楼房局部裂缝和严重影响抗震能力，从而缩短楼房使用寿命。
</p><br>
<p class="ys"><li>楼房地面不要全部铺装大理石</li></p>
<p class="ys">大理石比地板砖和木地板的重量要高出几十倍，如果地面全部铺装大理石就有可
能使楼板不堪重负。特别是二层以上，因为未经房屋安全鉴定站鉴定的房屋装饰。</p>
</ul>
</td>
</tr>
<tr>
<td width="701" height="1" valign="top">
<img src="transparent.gif" alt="" width="701" height="1"></td>
</tr>
</table>
```

上述代码中加粗的部分用来设置无序列表，运行代码，在浏览器中预览网页，如图 13-19 所示。

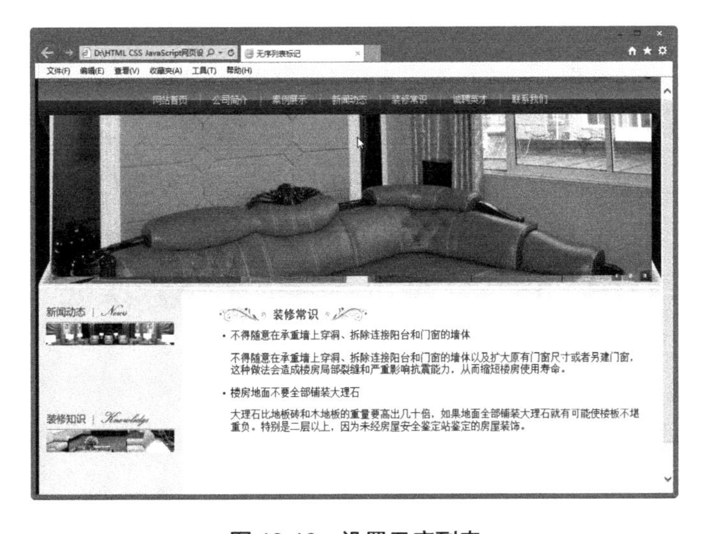

图 13-19　设置无序列表

2. 设置无序列表的类型：type

默认情况下，无序列表的项目符号是●，而通过 type 属性可以调整无序列表的项目符号，避免列表符号的单调。无序列表的项目符号类型如表 13-4 所示。

表 13-4　无序列表的项目符号类型

类 型 值	含 义
disc	●
circle	○
square	■

基本语法：

```
<ul type="符号类型">
<li>列表项</li>
<li>列表项</li>
<li>列表项</li>
…
</ul>
```

实例代码：

```
<ul type="square">
<li>你一定要幸福  何洁</li><br>
<li>千里之外  周杰伦</li><br>
<li>人在风雨中  王杰</li><br>
<li>生日礼物  江涛</li>
</ul>
```

代码 type="square"，将无序列表的符号设置为■。运行代码，在浏览器中预览网页，如图 13-20 所示。

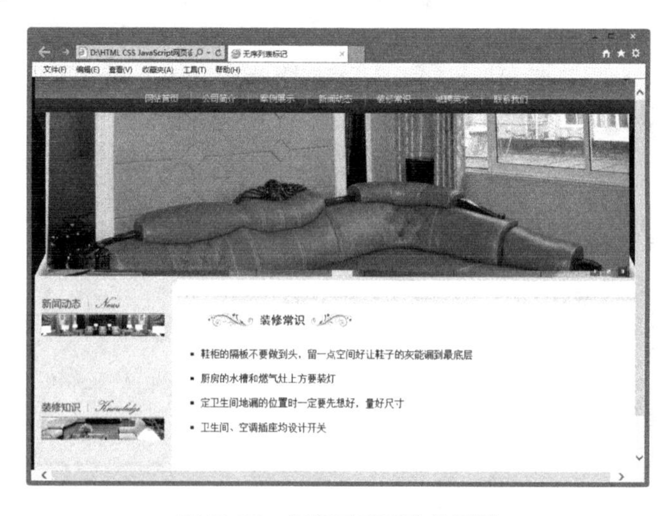

图 13-20　设置无序列表的类型

3. 菜单列表标记<menu>

菜单列表主要用于设计单列的菜单列表。菜单列表在浏览器中的显示效果和无序列表是相同的，因为它的功能也可以通过无序列表来实现。

基本语法：

```
<menu>
<li>列表项</li>
<li>列表项</li>
<li>列表项</li>
…
</menu>
```

实例代码：

```
<table width="90%" border="0" align="center" cellpadding="0"
cellspacing="0">
  <tbody>
    <tr>
      <td width="19%">招商项目:
    <td width="81%">
    <menu>
    <li>如何加盟有约包包</li><br>
    <li>原创设计师品加盟优势</li>
    <br>
    <li>轻奢箱包品牌免费加盟</li>
    </menu>
</td>
</tr>
</tbody>
</table>
```

上述代码中，加粗部分的代码表示设置菜单列表，在浏览器中预览效果，如图 13-21 所示。

图 13-21　菜单列表

4. 目录列表：dir

目录列表是用于显示文件内容的目录大纲，通常能够设计一个压缩得比较窄的列表，以及显示一系列的列表内容。

基本语法：

```
<dir>
<li>列表项</li>
<li>列表项</li>
<li>列表项</li>
…
</dir>
```

实例代码：

```
<table width="90%" border="0" align="center" cellpadding="0"
cellspacing="0">
    <tbody>
      <tr>
      <td height=150 valign="top">
      <p>包包分类<br>
        <dir>
        <li>钱包</li><br>
       <li>旅行包</li><br>
       <li>手提包</li><br>
       <li>单肩包</li><br>
       <li>双肩包</li><br>
       <li>斜挎包</li>
       </dir>
      </p>
      </td>
    </tr>
    </tbody>
    </table>
```

上述代码中加粗的代码用于设置目录列表，在浏览器中浏览，效果如图 13-22 所示。

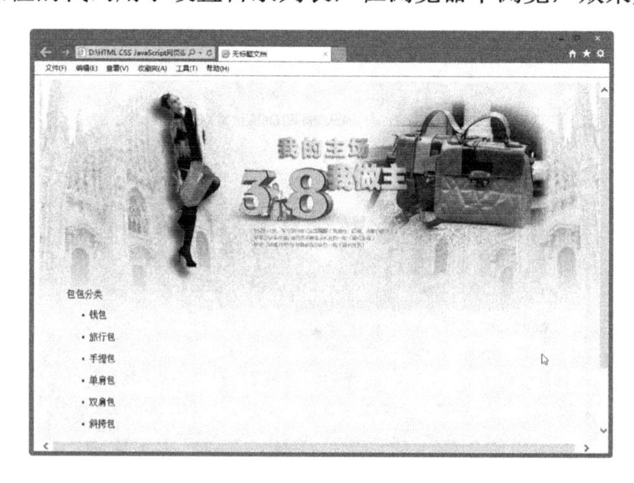

图 13-22　设置目录列表

13.5　横排导航

网站导航都含有超链接。因此，一个完整的网站导航需要创建超链接样式。导航栏就好像一本书的目录，对整个网站有着很重要的作用。

13.5.1　文本导航

横排导航一般位于网站的顶部，是一种比较重要的导航形式。如图 13-23 所示，这是一个用表格式布局制作的横排导航。

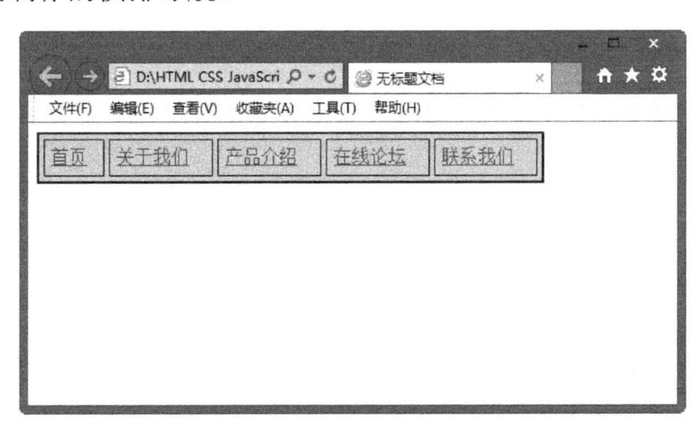

图 13-23　横排导航

根据表格式布局的制作方法，如图 13-23 所示的导航一共由 5 个栏目组成，所以需要在网页文档中插入 1 个 1 行 5 列的表格，并在每行单元格 td 标记内添加导航文本。其代码如下：

```
<table width="450" border="2" cellpadding="6" cellspacing="4"
bgcolor="#fdb1b2">
  <tr>
    <td><a href="index.htm">首页</a></td>
    <td><a href="about.htm">关于我们</a></td>
    <td><a href="product.htm">产品介绍</a></td>
    <td><a href="bbs.htm">在线论坛</a></td>
    <td><a href="we.htm">联系我们</a></td>
  </tr>
</table>
```

可以使用 ul 列表来制作导航。实际上导航也是一种列表，导航中的每个栏目就是一个列表项。用列表实现导航的源代码如下：

```
<ul id="nav">
    <li><a href="index.htm">首页</a></li>
    <li><a href="about.htm">关于我们</a></li>
    <li><a href="product.htm">产品介绍</a></li>
```

```
    <li><a href="bbs.htm">客户服务</a></li>
    <li><a href="we.htm">联系我们</a></li>
</ul>
```

其中，#nav 对象是列表的容器，列表效果如图 13-24 所示。

定义无序列表 nav 的边距及填充均为零，并设置字体大小为 14px。代码如下：

```
#nav {
    font-size:14px; margin:0; padding:0; white-space:nowrap;
}
```

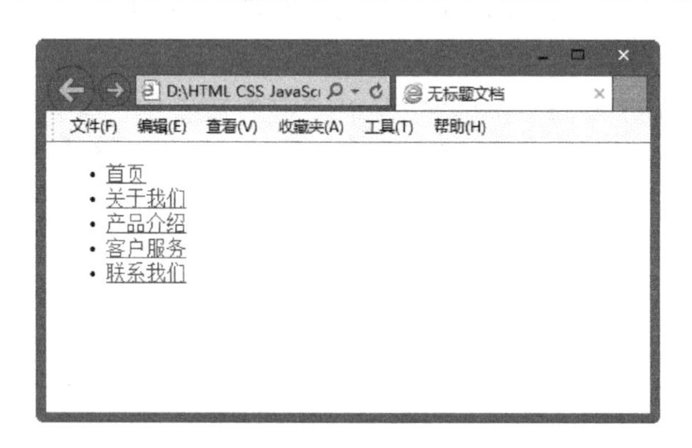

图 13-24 列表效果

不希望菜单还未结束就另起一行，强制在同一行内显示所有文本，直到文本结束或者遇到 br 对象。代码如下：

```
#nav li { display:inline; list-style-type: none;}
#nav li a { padding:5px 8px; line-height:22px;}
```

display:inline：内联(行内)，将 li 限制在一行来显示。

list-style-type: none：列表项预设标记为无。

padding:5px 8px：设置链接的填充，上下为 5px，左右为 8px。

line-height:22px：设置链接的行高为 22px。

定义链接的 link、visited、hover。代码如下：

```
#nav li a:link,#nav li a:visited {color:#fff; text-decoration:none;
background: #090}
#nav li a:hover { background-color: #002C83;}
```

text-decoration:none：去除了链接文字的下画线；

background：#090：链接在 link、visited 状态下背景色为蓝色。

background-color: #002C83：鼠标悬停状态下链接的背景色为绿色。

至此，就完成了这个实例。CSS 横向文本导航的最终效果如图 13-25 所示。

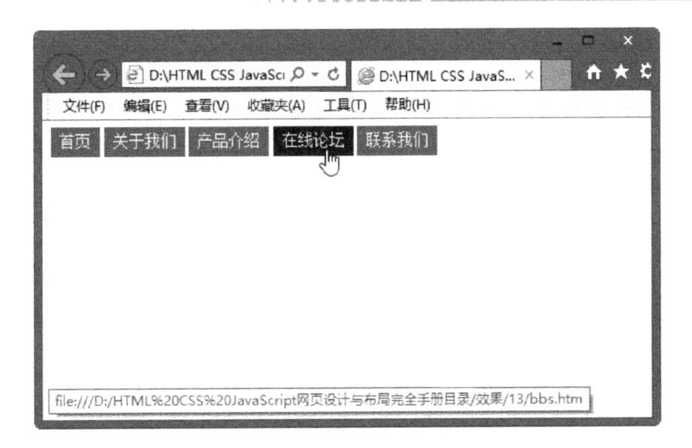

图 13-25　文本导航

13.5.2　标签式导航

在横排导航设计中经常会遇见一种类似文件夹标签的样式。这种样式的导航不仅美观，而且能够让浏览者清楚地知道目前处在哪一个栏目，因为当前栏目标签会呈现出与其他栏目标签不同的颜色或背景。如图 13-26 所示的网页导航就是标签式导航。

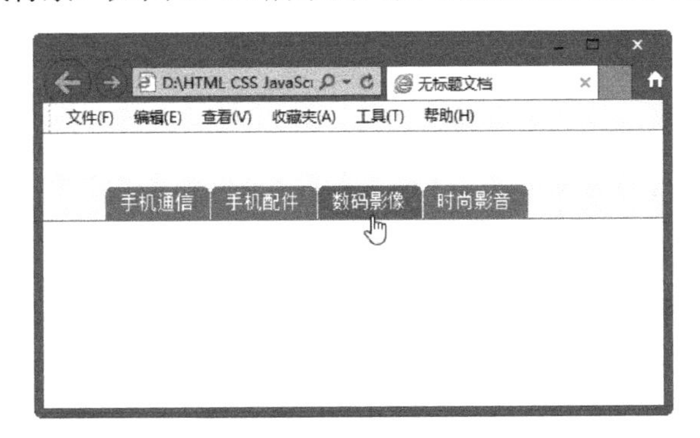

图 13-26　标签式导航

CSS 代码如下：

```
<!doctype html>
<html>
<head>
<meta charset="utf-8">
<title>无标题文档</title>
<style type="text/css">
    body {
    margin:0;
    padding:0;
    font: bold 13  "黑体";
}
h2 {
    font: bold 14px   "黑体";
    color: #000;
```

```
    margin: 0px;
    padding: 0px 0px 0px 15px;
}
/*- Menu Tabs--------------------------- */
    #tabs {
      float:left;
      width:100%;
      background:#EFF4FA;
      font-size:93%;
      line-height:normal;
       border-bottom:1px solid #DD740B;
      }
    #tabs ul {
     margin:0;
     padding:10px 10px 0 50px;
     list-style:none;
      }
    #tabs li {
      display:inline;
      margin:0;
      padding:0;
      }
    #tabs a {
      float:left;
      background:url("tableftI.gif") no-repeat left top;
      margin:0;
      padding:0 0 0 5px;
      text-decoration:none;
      }
    #tabs a span {
      float:left;
      display:block;
      background:url("tabrightI.gif") no-repeat right top;
      padding:5px 15px 4px 6px;
      color:#FFF;
      }
    /* Commented Backslash Hack hides rule from IE5-Mac \*/
    #tabs a span {float:none;}
    /* End IE5-Mac hack */
    #tabs a:hover span {
      color:#FFF;
      }
    #tabs a:hover {
      background-position:0% -42px;
      }
    #tabs a:hover span {
      background-position:100% -42px;
      }
</style>
</head>
```

```
<body>
<div id="tabs">
  <ul>
    <li><a href="#"><span>手机通信</span></a></li>
    <li><a href="#"><span>手机配件</span></a></li>
    <li><a href="#"><span>数码影像</span></a></li>
    <li><a href="#"><span>时尚影音</span></a></li>
  </ul>
</div>
</body>
</html>
```

13.6　竖排导航

竖排导航基本排列在网页的左侧或者右侧，以简洁的形式出现，一般有一个最大的特点就是可以折叠，这样可以保证页面的整体美感和连贯性。一般都会被折叠在一个总的菜单中，这就要求了网页整体的规划要很明确，能够让人们一目了然这个主体菜单，并且还能有意识地引导人们点击。竖排导航是比较常见的导航。下面制作如图 13-27 所示的竖排导航。

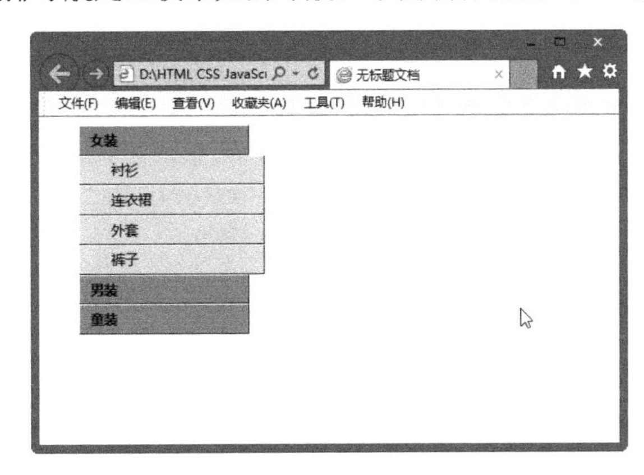

图 13-27　竖排导航

(1)　在<body>与</body>之间输入以下代码：

```
<div id="nave">
<ul id="navlist">
<li id="active"><a href="#" id="current">女装</a>
<ul id="subnavlist">
<li id="subactive"><a href="#" id="subcurrent">衬衫</a></li>
<li><a href="#">连衣裙</a></li>
<li><a href="#">外套</a></li>
<li><a href="#">裤子</a></li>
</ul>
</li>
<li><a href="#"> 男装</a></li>
<li><a href="#">童装</a></li>
```

```
<li></li>
</ul>
</div>
```

(2) #nave 对象是竖排导航的容器，其 CSS 代码如下：

```
<style>
#nave { margin-left: 30px; }
#nave ul
{ margin: 0; padding: 0; list-style-type: none;
font-family: verdana, arial, Helvetica, sans-serif;
}
#nave li { margin: 0; }
#nave a
{ display: block; padding: 5px 10px; width: 140px; color: #000;
background-color:#FF7275; text-decoration: none; border-top: 1px solid #fff;
border-left: 1px solid #fff; border-bottom: 1px solid #333; border-right:
1px solid #333;
font-weight: bold; font-size: .8em; background-color: #FF7275;
background-repeat: no-repeat; background-position: 0 0;
}
#nave a:hover
{color: #000; background-color: #FFC3C4; text-decoration: none;
border-top: 1px solid #333; border-left: 1px solid #333; border-bottom: 1px
solid #fff;
border-right: 1px solid #fff; background-color: #FFC3C4; background-repeat:
no-repeat;
background-position: 0 0; }
#nave ul ul li { margin: 0; }
#nave ul ul a
{ display: block; padding: 5px 5px 5px 30px; width: 140px; color: #000;
background-color: #FFC3C4; text-decoration: none; font-weight: normal; }
#nave ul ul a:hover
{ color: #000; background-color: #A45700; text-decoration: none; }
</style>
```

13.7 综 合 实 例

实例 1——使用 CSS 实现鼠标指针形状改变

在默认状态下，Windows 定义了一套鼠标指针图标移动到不同功能区、执行不同的命令或系统处于不同的状态。在网页中往往只有当鼠标在超链接上时才显示为手形，在其他地方似乎没有什么变化，不过使用 CSS 样式可以自由定义各种鼠标样式。具体操作步骤如下。

(1) 使用 Dreamweaver CC 打开网页文档，如图 13-28 所示。

图 13-28　打开网页文档

(2) 打开“拆分”视图，在 head 中输入如下 CSS 代码，如图 13-29 所示。

```
<style type=text/css>
.shub {cursor: help;}
</style >
```

图 13-29　输入 CSS 代码

(3) 在文档中选中 images/index_02.gif 图像，在“属性”面板中选择“类”右边的下拉列表中的 shub 样式，如图 13-30 所示。

(4) 保存文档，在浏览器中预览，效果如图 13-31 所示。

图 13-30　图像运用样式

图 13-31　使用 CSS 实现鼠标指针形状改变

实例 2——实现背景变换的导航菜单

导航也是一种列表，每个列表数据就是导航中的一个导航频道，使用 ul 元素、li 元素和 CSS 样式可以实现背景变换的导航菜单。具体操作步骤如下。

(1)　启动 Dreamweaver CC，打开网页文档，切换到“代码”视图中，在<head>与</head>之间相应的位置输入以下代码，如图 13-32 所示。

```
<style>
#menu {width: 150px;border-right: 1px solid #000;padding: 0 0 1em 0; color:
#000000;
```

```
margin-bottom: 1em;font-family: "宋体";font-size: 13px;background-color:
#708EB2;}
#menu ul {list-style: none;margin: 0;padding: 0;border: none;}
#menu li {
    margin: 0;border-bottom-width: 1px;border-bottom-style: solid;
    border-bottom-color: #708EB2;}
#menu li a {
    display: block; padding: 5px 5px 5px 0.5em; background-color: #038847;
    color: #fff;text-decoration: none;width: 100%;border-right-width: 10px;
    border-left-width: 10px;    border-right-style: solid;
    border-left-style: solid;
    border-right-color: #FFCC00;    border-left-color: #FFCC00;}
html>body #menu li a {width: auto;}
#menu li a:hover {
    background-color: #FFCC00;  color: #fff;border-right-width: 10px;
    border-left-width: 10px;    border-right-style: solid;
    border-left-style: solid;
    border-right-color: #FF00FF;    border-left-color: #FFCC00;}
</style>
```

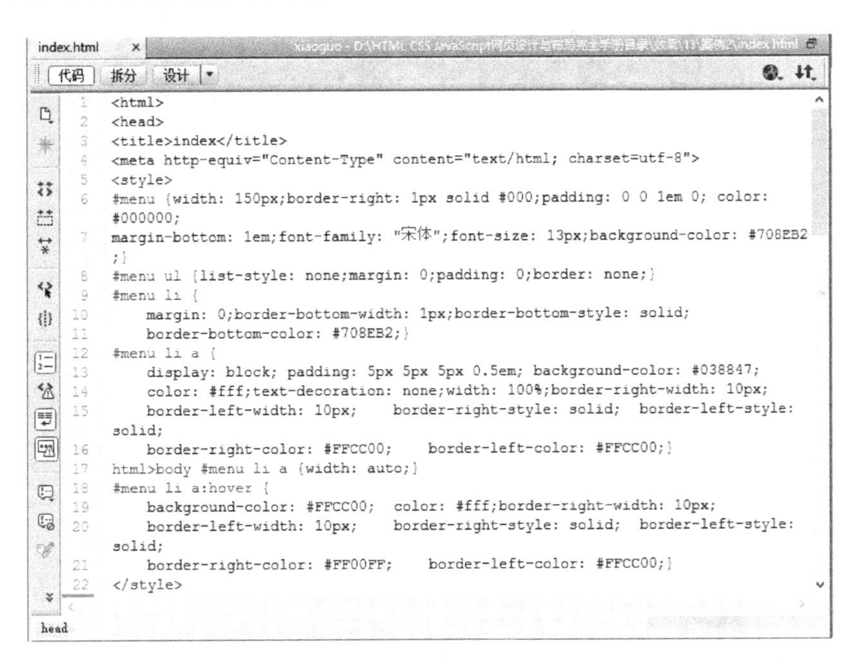

图 13-32　输入 CSS 代码

(2) 将光标放置在相应的位置，选择“插入”|“标签”菜单命令，插入标签，在标签“属性”面板中的 Div ID 下拉列表中选择 menu 选项，如图 13-33 所示。

(3) 切换到“代码”视图，在 Div 标签标记中输入代码<ul></ul>，如图 13-34 所示。

(4) 在“设计”视图中的 Div 标签中输入文字“首页”，在“属性”面板中的链接文本框中进行链接，如图 13-35 所示。

图 13-33 插入标签

图 13-34 输入代码

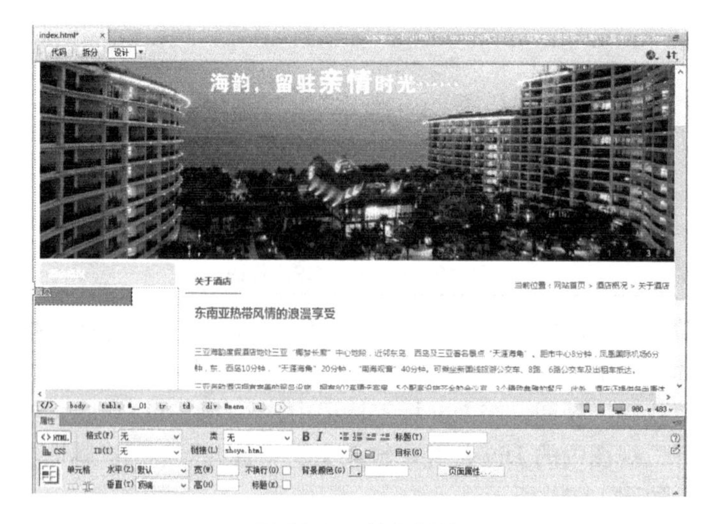

图 13-35 输入标签

(5) 切换到“拆分”视图，在<a href=>的前面输入代码<li>，在</a>的前面输入代码</li>，如图 13-36 所示。

图 13-36　输入代码

(6) 按照以上步骤，创建其他导航条。保存文档，按 F12 键，在浏览器中预览效果，如图 13-37 所示。

图 13-37　背景变换的导航菜单

13.8　本 章 小 结

在一个网站中，所有页面都会通过超链接互相链接在一起，这样才会形成一个有机的网站。因此在各种网站中，导航都是网页中最重要的组成部分之一。本章主要介绍了超链接文本的样式设计，以及对列表的样式设计。对于超链接，最核心的是 4 种类型的含义和用法；对于列表，需要了解基本的设置方法。这二者都是非常重要和常用的元素。因此一定要把相关的基本要点熟练掌握，为后面制作复杂的例子打好基础。

13.9 练 习 题

1. 填空题

(1) 链接是________________________________的链接，包括图像或多媒体文件，还可以指向电子邮件地址或程序。

(2) ________是包括服务器规范在内的完全路径。相对路径也叫_______________，对大多数的本地链接来说，是最适用的路径。

(3) CSS 提供了 4 种 a 对象的伪类，它表示链接的 4 种不同状态，即______(未访问的链接)、_______(已访问的链接)、_______(激活链接)、_______(鼠标停留在链接上)，分别对这 4 种状态进行定义，就完成了对超链接样式的控制。

(4) 菜单列表主要用于________________________。菜单列表在浏览器中的显示效果和无序列表是相同的，因为它的功能也可以通过无序列表来实现。

2. 操作题

设计一个背景变换的导航菜单，如图 13-38 所示。

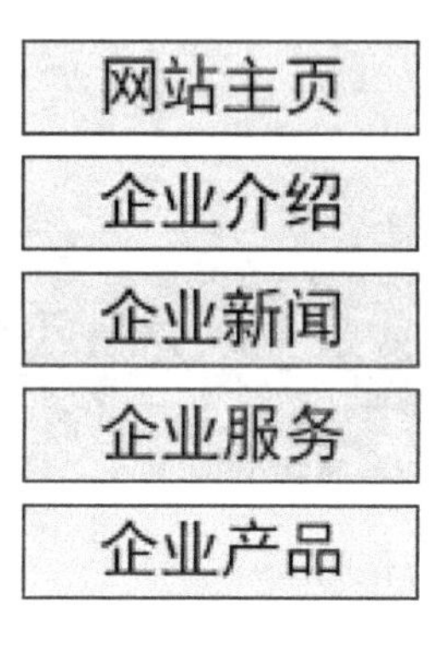

图 13-38 背景变换的导航菜单

第 14 章　CSS+DIV 布局入门基础

本章要点

设计网页的第一步是设计布局，好的网页布局会令访问者耳目一新，同样也可以使访问者比较容易在站点上找到他们所需要的信息。无论使用表格还是 CSS，网页布局都是把大块的内容放进网页的不同区域里面。有了 CSS，最常用来布局内容的元素就是<div>标签。盒子模型是 CSS 控制页面时一个很重要的概念。只有很好地掌握了盒子模型以及其中每个元素的用法，才能真正控制好页面中的各个元素。本章主要内容包括:

(1) 什么是 Web 标准;

(2) 为什么要建立 Web 标准;

(3) Div 与 Span 的区别;

(4) 盒子模型;

(5) 盒子的浮动与定位。

14.1　网站与 Web 标准

Web 标准，即网站标准。目前通常所说的 Web 标准一般是指网站建设采用基于 XHTML 语言的网站设计语言，Web 标准中典型的应用模式是“CSS+Div”。实际上，Web 标准并不是某一个标准，而是一系列标准的集合。

14.1.1　什么是 Web 标准

Web 标准是由 W3C 和其他标准化组织制定的一套规范集合。Web 标准的目的在于创建一个统一的用于 Web 表现层的技术标准，以便于通过不同浏览器或终端设备向最终用户展示信息内容。

网页主要由 3 个部分组成：结构(Structure)、表现(Presentation)和行为(Behavior)。对应的网站标准也分 3 个方面：结构化标准语言，主要包括 XHTML 和 XML；表现标准语言主要包括 CSS；行为标准主要包括对象模型(如 W3C DOM)、ECMAScript 等。

1. 结构

结构(Structure)对网页中用到的信息进行分类与整理。在结构中用到的技术主要包括 HTML、XML 和 XHTML。

2. 表现

表现(Presentation)用于对信息进行版式、颜色、大小等形式的控制。在表现中用到的技术主要是 CSS 层叠样式表。

3. 行为

行为(Behavior)是指文档内部的模型定义及交互行为的编写，用于编写交互式的文档。在行为中用到的技术主要包括 DOM 和 ECMAScript。

(1) DOM(Document Object Model)文档对象模型。

DOM 是浏览器与内容结构之间的沟通接口，使你可以访问页面上的标准组件。

(2) ECMAScript 脚本语言。

ECMAScript 是标准脚本语言，用于实现具体的界面上对象的交互操作。

14.1.2 为什么要建立 Web 标准

我们大部分人都有深刻体验，每当主流浏览器版本升级时，我们刚建立的网站就可能过时，就需要升级或者重新设计网站。在网页制作时采用 Web 标准技术，可以有效地对页面的布局、字体、颜色、背景和其他效果实现更加精确的控制。只要对相应的代码做一些简单的修改，就可以改变网页的外观和格式。

简单地说，网站标准的目的如下。

(1) 提供最多利益给最多的网站用户。

(2) 确保任何网站文档都能够长期有效。

(3) 简化代码、降低建设成本。

(4) 让网站更容易使用，能适应更多不同用户和更多网络设备。

(5) 当浏览器版本更新，或者出现新的网络交互设备时，确保所有应用能够继续正确执行。

对网站设计和开发人员来说，遵循网站标准就是使用 Web 标准；对网站用户来说，网站标准就是最佳体验。

1) 对网站浏览者的好处

(1) 文件下载与页面显示速度更快。

(2) 内容能被更多的用户所访问(包括失明、视弱、色盲等残障人士)。

(3) 内容能被更广泛的设备所访问(包括屏幕阅读机、手持设备、搜索机器人、打印机、电冰箱等)。

(4) 用户能够通过样式选择定制自己的表现界面。

(5) 所有页面都能提供适于打印的版本。

2) 对网站设计者的好处

(1) 更少的代码和组件，容易维护。

(2) 带宽要求降低，代码更简洁，成本降低。

(3) 更容易被搜寻引擎搜索到。

(4) 改版方便，不需要变动页面内容。

(5) 提供打印版本而不需要复制内容。

(6) 提高网站易用性。在美国，有严格的法律条款来约束政府网站必须达到一定的易用性，其他国家也有类似的要求。

14.1.3 怎样改进现有网站

大部分的设计师依旧在采用传统的表格布局、表现与结构混杂在一起的方式来建立网站。学习使用 XHTML+CSS 的方法需要一个过程，使现有网站符合网站标准也不可能一步到位。最好的方法是循序渐进，分阶段来逐步达到完全符合网站标准的目标。

1. 初级改进

1) 为页面添加正确的 doctype

doctype 是 document type 的简写。用来说明用的 XHTML 或者 HTML 是什么版本。浏览器根据 doctype 定义的 DTD(文档类型定义)来解释页面代码。

2) 设定一个名字空间

直接在 doctype 声明后面添加如下代码：

```
<!doctype html>
```

3) 声明编码语言

为了被浏览器正确解释和通过标识校验，所有的 XHTML 文档都必须声明它们所使用的编码语言，代码如下：

```
<meta charset="utf-8">
```

这里声明的编码语言是简体中文 utf-8。

4) 用小写字母书写所有的标签

XML 对大小写是敏感的，所以，XHTML 也是有大小写区别的。所有的 XHTML 元素和属性的名字都必须使用小写；否则，文档将被 W3C 校验认为是无效的。例如，下面的代码是不正确的：

```
<Title>公司新闻</Title>
```

正确的写法是：

```
<title>公司新闻</title>
```

5) 为图片添加 alt 属性

为所有图片添加 alt 属性。alt 属性指定了当图片不能显示的时候就显示替换文本，这样做对正常用户可有可无，但对纯文本浏览器和使用屏幕阅读机的用户来说是至关重要的。只有添加了 alt 属性，代码才会被 W3C 正确性校验通过。

例如下面的代码：

```
<img src="logo.gif" alt="欢迎光临我们的网站！">
```

6) 给所有属性值加引号

在 HTML 中，可以不需要给属性值加引号，但是在 XHTML 中，它们必须加引号。

例如，height="50"是正确的，而 height=50 就是错误的。

7) 关闭所有的标签

在 XHTML 中，每一个打开的标签都必须关闭，如下所示：

```
<p>每一个打开的标签都必须关闭。</p>
<b>HTML 可以接受不关闭的标记，XHTML 就不可以。</b>
```

这个规则可以避免 HTML 的混乱和麻烦。

2. 中级改进

接下来的改进主要在结构和表现相分离上，这一步不像初级改进那么容易实现，需要观念上的转变，以及对 CSS 技术的学习和运用。

1) 用 CSS 定义元素外观

应该使用 CSS 来确定元素的外观。

2) 用结构化元素代替无意义的垃圾代码

许多人可能从来都不知道 HTML 和 XHTML 元素设计本意是用来表达结构的。很多人已经习惯用元素来控制表现，而不是结构。例如下面的代码：

```
北京<br />天津<br />南京<br />
```

就没有如下的代码好：

```
<ul> <li>北京</li> <li>天津</li> <li>南京</li></ul>
```

3) 给每个表格和表单加上 id

给表格或表单赋予一个唯一的、结构的标记，例如：

```
<table id="menu">
```

14.2 Div 标记与 Span 标记

在 CSS 布局的网页中，<div>与<Span>都是常用的标记，利用这两个标记，加上 CSS 对其样式的控制，可以很方便地实现网页的布局。

14.2.1 Div 概述

过去最常用的网页布局工具是<table>标签，它本是用来创建电子数据表的。由于<table>标签本来不是要用于布局的，因此设计师们不得不经常以各种不寻常的方式来使用这个标签，如把一个表格放在另一个表格的单元里面。这种方法的工作量很大，增加了大量额外的 HTML 代码，并使得后面要修改设计很难。

而 CSS 的出现使得网页布局有了新的曙光。利用 CSS 属性，可以精确地设定元素的位置，还能将定位的元素叠放在彼此之上。当使用 CSS 布局时，主要把它用在 Div 标签上，<div>与</div>之间相当于一个容器，可以放置段落、表格、图片等各种 HTML 元素。

Div 是用来为 HTML 文档内大块的内容提供结构和背景的元素。Div 的起始标签和结束标签之间的所有内容都是用来构成这个块的，其中所包含元素的特性由 Div 标签的属性，或通过使用 CSS 来控制。

下面列出一个简单的实例，讲述 Div 的使用。

实例代码：

```
<!doctype html>
<html>
<head>
<meta charset="utf-8">
<title>Div 的简单使用</title>
<style type="text/css">
<!--
div{
    font-size:26px;                          /* 字号大小 */
    font-weight:bold;                        /* 字体粗细 */
    font-family:Arial;                       /* 字体 */
    color:#5C1012;                           /* 颜色 */
    background-color:#A3F020;                /* 背景颜色 */
    text-align:center;                       /* 对齐方式 */
    width:500px;                             /* 块宽度 */
    height:150px;                            /* 块高度 */
}
-->
</style>
  </head>
<body>
    <div> div 的简单使用</div>
</body>
</html>
```

在上述实例中，通过 CSS 对 Div 的控制，制作了一个宽为 500 像素、高为 150 像素的绿色块，并设置了文字的颜色、字号和文字的对齐方式。在 IE 浏览器中浏览，效果如图 14-1 所示。

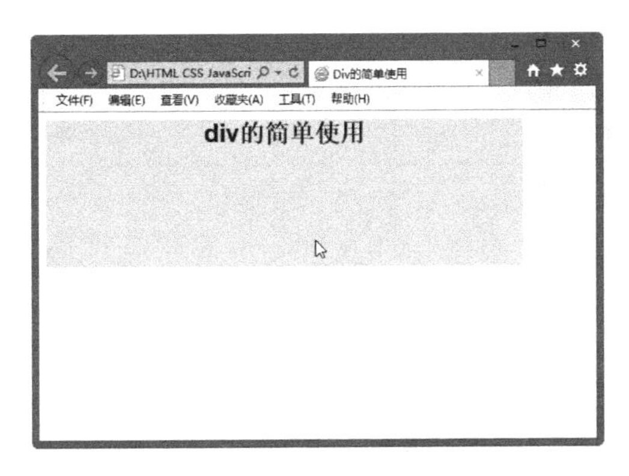

图 14-1 Div 的简单使用

14.2.2 Div 与 Span 的区别

很多开发人员都把 Div 元素同 Span 元素弄混淆了。尽管它们在特性上相同，但是 Span

是用来定义内嵌内容而不是大块内容的。

Div 是一个块级元素，可以包含段落、标题、表格，甚至如章节、摘要和备注等。而 Span 是行内元素，Span 的前后是不会换行的，它没有结构的意义，纯粹是应用样式，当其他行内元素都不合适时，可以使用 Span。

下面通过一个实例说明 Div 与 Span 的区别。

实例代码：

```
<!doctype html>
<html>
<head>
<meta charset="utf-8">
<title>div 与 span 的区别</title>
  </head>
<body>
    <p>div 标记不同行：</p>
    <div><img src="1.jpg" width="155" height="138" vspace="1"
border="0"></div>
<div><img src="2.jpg" width="155" height="135" vspace="1" border="0"></div>
<div><img src="3.jpg" width="153" height="132" vspace="1" border="0"></div>
<p>span 标记同一行：</p>
    <span><img src="1.jpg" width="162" height="129" border="0"></span>
    <span><img src="2.jpg" width="194" height="130" border="0"></span>
    <span><img src="3.jpg" width="187" height="130" border="0"></span>
</body>
</html>
```

在浏览器中浏览，效果如图 14-2 所示。

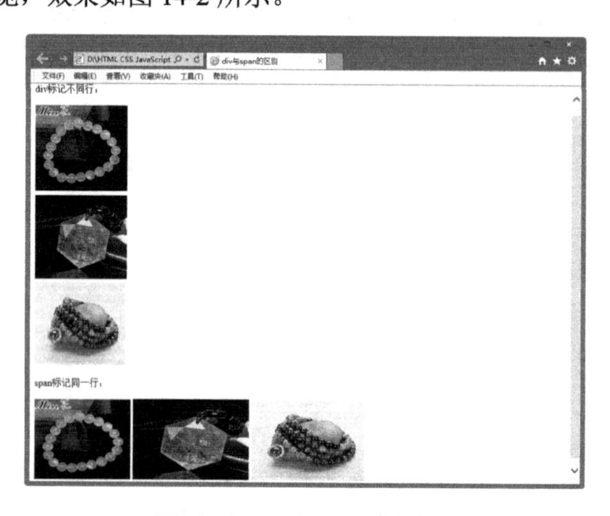

图 14-2　Div 与 Span 的区别

正是由于两个对象不同的显示模式，因此在实际使用过程中决定了两个对象的不同用途。Div 对象是一个大的块状内容，如一大段文本、一个导航区域、一个页脚区域等显示为块状的内容。

而作为内联对象的 Span，用途是对行内元素进行结构编码以方便样式设计。例如在一大段文本中，需要改变其中一段文本的颜色，可以将这一小部分文本使用 Span 对象，并进行样式设计，这将不会改变这一整段文本的显示方式。

14.3 盒 子 模 型

如果想熟练掌握 Div 和 CSS 的布局方法，首先要对盒子模型有足够的了解。盒子模型是 CSS 布局网页时非常重要的概念。只有很好地掌握了盒子模型以及其中每个元素的使用方法，才能真正地布局网页中各个元素的位置。

14.3.1 盒子模型的概念

所有页面中的元素都可以看作一个装了东西的盒子，盒子里面的内容到盒子的边框之间的距离即填充(padding)，盒子本身有边框(border)，而盒子边框外和其他盒子之间，还有边界(margin)。

一个盒子由 4 个独立部分组成。

(1) 最外面的是边界(margin)。

(2) 第二部分是边框(border)。边框可以有不同的样式。

(3) 第三部分是填充(padding)。填充用来定义内容区域与边框(border)之间的空白。

(4) 第四部分是内容区域。

填充、边框和边界都分为“上、右、下、左”4 个方向，既可以分别定义，也可以统一定义。当使用 CSS 定义盒子的 width 和 height 时，定义的并不是内容区域、填充、边框和边界所占的总区域。实际上定义的是内容区域 content 的 width 和 height。为了计算盒子所占的实际区域必须加上 padding、border 和 margin。

实际宽度=左边界+左边框+左填充+内容宽度(width)+右填充+右边框+右边界。

实际高度=上边界+上边框+上填充+内容高度(height)+下填充+下边框+下边界。

14.3.2 border

border 是 CSS 的一个属性，用它可以给 HTML 标记(如 td、Div 等)添加边框，它可以定义边框的样式(style)、宽度(width)和颜色(color)。利用这 3 个属性相互配合，能设计出很好的效果。

1. 边框样式：border-style

border-style 定义元素的 4 个边框样式。如果 border-style 设置全部 4 个参数值，将按上、右、下、左的顺序作用于 4 个边框。如果只设置 1 个参数，将用于全部的 4 条边。

基本语法：

```
border-style: 样式值
border-top-style: 样式值
border-right-style: 样式值
```

```
border-bottom-style:样式值
border-left-style: 样式值
```

语法说明：

border-style 可以设置边框的样式，包括无、虚线、实现、双实线等。border-style 的取值如表 14-1 所示。

表 14-1　边框样式的取值和含义

属 性 值	描　述
none	默认值，无边框
dotted	点线边框
dashed	虚线边框
solid	实线边框
double	双实线边框
groove	3D 凹槽
ridge	3D 凸槽
inset	使整个边框凹陷
outset	使整个边框凸起

下面通过实例讲述 border-style 的使用。

实例代码：

```
<!doctype html>
<html>
<head>
<meta charset="utf-8">
    <title>CSS border-style 属性示例 </title>
        <style type="text/css" media="all">
            div#dotted { border-style: dotted;}
            div#dashed{ border-style: dashed;}
            div#solid{ border-style: solid;}
            div#double{ border-style: double;}
            div#groove{ border-style: groove;}
            div#ridge{ border-style: ridge; }
            div#inset{ border-style: inset;}
            div#outset{ border-style: outset;}
            div#none{ border-style: none;}
            div{
                border-width: thick;
                border-color: blue ;
                margin: 2em;

            }
        </style>
    </head>
```

```
<body>
          <div id="dotted">border-style 属性 dotted(点线边框)</div>
          <div id="dashed">border-style 属性 dashed(虚线边框)</div>
          <div id="solid">border-style 属性 solid(实线边框)</div>
          <div id="double">border-style 属性 double(双实线边框)</div>
          <div id="groove">border-style 属性 groove(3D 凹槽) </div>
          <div id="ridge">border-style 属性 ridge(3D 凸槽) </div>
          <div id="inset">border-style 属性 inset(边框凹陷) </div>
          <div id="outset">border-style 属性 outset(边框凸出) </div>

        <div id="none">border-style 属性 none(无样式)</div>
    </body>
</html>
```

在浏览器中浏览，不同的边框样式效果如图 14-3 所示。

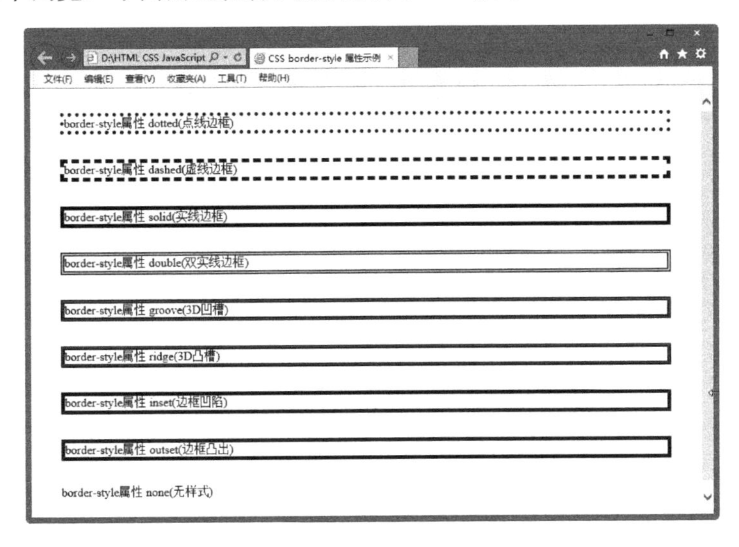

图 14-3　边框样式

还可以使用 border-top-style、border-right-style、border-bottom-style 和 border-left-style 分别设置上边框、右边框、下边框和左边框的不同样式。

实例代码：

```
<!doctype html>
<html>
<head>
<meta charset="utf-8">
<title>CSS border-style 属性示例 </title>
        <style type="text/css" media="all">
            div#top { border-top-style:dotted; }
            div#right{ border-right-style:double;}
            div#bottom{ border-bottom-style:solid;}
            div#left{ border-left-style:ridge;}
            div
```

```
        {
            border-style:none;
            margin:30px;
            border-color: blue ;
            border-width:thick
        }
    </style>
  </head>
<body>
<p> </p>
  <div id="top">定义上边框样式 border-top-style:dotted; 点线上边框</div>
  <div id="right">定义右边框样式,border-right-style:double; 双实线右边框</div>
  <div id="bottom">定义下边框样式,border-bottom-style:solid; 实线下边框</div>
  <div id="left">定义左边框样式,border-left-style:ridge; 3D 凸槽左边框</div>
</body>
</html>
```

在浏览器中浏览，可以看出分别设置了上、右、下、左边框为不同的样式，效果如图 14-4 所示。

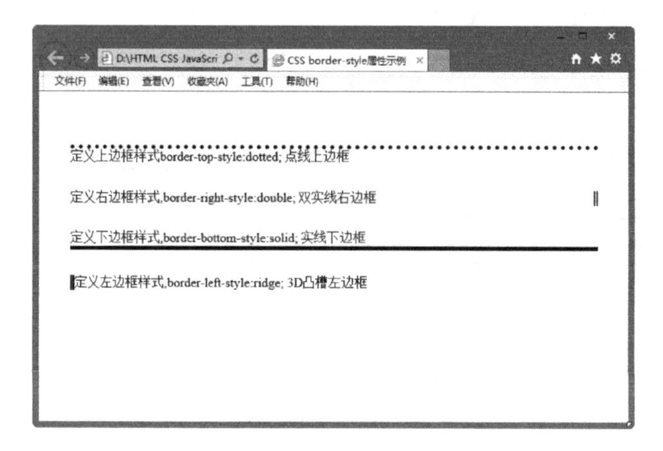

图 14-4　设置边框为不同的样式

2. 边框颜色：border-color

边框颜色属性 border-color 用来定义元素边框的颜色。

基本语法：

```
border-color:颜色值
border-top-color:颜色值
border-right-color:颜色值
border-bottom-color:颜色值
border-left-color:颜色值
```

语法说明：

border-top-color、border-right-color、border-bottom-color 和 border-left-color 属性分别用

来设置上、右、下、左边框的颜色，也可以使用 border-color 属性来统一设置 4 个边框的颜色。

如果 border-color 设置全部 4 个参数值，将按上、右、下、左的顺序作用于 4 个边框。如果只设置 1 个参数值，将用于全部的 4 条边。如果设置 2 个参数值，第一个用于上、下，第二个用于左、右。如果提供 3 个参数值，第一个用于上，第二个用于左、右，第三个用于下。

下面通过实例讲述 border-color 属性的使用。

实例代码：

```
<!doctype html>
<html>
<head>
<meta charset="utf-8">
<title>border-color 实例</title>
<style type="text/css">
p.one
{
border-style: solid;
border-color: #54B100
}
p.two
{
border-style: solid;
border-color: #DFC518 #0000ff
}
p.three
{
border-style: solid;
border-color: #8F027D #00ff00 #0000ff
}
p.four
{
border-style: solid;
border-color: #076E6C #00ff00 #0000ff rgb(250,0,255)
}
</style>
</head>
<body>
<p class="one">1 个颜色边框!</p>
<p class="two">2 个颜色边框!</p>
<p class="three">3 个颜色边框!</p>
<p class="four">4 个颜色边框!</p>
<p><b>注意:</b>只设置 "border-color" 属性将看不到效果，须要先设置 "border-style"
属性。</p>
</body>
</html>
```

在浏览器中浏览，可以看到使用 border-color 设置了不同颜色的边框，如图 14-5 所示。

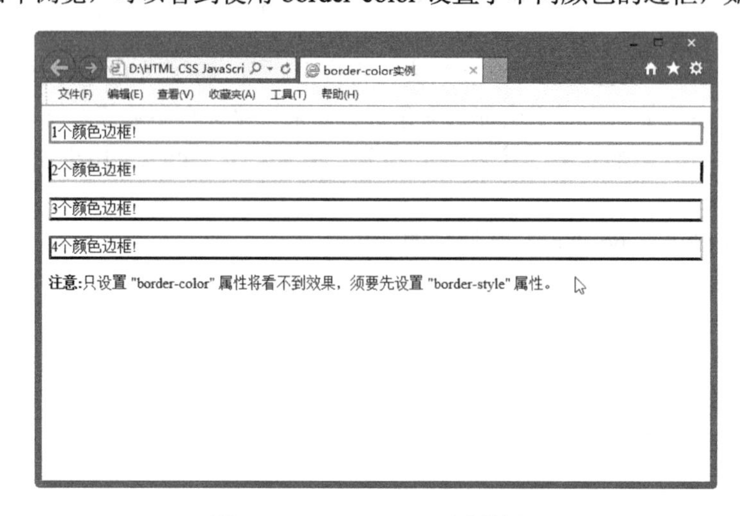

图 14-5 border-color 实例效果

3．边框宽度：border-width

边框宽度属性 border-width 用来定义元素边框的宽度。

基本语法：

```
border-width:宽度值
border-top-width:宽度值
border-right-width:宽度值
border-bottom-width:宽度值
border-left-width:宽度值
```

语法说明：

如果 border-width 设置全部 4 个参数值，将按上、右、下、左的顺序作用于 4 个边框。如果只设置 1 个参数值，将用于全部的 4 条边。如果设置 2 个参数值，第一个用于上、下，第二个用于左、右。如果提供 3 个参数值，第一个用于上，第二个用于左、右，第三个用于下。border-width 的取值范围如表 14-2 所示。

表 14-2 border-width 的属性值

属 性 值	描 述
medium	默认值
thin	细
dashed	粗

下面通过实例讲述 border-width 属性的使用。

实例代码：

```
<!doctype html>
<html>
```

```
<head>
<meta charset="utf-8">
<title>border-width 实例</title>
<style type="text/css">
p.one
{border-style: solid;
border-width: 5px}
p.two
{border-style: solid;
border-width: thick}
p.three
{border-style: solid;
border-width: 5px 10px}
p.four
{border-style: solid;
border-width: 5px 10px 1px}
p.five
{border-style: solid;
border-width: 5px 10px 1px medium}
</style>
</head>
<body>
<p class="one">border-width: 5px</p>
<p class="two">border-width: thick</p>
<p class="three">border-width: 5px 10px</p>
<p class="four">border-width: 5px 10px 1px</p>
<p class="five">border-width: 5px 10px 1px medium</p>
</body>
</html>
```

在浏览器中浏览，可以看到使用 border-width 设置了不同宽度的边框效果，如图 14-6 所示。

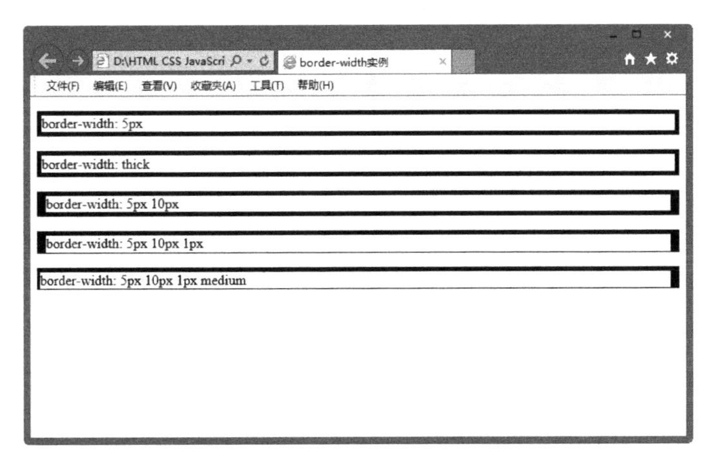

图 14-6　border-width 实例效果

14.3.3 padding

Padding 属性设置元素所有内边距的宽度，或者设置各边上内边距的宽度。

基本语法：

```
padding: 取值
padding-top: 取值
padding-right: 取值
padding-bottom: 取值
padding-left: 取值
```

语法说明：

padding 是 padding-top、padding-right、padding-bottom、padding-left 的一种快捷的综合写法，最多允许 4 个值，依次的顺序是：上、右、下、左。

如果只有 1 个值，表示 4 个填充都用同样的宽度。如果有 2 个值，第一个值表示上下填充宽度，第二个值表示左右填充宽度。如果有 3 个值，第一个值表示上填充宽度，第二个值表示左右填充宽度，第三个值表示下填充宽度。

其 CSS 代码如下：

```
td {padding: 0.5cm 1cm 4cm 2cm}
```

上面的代码表示，上填充为 0.5cm，右填充为 1cm，下填充为 4cm，左填充为 2cm。

下面讲述上右下左填充宽度相同的实例。

实例代码：

```
<!doctype html>
<html>
<head>
<meta charset="utf-8">
<title>padding 宽度都相同</title>
<style type="text/css" media="all">
p
{
padding:100px;
border:thick solid red;
}
</style>
</head>
<body>
<p>定义段落的填充属性为 padding:100px;所以内容与各个边框间会有 100px 的填充.</p>
</body>
</html>
```

在浏览中浏览，可以看到使用 padding:100px 设置了上下左右填充宽度都为 100px，效果如图 14-7 所示。

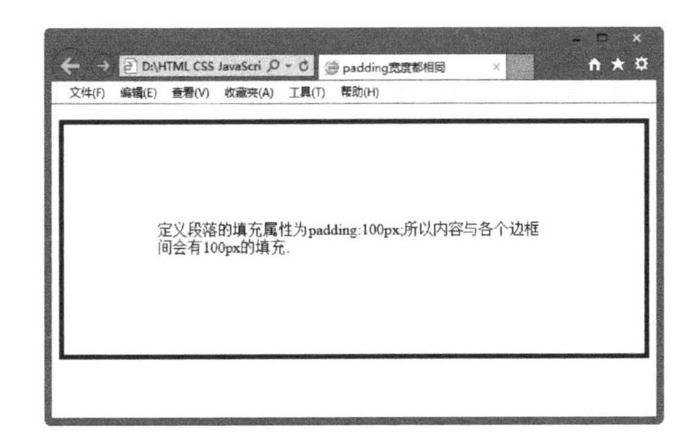

图 14-7　上下左右填充宽度相同

下面讲述上右下左填充宽度不相同的实例。

实例代码：

```
<!doctype html>
<html>
<head>
<meta charset="utf-8">
<title>padding 宽度各不相同</title>
<style type="text/css">
td {padding: 1cm 2cm 4cm 2cm}
</style>
</head>
<body>
<table border= "1" bordercolor="#DAEF07">
<tr>
<td>上填充为 1 厘米，右填充为 2 厘米，下填充为 4 厘米，左填充为 2 厘米。</td>
</tr>
</table>
</body>
</html>
```

在浏览器中浏览，可以看到使用 padding: 1cm 2cm 4cm 2cm 分别设置了上填充为 1 厘米，右填充为 2 厘米，下填充为 4 厘米，左填充为 2 厘米，在浏览器中浏览，效果如图 14-8 所示。

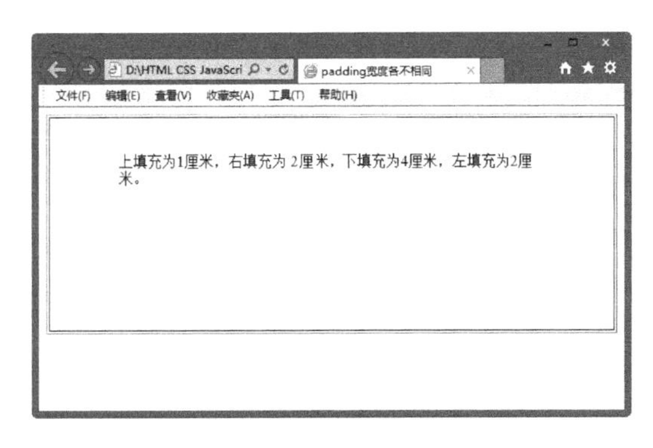

图 14-8　上下左右填充宽度不相同

14.3.4　margin

边界属性是用来设置页面中一个元素所占空间的边缘到相邻元素之间的距离。margin 属性包括 margin-top、margin-right、margin-bottom、margin-left、margin。

基本语法：

```
margin: 边距值
margin-top: 上边距值
margin-bottom:下边距值
margin-left: 左边距值
margin-right: 右边距值
```

语法说明：

取值范围如下。

(1) 长度值相当于设置顶端的绝对边距值，包括数字和单位。

(2) 百分比是设置相对于上级元素的宽度的百分比，允许使用负值。

(3) auto 是自动取边距值，即元素的默认值。

其 CSS 代码如下：

```
.top {margin-top: 4px;
    margin-right: 3px;
    margin-bottom: 3px;
    margin-left: 4px;}
```

上面代码的作用是设置上边界为 4px、右边界为 3px、下边界为 3px，左边界为 4px。

下面举一个上下左右边界宽度都相同的实例。

实例代码：

```
<!doctype html>
<html>
<head>
<meta charset="utf-8">
<title>边界宽度相同</title>
<style type="text/css">
.d1{border:1px solid #4DFFCA;}
.d2{border:1px solid gray;}
.d3{margin:1cm;border:3px solid gray;}
</style>
</head>
<body>
<div class="d1">
<div class="d2">没有设置 margin</div>
</div>
<P> </P>
<div class="d1">
  <div class="d3">margin 设置为 1cm</div>
```

```
</div>
</body>
</html>
```

在浏览器中浏览，效果如图 14-9 所示。

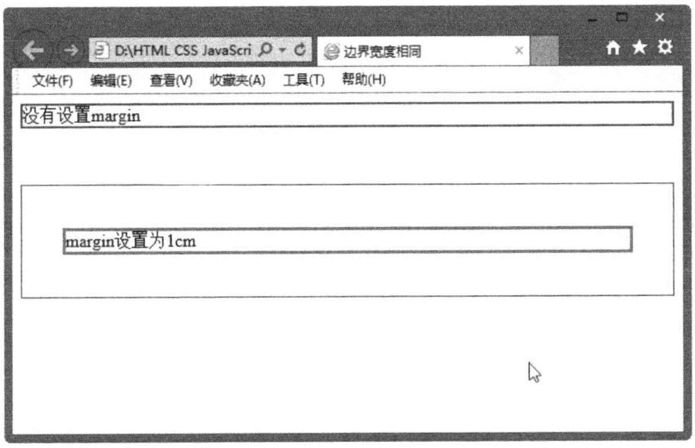

图 14-9　边界宽度相同

上面两个 div 没有设置边界属性(margin)，仅设置了边框属性(border)。和上面两个 div 的 CSS 属性设置唯一不同的是，d3 的 div 设置了边界属性(margin)，为 1 厘米，表示这个 div 上下左右的边距都为 1 厘米。

下面举一个上下左右边界宽度各不同的实例。

实例代码：

```
<!doctype html>
<html>
<head>
<meta charset="utf-8">
<title>边界宽度各不相同</title>
<style type="text/css">
.d1{border:1px solid #FF0000;}
.d2{border:1px solid gray;}
.d3{margin:1.5cm 2cm 3.5cm 2.5cm;border:3px solid gray;}
</style>
</head>
<body>
<div class="d1">
<div class="d2">没有设置 margin</div>
</div>
<P> </P>
<div class="d1">
<div class="d3">上下左右边界宽度各不同</div>
</div>
</body>
</html>
```

在浏览器中浏览，效果如图 14-10 所示。

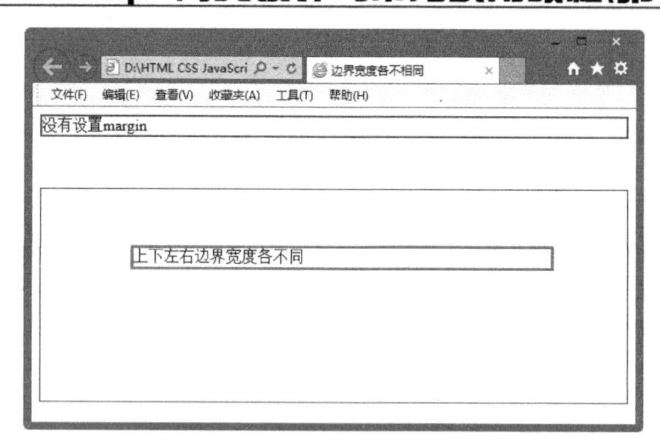

图 14-10　边界宽度各不相同

上面两个 div 没有设置边距属性(margin)，仅设置了边框属性(border)。外面那个 div 的 border 设为红色，里面那个 div 的 border 属性设为灰色。

里面的那个 div 设置了边距属性(margin)，设定上边距为 1.5cm，右边距为 2cm，下边距为 3.5cm，左边距为 2.5cm。

14.4　盒子的浮动与定位

CSS 为定位和浮动提供了一些属性，利用这些属性，可以建立列式布局。将布局的一部分与另一部分重叠，还可以完成多年来通常需要使用多个表格才能完成的任务。定位的基本思想很简单，它允许你定义元素框相对于其正常位置应该出现的位置，或者相对于父元素、另一个元素甚至浏览器窗口本身的位置。显然，这个功能非常强大，也很让人吃惊。

14.4.1　盒子的浮动 float

应用 Web 标准创建网页以后，float 浮动属性是元素定位中非常重要的属性。常常通过对 div 元素应用 float 浮动来进行定位，不但可以对整个版式进行规划，也可以对一些基本元素如导航等进行排列。

在标准流中，一个块级元素在水平方向会自动伸展，直到包含它的元素的边界，而在竖直方向和其他元素依次排列，不能并排。使用浮动方式后，块级元素的表现会有所不同。

基本语法：

```
float:none|left|right
```

语法说明：

none 是默认值，表示对象不浮动；left 表示对象浮在左边；right 表示对象浮在右边。

CSS 允许任何元素浮动，不论是图像、段落还是列表。无论先前元素是什么状态，浮动后都成为块级元素。浮动元素的宽度默认为 auto。

提示： 浮动有一系列控制它的规则。

- 浮动元素的外边缘不会超过其父元素的内边缘。

- 浮动元素不会互相重叠。
- 浮动元素不会上下浮动。

float 属性不是你所想象的那么简单，不是通过这一篇文字的说明，就能让你完全搞明白它的工作原理的，需要在实践中不断地总结经验。下面通过几个小例子，来说明它的基本工作情况。

如果 float 取值为 none 或没有设置 float 时，不会发生任何浮动，块元素独占一行，紧随其后的块元素将在新行中显示。

实例代码：

```
<!doctype html>
<html>
<head>
<meta charset="utf-8">
 <title>没有设置 float 时</title>
 <style type="text/css">
  #content_a {width:200px; height:80px; border:2px solid #000000;
margin:15px; background:#1D9B09;}
  #content_b {width:200px; height:80px; border:2px solid #000000;
margin:15px; background:#BBBA0E;}
</style>
</head>
<body>
  <div id="content_a">这是第一个 DIV</div>
  <div id="content_b">这是第二个 DIV</div>
</body>
</html>
```

在浏览器中浏览，效果如图 14-11 所示，可以看到由于没有设置 Div 的 float 属性，因此每个 Div 都单独占一行，两个 Div 分两行显示。

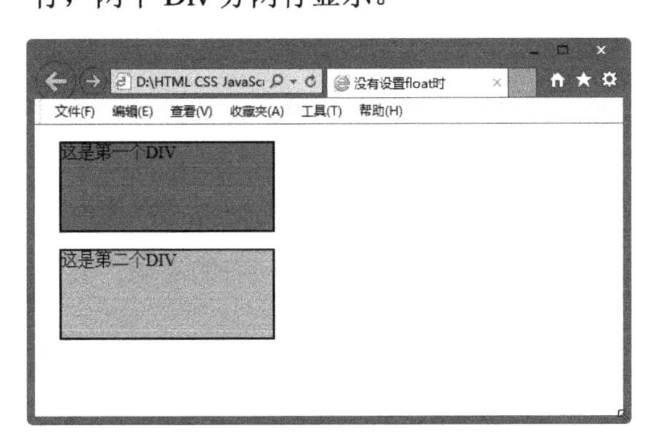

图 14-11　没有设置 float 属性

下面修改一下代码，使用 float:left 对 content_a 应用向左的浮动，而 content_b 不应用任何浮动。

实例代码：

```
<!doctype html>
<html>
<head>
<meta charset="utf-8">
 <title>一个设置为左浮动，一个不设置浮动</title>
 <style type="text/css">
  #content_a{width:200px;height:80px;float:left;border:2px solid #000000;
 margin:15px; background:#FF60EA;}
  #content_b {width:200px; height:80px; border:2px solid #000000;
margin:15px;
background:#BCFF3A;}
</style>
</head>
<body>
  <div id="content_a">这是第一个 DIV 向左浮动</div>
<div id="content_b">这是第二个 DIV 不应用浮动</div>
</body>
</html>
```

在浏览器中浏览，效果如图 14-12 所示，可以看到对 content_a 应用向左的浮动后，content_a 向左浮动，content_b 在水平方向紧跟着它的后面，两个 Div 占一行，在一行上并列显示。

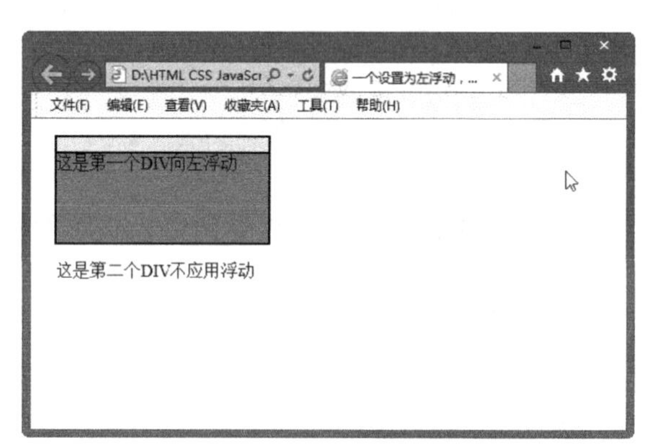

图 14-12　一个设置为左浮动，一个不设置浮动

下面修改上面代码中的两个元素，同时应用向右的浮动，其 CSS 代码如下：

```
<style type="text/css">
 #content_a {width:200px; height:80px; float:right; border:2px solid
#000000;
 margin:15px; background:#0ccccc;}
 #content_b {width:200px; height:80px; float:right; border:2px solid
#000000;
margin:15px; background:#ff00ff;}
</style>
```

在浏览器中浏览，效果如图 14-13 所示，可以看到同时对两个元素应用向右的浮动基本保持了一致，但请注意方向性，第二个在左边，第一个在右边。

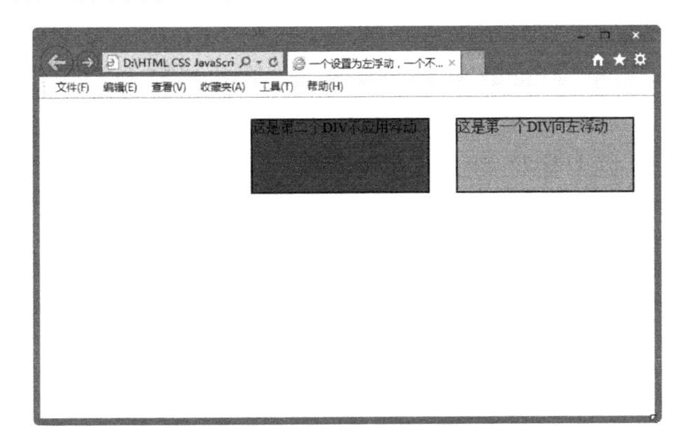

图 14-13　同时应用向右的浮动

14.4.2　position 定位

position 的原意为位置、状态、安置。在 CSS 布局中，position 属性非常重要，很多特殊容器的定位必须用 position 来完成。position 属性有 4 个值，分别是 static、absolute、fixed、relative，static 是默认值，代表无定位。

定位(position)允许用户精确定义元素框出现的相对位置，可以相对于它通常出现的位置，相对于其上级元素，相对于另一个元素，或者相对于浏览器视窗本身。每个显示元素都可以用定位的方法来描述，而其位置是由此元素的包含块来决定的。

基本语法：

```
Position: static | absolute | fixed | relative
```

语法说明：

static：静态(默认)，无定位。

relative：相对，对象不可层叠，但将依据 left、right、top、bottom 等属性在正常文档流中偏移位置。

absolute：绝对，将对象从文档流中拖出，通过 width、height、left、right、top、bottom 等属性与 margin、padding、border 进行绝对定位。绝对定位的元素可以有边界，但这些边界不压缩。而其层叠通过 z-index 属性定义。

fixed：固定，使元素固定在屏幕的某个位置，其包含块是可视区域本身，因此它不随滚动条的滚动而滚动。

下面分别讲述这几种定位方式的使用。

1．绝对定位：absolute

当容器的 position 属性值为 absolute 时，这个容器即被绝对定位了。绝对定位在几种定位方法中使用最广泛，这种方法能精确地将元素移动到想要的位置。absolute 用于将一个元素放到固定的位置非常方便。

当有多个绝对定位容器放在同一个位置时，显示哪个容器的内容呢？类似于 Photoshop 的图层有上下关系，绝对定位的容器也有上下的关系，在同一个位置只会显示最上面的容器。在计算机显示中把垂直于显示屏幕平面的方向称为 z 方向，CSS 绝对定位的容器的 z-index 属性对应这个方向，z-index 属性的值越大，容器越靠上。即同一个位置上的两个绝对定位的容器只会显示 z-index 属性值较大的。

下面举例讲述 CSS 绝对定位的使用。

实例代码：

```
<!doctype html>
<html>
<head>
<meta charset="utf-8">
<title>绝对定位</title>
<style type="text/css">
*{margin: 0px;
  padding:0px;}
#all{
height:400px;
    width:400px;
    margin-left:20px;
    background-color:#9FFF6B;}
#absdiv1,#absdiv2,#absdiv3,#absdiv4,#absdiv5
{width:120px;
     height:50px;
     border:5px double #000;
     position:absolute;}
#absdiv1{
    top:10px;
    left:10px;
    background-color:#909E07;
}
#absdiv2{
    top:20px;
    left:50px;
    background-color:#9cc;
}
#absdiv3{
bottom:10px;
     left:50px;
     background-color:#9cc;}
#absdiv4{
    top:10px;
    right:50px;
    z-index:10;
    background-color:#9cc;
}
#absdiv5{
    top:20px;
    right:90px;
```

```
    z-index:9;
    background-color:#9c9;
}
#a,#b,#c{width:300px;
     height:100px;
     border:1px solid #000;
     background-color:#86A1F7;}
</style>
</head>
<body>
<div id="all">
  <div id="absdiv1">第 1 个绝对定位的 div 容器</div>
   <div id="absdiv2">第 2 个绝对定位的 div 容器</div>
  <div id="absdiv3">第 3 个绝对定位的 div 容器</div>
   <div id="absdiv4">第 4 个绝对定位的 div 容器</div>
   <div id="absdiv5">第 5 个绝对定位的 div 容器</div>
  <div id="a">第 1 个无定位的 div 容器</div>
   <div id="b">第 2 个无定位的 div 容器</div>
   <div id="c">第 3 个无定位的 div 容器</div>
</div>
</body>
</html>
```

这里设置了 5 个绝对定位的 Div，3 个无定位的 Div。在浏览器中浏览，效果如图 14-14 所示。

从本例中可看到，设置 top、bottom、left 和 right 其中至少一种属性后，5 个绝对定位的 div 容器彻底摆脱了其父容器(id 名称为 all)的束缚，独立地漂浮在上面。而在未设置 z-index 属性值时，第 2 个绝对定位的容器显示在第 1 个绝对定位的容器上方(即后面的容器 z-index 属性值较大)。相应地，第 5 个绝对定位的容器虽然在第 4 个绝对定位的容器后面，但由于第 4 个绝对定位的容器的 z-index 值为 10，第 5 个绝对定位的容器的 z-index 值为 9，所以第 4 个绝对定位的容器显示在第 5 个绝对定位的容器的上方。

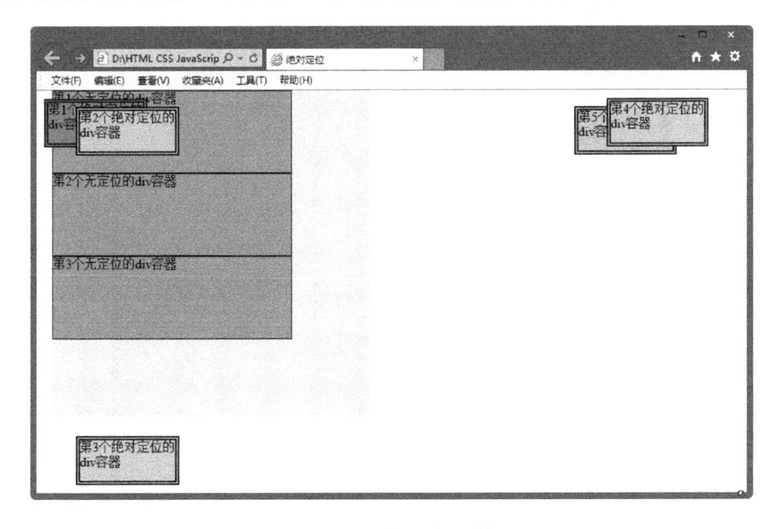

图 14-14　绝对定位效果

2. 固定定位：fixed

当容器的 position 属性值为 fixed 时，这个容器即被固定定位了。固定定位和绝对定位非常类似，不过被定位的容器不会随着滚动条的拖动而变化位置。在视野中，固定定位的容器的位置是不会改变的。

下面举例讲述固定定位的使用。

实例代码：

```
<!doctype html>
<html>
<head>
<meta http-equiv="Content-Type" content="text/html; charset=gb2312" />
<title>CSS 固定定位</title>
<style type="text/css">
* {margin: 0px;
 padding:0px;}
#all{ width:400px;  height:450px; background-color:#cccccc;}
#fixed{ width:100px; height:80px; border:15px outset #f0ff00;
 background-color:#9c9000; position:fixed; top:20px; left:10px;}
#a{ width:200px;  height:300px; margin-left:20px;
  background-color:#eeeeee; border:2px outset #000000;}
</style>
</head>
<body>
<div id="all">
  <div id="fixed">固定的容器</div>
  <div id="a">无定位的 div 容器</div>
</div>
</body>
</html>
```

运行代码，在浏览器中浏览，效果如图 14-15 所示。

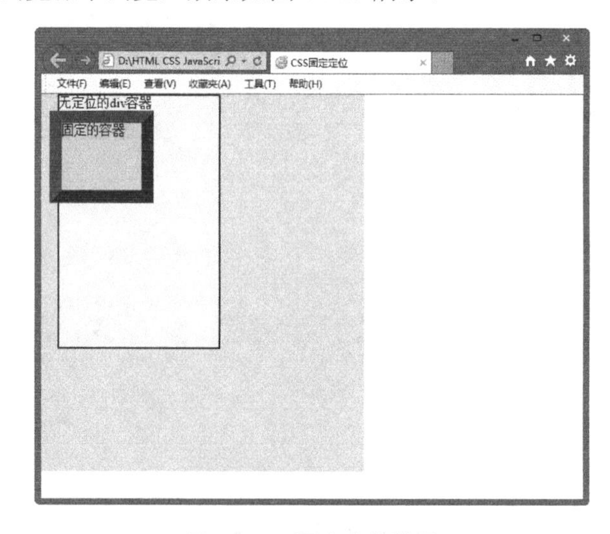

图 14-15　固定定位效果

3. 相对定位：relative

相对定位是一个非常容易掌握的概念。如果对一个元素进行相对定位，它将出现在它所在的位置上。然后，可以通过设置垂直或水平位置，让这个元素“相对于”它的起点进行移动。如果将 top 设置为 20px，那么框将在原位置顶部 20 像素的地方。如果 left 设置为 30 像素，那么会在元素左边创建 30 像素的空间，也就是将元素向右移动。

当容器的 position 属性值为 relative 时，这个容器即被相对定位了。相对定位和其他定位相似，也是独立出来浮在上面。不过相对定位的容器的 top(顶部)、bottom(底部)、left(左边)和 right(右边)属性参照对象是其父容器的 4 条边，而不是浏览器窗口。

下面举例讲述相对定位的使用。

实例代码：

```
<!doctype html>
<html>
<head>
<meta charset="utf-8">
<title>CSS 相对定位</title>
<style type="text/css">
*{margin: 0px; padding:0px;}
#all{width:400px; height:400px; background-color:#00898B;}
#fixed{
    width:100px;    height:80px;border:15px ridge
#08A847;background-color:#6EB9FF;
    position:relative;  top:140px;left:30px;}
#a,#b{width:200px; height:120px; background-color:#F8E87D; border:2px
outset #000;}
</style>
</head>
<body>
<div id="all">
  <div id="a">第 1 个无定位的 div 容器</div>
   <div id="fixed">相对定位的容器</div>
  <div id="b">第 2 个无定位的 div 容器</div>
</div>
</body>
</html>
```

运行代码，在浏览器中浏览，效果如图 14-16 所示。

相对定位的容器其实并未完全独立，浮动范围仍然在父容器内，并且其所占的空白位置仍然有效地存在于前后两个容器之间。

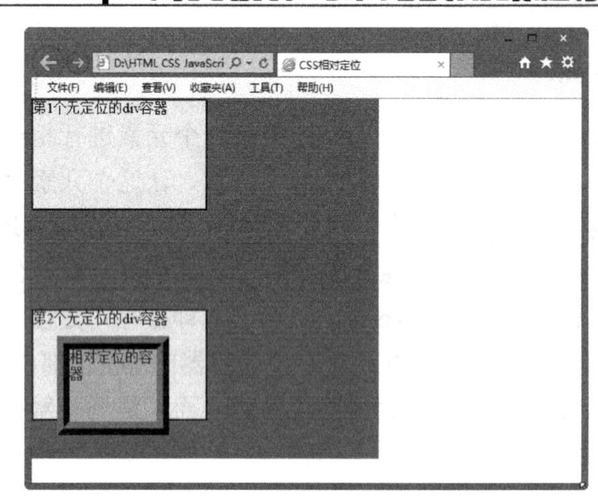

图 14-16　相对定位方式效果

14.4.3　z-index 空间位置

z-index 是设置对象的层叠顺序的样式。该样式只对 position 属性为 relative 或 absolute 的对象有效。这里的层叠顺序也可以说是对象的“上下顺序”。

基本语法：

```
z-index:auto，数字
```

语法说明：

auto 遵从其父对象的定位，数字必须是无单位的整数值，可以取负值。z-index 值较大的元素将叠加在 z-index 值较小的元素之上。对于未指定此属性的定位对象，z-index 值为正数的对象会在其之上，而 z-index 值为负数的对象在其之下。

下面举例讲述 z-index 属性的使用。

实例代码：

```
<!doctype html>
<html>
<head>
<meta charset="utf-8">
<title>z-index</title>
<style type="text/css">
<!--
#Layer1 {
    position:absolute;  left:56px;  top:115px;width:283px;  height:140px;
    z-index:-5;background-color: #FFA8A9;}
#Layer2 {
    position:absolute;left:226px;top:60px;width:286px;height:108px;
    z-index:1;background-color: #76FF81;}
#Layer3 {
    position:absolute;left:256px;top:141px; width:234px;height:145px;
    z-index:10; background-color: #F8F760;}
```

```
-->
</style>
</head>
<body>
<div id="Layer1"><strong>z-index:-5;</strong></div>
<div id="Layer2"><strong>z-index:1</strong>;</div>
<div id="Layer3"><strong>z-index:10;</strong></div>
</body>
</html>
```

本例中对 3 个有重叠关系的 Div 分别设置了 z-index 的值，在浏览器中浏览，效果如图 14-17 所示。

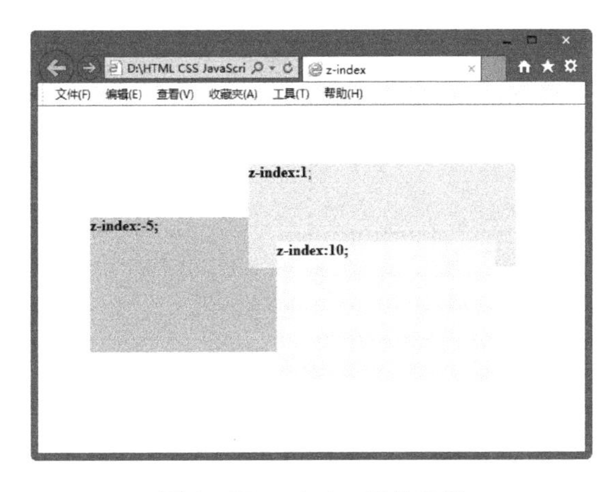

图 14-17　z-index 属性实例

z-index 属性适用于定位元素，用来确定定位元素在垂直于显示屏方向(称为 Z 轴)上的层叠顺序。

14.5　本 章 小 结

盒子模型是 CSS 控制页面的基础。学习完本章之后，读者应该能够清楚地理解盒子的含义及盒子的组成。本章的难点与重点是浮动和定位这两个重要的性质，它们对于复杂的页面排版至关重要。因此，尽管本章的案例都很小，但是如果读者不能深刻理解蕴含在其中的道理，复杂的 CSS 与 Div 布局网页案例效果是无法完成的。

14.6　练　习　题

1. 填空题

(1)　网页主要由 3 个部分组成：结构、表现和行为。对应的网站标准也分 3 个方面：结构化标准语言，主要包括__________和__________；表现标准语言主要包括__________；行为标准主要包括对象模型(如 W3C DOM)、ECMAScript 等。

(2) 在CSS布局的网页中，________与________都是常用的标记，利用这两个标记，加上CSS对其样式的控制，可以很方便地实现网页的布局。

(3) 一个盒子由4个独立部分组成，最外面的是________；第二部分是________；第三部分是________；第四部分是内容区域。

(4) 在CSS布局中，position属性非常重要，很多特殊容器的定位必须用position来完成。position属性有4个值，分别是：________、________、________、________。

2. 操作题

利用CSS与Div定义两个Div，一个设置为左浮动，一个不设置浮动，如图14-18所示。

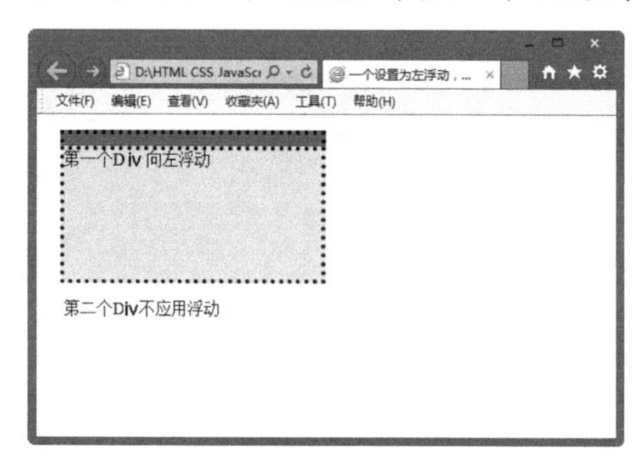

图14-18 定义Div

第 15 章　CSS+DIV 布局方法

本章要点

CSS + DIV 是网站标准中常用的术语之一。CSS 和 DIV 的结构被越来越多的人采用，同时很多人都抛弃了表格而使用 CSS 来布局页面。它的好处很多，可以使结构简洁，定位更灵活。CSS 布局的最终目的是搭建完善的页面架构。利用 CSS 排版的页面，更新起来十分容易，甚至连页面的结构都可以通过修改 CSS 属性来重新定位。本章主要内容包括:

(1) CSS 布局理念;

(2) 固定宽度布局方法;

(3) 可变宽度布局方法;

(4) CSS 布局与表格布局对比。

15.1　CSS 布局理念

无论使用表格还是 CSS，网页布局都是把大块的内容放进网页的不同区域里面。有了 CSS，最常用来组织内容的元素就是<div>标签。CSS 排版是一种很新的排版理念，首先要将页面使用<div>整体划分几个板块，然后对各个板块进行 CSS 定位，最后在各个板块中添加相应的内容。

15.1.1　将页面用 div 分块

在利用 CSS 布局页面时，首先要有一个整体的规划，包括整个页面分成哪些模块，各个模块之间的父子关系等。以最简单的框架为例，页面由 Banner(导航条)、主体内容(content)、菜单导航(links)和脚注(footer)几个部分组成，各个部分分别用自己的 id 来标识。其页面中的 HTML 框架代码如下：

```
 <div id="container">container
 <div id="banner">banner</div>
   <div id="content">content</div>
   <div id="links">links</div>
   <div id="footer">footer</div>
</div>
```

实例中每个板块都是一个<div>，这里直接使用 CSS 中的 id 来表示各个板块，页面的所有 Div 块都属于 container。一般的 Div 排版都会在最外面加上这个父 Div，便于对页面的整体进行调整。对于每个 Div 块，还可以再加入各种元素或行内元素。

15.1.2 用 CSS 定位

整理好页面的框架后，就可以利用 CSS 对各个板块进行定位，实现对页面的整体规划，然后再往各个板块中添加内容。

下面首先对 body 标记与 container 父块进行设置，其 CSS 代码如下：

```
body {
   margin:20px;
   text-align:center;
}
#container{
   width:500px;
   border:2px solid #FF9698;
   padding:20px;
}
```

上述代码设置了页面的边界、页面文本的对齐方式，以及父块的宽度为 500px。下面来设置 banner 板块，其 CSS 代码如下：

```
#banner{
   margin-bottom:5px;
   padding:15px;
   background-color:#a2d9ff;
   border:2px solid #FF9698;
   text-align:center;
}
```

这里设置了 banner 板块的边界、填充、背景颜色等。

下面利用 float 方法将 content 移动到左侧，links 移动到页面右侧，这里分别设置了这两个板块的宽度和高度，读者可以根据需要自己调整。代码如下：

```
#content{
   float:left;
   width:600px;
   height:400px;
   border:1px solid #FF9698;
   text-align:center;
}
#links{
   float:right;
   width:300px;
   height:400px;
   border:1px solid #FF9698;
   text-align:center;
}
```

由于 content 和 links 对象都设置了浮动属性，因此 footer 需要设置 clear 属性，使其不受浮动的影响，代码如下：

```
#footer{
    clear:both;  /* 不受 float 影响 */
    padding:20px;
    border:2px solid #FF9698;
    text-align:center;
}
-->
```

这样页面的整体框架便搭建好了。这里需要指出的是 content 块中不能放宽度太长的元素，如很长的图片或不换行的英文等，否则 links 将再次被挤到 content 下方。

特别地，如果后期维护时希望 content 的位置与 links 对调，仅仅只需要将 content 和 links 属性中的 left 和 right 改变。这是传统的排版方式所不可能简单实现的，也正是 CSS 排版的优势之一。

另外，如果 links 的内容比 content 的长，在 IE 浏览器上 footer 就会贴在 content 下方而与 links 出现重合。

15.2 固定宽度布局

下面介绍如何使用 DIV+CSS 创建固定宽度布局。对于包含很多大图片和其他元素的内容，由于它们在流式布局中不能很好地表现，因此固定宽度布局也是处理这种内容的最好方法。

15.2.1 一列固定宽度

一列式布局是所有布局的基础，也是最简单的布局形式。一列固定宽度中，宽度的属性值是固定像素。下面举例说明一列固定宽度的布局方法。具体操作步骤如下。

(1) 在 HTML 文档的<head>与</head>之间相应的位置输入定义的 CSS 样式代码：

```
<style>
#content{
    background-color:#F9FD6D;
    border:5px solid #B3F83C;
    width:600px;
    height:400px;
}
</style>
```

(2) 然后在 HTML 文档的<body>与</body>之间的正文中输入以下代码，给 div 使用了 layer 作为 id 名称。

```
<div id="content ">1 列固定宽度</div>
```

(3) 在浏览器中浏览，由于是固定宽度，无论怎样改变浏览器窗口大小，Div 的宽度都不改变，如图 15-1 和图 15-2 所示。

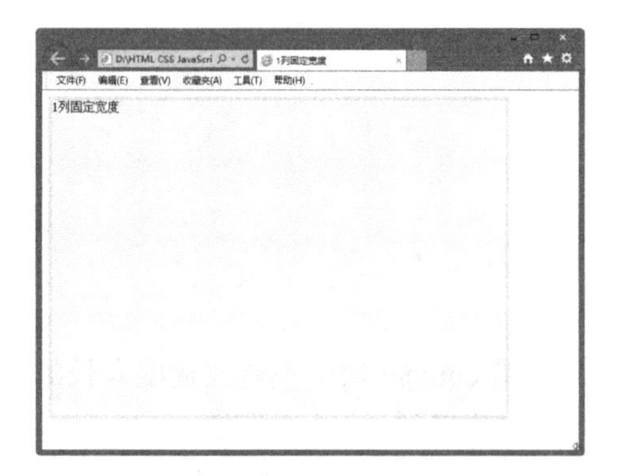

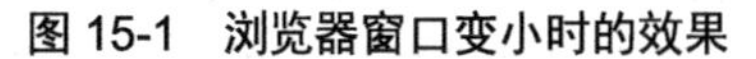
图 15-1　浏览器窗口变小时的效果

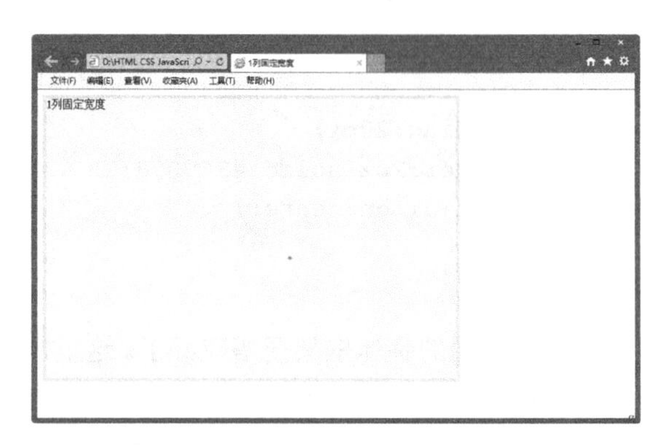

图 15-2　浏览器窗口变大时的效果

提示： 页面居中是常用的网页设计表现形式之一，传统的表格式布局中，用 align="center"属性来实现表格居中显示。Div 本身也支持 align="center"属性，同样可以实现居中。但是在 Web 标准化时代，这个不是我们想要的结果，因为它不能实现表现与内容的分离。

15.2.2　两列固定宽度

有了一列固定宽度作为基础，两列固定宽度就非常简单。我们知道 div 用于对某一个区域的标识，而两列的布局，自然需要用到两个 div。

两列固定宽度非常简单。两列的布局需要用到两个 div，分别把两个 div 的 id 设置为 left 与 right，表示两个 div 的名称。首先为它们设置宽度，然后让两个 div 在水平线中并排显示，从而形成两列式布局。具体操作步骤如下。

(1) 在 HTML 文档的<head>与</head>之间相应的位置输入定义的 CSS 样式代码：

```
<style>
#left{
    background-color:#F7A1A3;
    border:1px solid #ff3399;
    width:300px;
    height:300px;
    float:left;
    }
#right{
    background-color:#1CF895;
    border:1px solid #ff3399;
    width:300px;
    height:300px;
    float:left;
}
</style>
```

提示：left 与 right 两个 div 的代码与前面类似，两个 div 使用相同宽度实现两列式布局。float 属性是 CSS 布局中非常重要的属性，用于控制对象的浮动布局方式。大部分 div 布局基本上都通过 float 的控制来实现的。float 使用 none 值时表示对象不浮动，而使用 left 时，对象将向左浮动，如本例中的 div 使用了“float:left;”之后，div 对象将向左浮动。

(2) 然后在 HTML 文档的<body>与</body>之间的正文中输入以下代码，给 div 使用 left 和 right 作为 id 名称。

```
<div id="left">左列</div>
<div id="right">右列</div>
```

(3) 在使用了简单的 float 属性之后，两列固定宽度的布局就能够完整地显示出来。在浏览器中浏览，效果如图 15-3 所示。

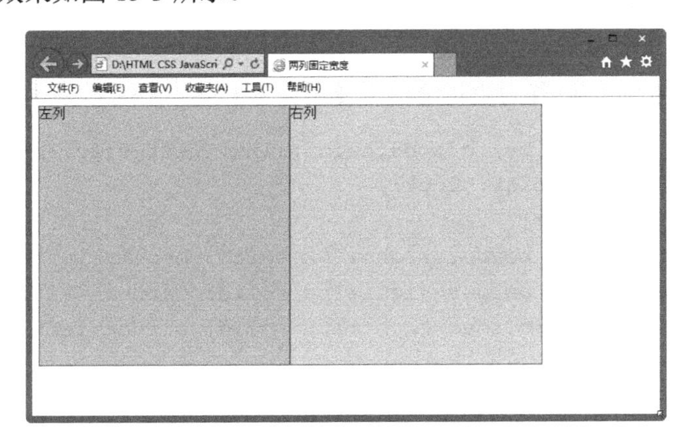

图 15-3　两列固定宽度布局

15.2.3　圆角框

圆角框，因为其样式比直角框漂亮，所以成为设计师心中偏爱的设计元素。现在 Web 标准下大量的网页都采用圆角框设计，成为一道亮丽的风景线。

如图 15-4 所示是将其中的一个圆角进行放大后的效果。从图中我们可以看到其实这种圆角框是靠一个个容器堆砌而成的，每一个容器的宽度不同，这个宽度是由 margin 外边距来实现的，如“margin:0 5px;”就是左右两侧的外边距 5 像素，从上到下有 5 条线，其外边距分别为 5px、3px、2px、1px，依次递减。因此，根据这个原理我们可以实现简单的 HTML 结构和样式。

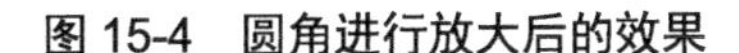

图 15-4　圆角进行放大后的效果

下面讲述圆角框的制作过程。具体操作步骤如下。

(1) 使用如下代码实现简单的 HTML 结构。

```
<div class="sharp color1">
    <b class="b1"></b><b class="b2"></b><b class="b3"></b><b
class="b4"></b>
    <div class="content">文字内容</div>
    </div>
    <b class="b5"></b><b class="b6"></b><b class="b7"></b><b
class="b8"></b>
</div>
```

b1~b4 构成上面的左右两个圆角结构体，而 b5~b8 则构建了下面左右两个圆角结构体。而 content 则是内容主体，将这些全部放在一个大的容器中，并给它一个类名 sharp，用来设置通用的样式。再给它叠加了一个 color1 类名，这个类名用来区别不同的颜色方案，因为可能会有不同颜色的圆角框。

(2) 将每个 b 标签都设置为块状结构，使用如下 CSS 代码定义其样式。

```
.b1,.b2,.b3,.b4,.b5,.b6,.b7,.b8{height:1px; font-size:1px;
overflow:hidden; display:block;}
.b1,.b8{margin:0 5px;}
.b2,.b7{margin:0 3px;border-right:2px solid; border-left:2px solid;}
.b3,.b6{margin:0 2px;border-right:1px solid; border-left:1px solid;}
.b4,.b5{margin:0 1px;border-right:1px solid; border-left:1px solid;
height:2px;}
```

将每个 b 标签都设置为块状结构，并定义其高度为 1 像素，超出部分溢出隐藏。从上面样式中我们已经看到 margin 值的设置，是从大到小减少的。而 b1 和 b8 的设置是一样的，已经将它们合并在一起了，同样的原理，b2 和 b7、b3 和 b6、b4 和 b5 都是一样的设置。这是因为上面两个圆和下面的两个圆是一样的，只是顺序是相对的，所以将它合并设置在一起。有利于减少 CSS 样式代码的字符大小。后面三句和第二句有点不同的地方是多设置了左右边框的样式，但是在这儿并没有设置边框的颜色，这是为什么呢，因为这个边框颜色是需要适时变化的，所以将它们分离出来，在下面的代码中单独定义。

(3) 接下使用如下代码设置内容区的样式。

```
.content {border-right:1px solid;border-left:1px solid;overflow:hidden;}
```

也是只设置左右边框线，但是不设置颜色值，它和上面 8 个 b 标签一起构成圆角框的外边框轮廓。

往往在一个页面中存在多个圆角框，而每个圆角框有可能其边框颜色各不相同，有没有可能针对不同的设计制作不同的换肤方案呢？答案是有的。在这个应用中，可以换不同的皮肤颜色，并且设置颜色方案也并不是一件很难的事情。

(4) 下面看看是如何将它们应用到不同的颜色的。将所有涉及的边框色的类名全部集中在一起，用群选择符给它们设置一个边框的颜色就可以了。代码如下：

```
.color1 .b2,.color1 .b3,.color1 .b4,.color1 .b5,.color1 .b6,.color1 .b7,
.color1 .content{border-color:#96C2F1;}
.color1 .b1,.color1 .b8{background:#96C2F1;}
```

需要将这两句的颜色值设置为一样的，第二句中虽说是设置的 background 背景色，但它同样是上下边框线的颜色，这一点一定要记住。因为 b1 和 b8 并没有设置 border，但它的高度值为 1px，所以用它的背景色就达到了模拟上下边框的颜色了。

(5) 现在已经将一个圆角框描述出来了。但是有一个问题要注意，就是内容区的背景色，因为这儿是存载文字主体的地方。所以还需要加入下面这句话，也是用群集选择符来设置圆角内的所有背景色。

```
.color1 .b2,.color1 .b3,.color1 .b4,.color1 .b5,.color1 .b6,.color1 .b7,
.color1 .content{background:#EFF7FF;}
```

这儿除了 b1 和 b8 外，其他的标签都包含进来了，并且包括 content 容器，将它们的背景色全部设置为一个颜色，这样除了线框外的所有地方都成为一种颜色了。在这儿用到包含选择符，给它们都加了一个 color1，这是颜色方案 1 的类名。依照这个原理可以设置不同的换肤方案。

(6) 如图 15-5 所示是运行代码后的圆角框效果。

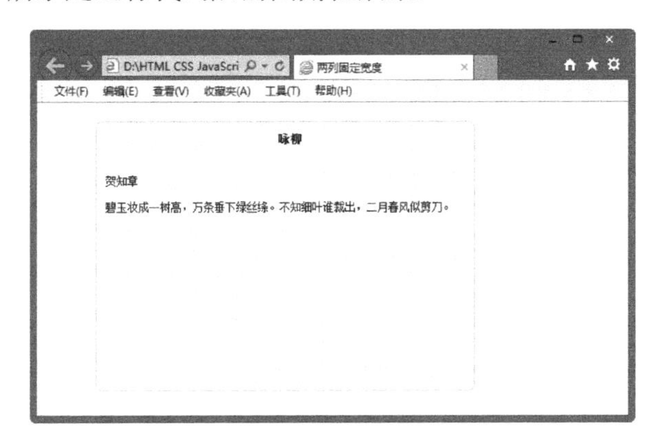

图 15-5 圆角框

15.3 可变宽度布局

页面的宽窄布局迄今有两种主要的模式：一种是固定宽窄；另一种就是可变宽窄。这两种布局模式都是控制页面宽度的。上一节讲述了固定宽度的页面布局，本节将对可变宽度的页面布局做进一步的分析。

15.3.1 一列自适应

自适应布局是在网页设计中常见的一种布局形式。自适应的布局能够根据浏览器窗口的大小，自动改变其宽度值或高度值，是一种非常灵活的布局形式。良好的自适应布局网站对不同分辨率的显示器都能提供最好的显示效果。自适应布局需要将宽度由固定值改为百分比。下面是一列自适应布局的代码：

```
<!doctype html>
<html>
<head>
<meta charset="utf-8">
<title>1 列自适应</title>
<style>
#Layer{background-color:#FF3F42;border:3px solid #27FF1E;
width:60%;height:60%;}
</style>
</head>
<body>
<div id="Layer">1 列自适应</div>
</body>
</html>
```

这里将宽度和高度值都设置为 60%，从浏览效果中可以看到，Div 的宽度已经变为浏览器宽度的 60%的值，当扩大或缩小浏览器窗口大小时，其宽度和高度还将维持在与浏览器当前宽度比例的 60%，如图 15-6 和图 15-7 所示。

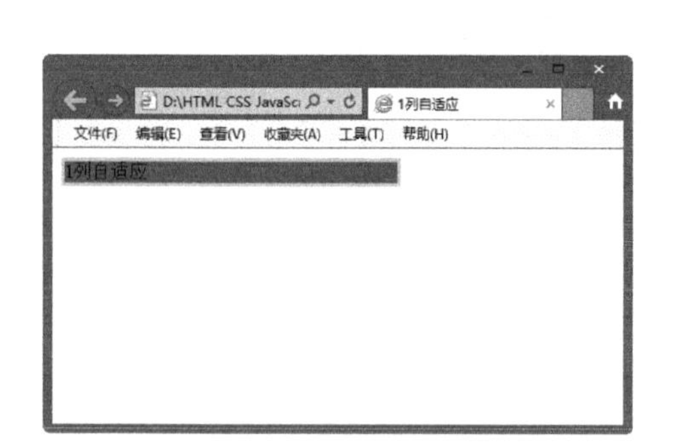

图 15-6　窗口变小

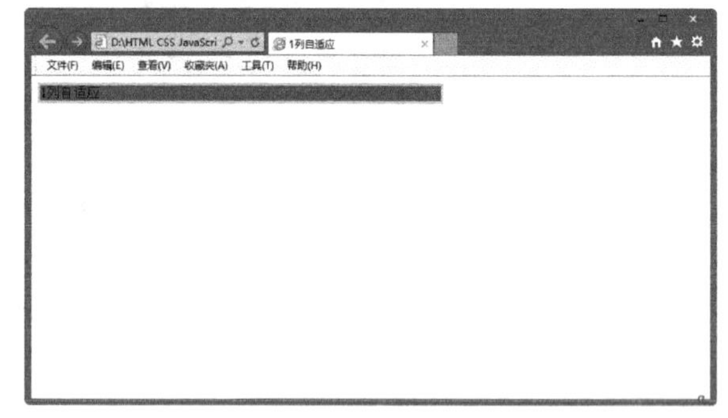

图 15-7　窗口变大

15.3.2　两列宽度自适应

下面使用两列宽度自适应性，来实现左右栏宽度能够做到自动适应，其自适应主要通过宽度的百分比值设置。代码修改为如下：

```
<!doctype html>
<html>
<head>
<meta charset="utf-8">
<title>两列宽度自适应</title>
<style>
#left{
    background-color:#D5FF1C;  border:1px solid #ff3399; width:60%;
    height:250px;   float:left;
```

```
    }
#right{
    background-color:#76FF21;border:1px solid #ff3399; width:30%;
    height:250px;    float:left;
}
</style>
</head>
<body>
<div id="left">左列</div>
<div id="right">右列</div>
</body>
</html>
```

这里主要修改了左栏宽度为 60%，右栏宽度为 30%。在浏览器中浏览，效果如图 15-8 和图 15-9 所示，无论怎样改变浏览器窗口大小，左右两栏的宽度与浏览器窗口的百分比都不改变。

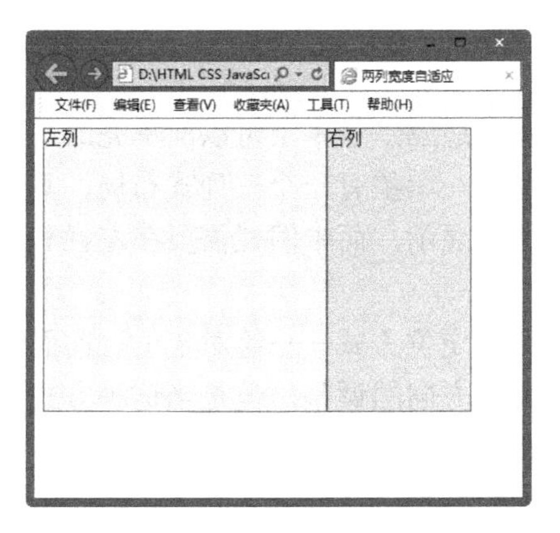

图 15-8　浏览器窗口变小时的效果

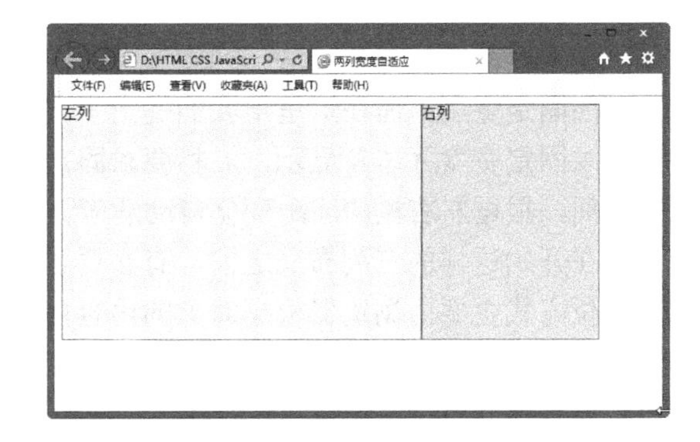

图 15-9　浏览器窗口变大时的效果

15.3.3　两列右列宽度自适应

在实际应用中，有时候需要左栏固定宽度而右栏根据浏览器窗口大小自动适应，在 CSS 中只需要设置左栏的宽度即可。如上例中左右栏都采用了百分比实现了宽度自适应，这里只需要将左栏宽度设定为固定值，右栏不设置任何宽度值，并且右栏不浮动。CSS 样式代码如下：

```
<style>
#left{
    background-color:#00cc33;border:1px solid
#ff3399;width:200px;height:250px;
    float:left; }
#right{
    background-color:#ffcc33;border:1px solid #ff3399; height:250px;
}
</style>
```

这样，左栏将呈现 200px 的宽度，而右栏将根据浏览器窗口大小自动适应，如图 15-10 和图 15-11 所示。

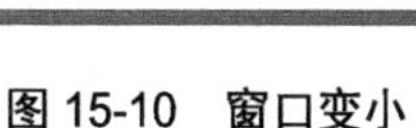
图 15-10　窗口变小

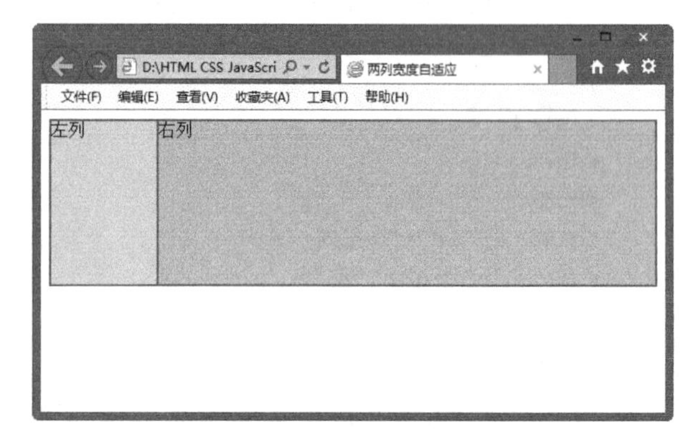

图 15-11　窗口放大

15.3.4　三列浮动中间宽度自适应

使用浮动定位方式，从一列到多列的固定宽度及自适应，基本上可以简单完成，包括三列的固定宽度。而在这里给我们提出了一个新的要求，希望有一个三列式布局，其中左栏要求固定宽度并居左显示，右栏要求固定宽度并居右显示，而中间栏需要在左栏和右栏的中间，根据左右栏的间距变化自动适应。

在开始这样的三列布局之前，有必要了解一个新的定位方式——绝对定位。前面的浮动定位方式主要由浏览器根据对象的内容自动进行浮动方向的调整。但是当这种方式不能满足定位需求时，就需要用新的方法来实现。CSS 提供的除去浮动定位之外的另一种定位方式就是绝对定位，绝对定位使用 position 属性来实现。

下面讲述三列浮动中间宽度自适应布局的创建。具体操作步骤如下。

(1)　在 HTML 文档的<head>与</head>之间相应的位置输入定义的 CSS 样式代码：

```
<style>
body{ margin:0px; }
#left{
   background-color:#FB5F61; border:3px solid #333333; width:100px;
   height:250px; position:absolute; top:0px; left:0px;
}
#center{
   background-color:#F01AC7; border:3px solid #333333; height:250px;
   margin-left:100px; margin-right:100px; }
#right{
   background-color:#05C31B; border:3px solid #333333; width:100px;
   height:250px; position:absolute; right:0px; top:0px; }
</style>
```

(2)　然后在 HTML 文档的<body>与</body>之间的正文中输入以下代码，给 div 使用 left、right 和 center 作为 id 名称。

```
<div id="left">左列</div>
<div id="center">中间列</div>
<div id="right">右列</div>
```

(3) 在浏览器中浏览，效果如图 15-12 和图 15-13 所示。

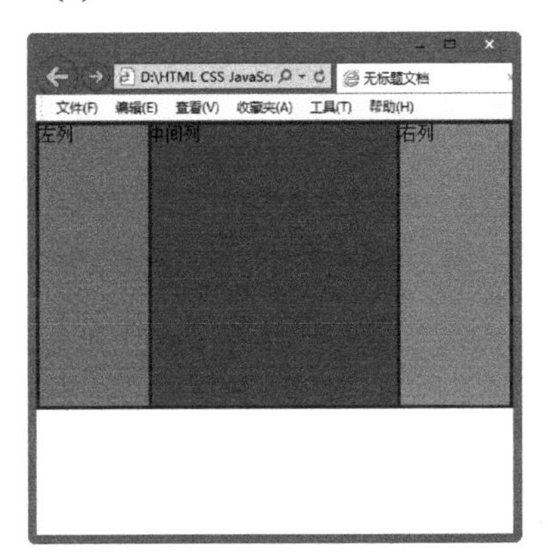

图 15-12　窗口缩小时的中间宽度自适应效果

图 15-13　窗口放大时的中间宽度自适应效果

15.3.5　三行二列居中高度自适应布局

如何使整个页面内容居中，如何使高度适应内容自动伸缩，这是学习 CSS 布局最常见的问题。下面讲述三行二列居中高度自适应布局的创建。具体操作步骤如下。

(1) 在 HTML 文档的<head>与</head>之间相应的位置输入定义的 CSS 样式代码：

```
<style type="text/css">
#header{width:776px; margin-right: auto; margin-left: auto; padding: 0px;
background: #B6D508; height:60px; text-align:left; }
#contain{margin-right: auto; margin-left: auto; width: 776px; }
#mainbg{width:776px; padding: 0px;background: #60A179; float: left;}
#right{float: right; margin: 2px 0px 2px 0px; padding:0px; width: 574px;
background: #ccd2de; text-align:left; }
#left{float: left; margin: 2px 2px 0px 0px; padding: 0px;
background: #F2F3F7; width: 200px; text-align:left; }
#footer{clear:both; width:776px; margin-right: auto; margin-left: auto;
padding: 0px;
background: #B6D508; height:60px;}
.text{margin:0px;padding:20px;}
</style>
```

(2) 然后在 HTML 文档的<body>与</body>之间的正文中输入以下代码，给 div 使用 left、right 和 center 作为 id 名称。

```
<div id="header">页眉</div>
<div id="contain">
  <div id="mainbg">
    <div id="right">
```

```
      <div class="text">右
       <div id="header">页眉</div>
<div id="contain">
  <div id="mainbg">
    <div id="right">
      <div class="text">右
        <p> </p>
        <p> </p>
        <p> </p>
        <p></p>
        <p></p>
      </div>
    </div>
    <div id="left">
      <div class="text">左 </div>
    </div>
  </div>
</div>
<div id="footer">页脚</div>
       </div>
    </div>
    <div id="left">
      <div class="text">左</div>
    </div>
  </div>
</div>
<div id="footer">页脚</div>
```

(3) 在浏览器中浏览，效果如图 15-14 所示。

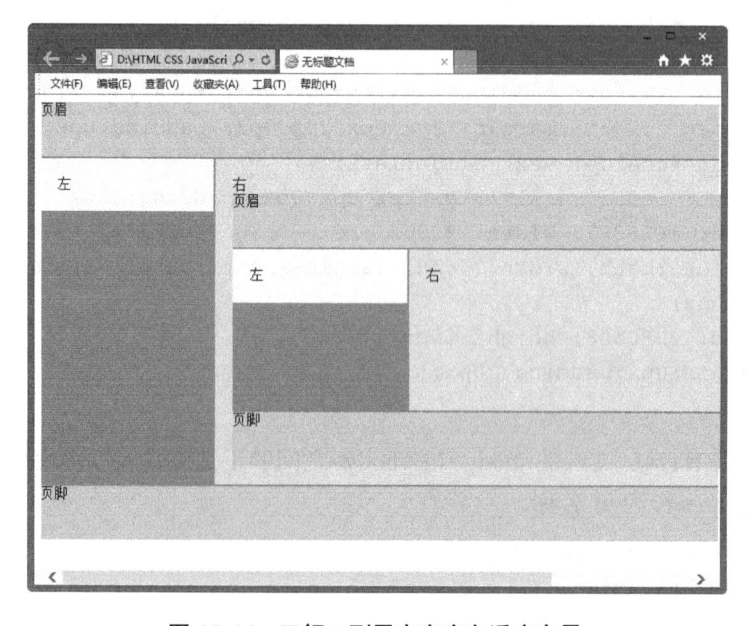

图 15-14　三行二列居中高度自适应布局

15.4　CSS 布局与传统的表格方式布局分析

表格在网页布局中应用已经有很多年了，由于多年的技术发展和经验积累，Web 设计工具功能不断增强，使表格布局在网页应用中达到登峰造极的地步。

由于表格不仅可以控制单元格的宽度和高度，而且还可以嵌套，多列表格还可以把文本分栏显示，于是就有人试着在表格中放置其他网页内容，如图像、动画等，以打破比较固定的网页版式。而网页表格对无边框表格的支持为表格布局奠定了基础，用表格实现页面布局慢慢就成为一种设计习惯。

传统表格布局的快速与便捷点燃了网页设计师对于页面创意的激情，而忽视了代码的理性分析。

使用表格进行页面布局会带来很多问题：

(1)　把格式数据混入内容中，这使得文件的大小无谓地变大，而用户访问每个页面时都必须下载一次这样的格式信息。

(2)　这使得重新设计现有的站点和内容极为消耗时间且昂贵。

(3)　使保持整个站点的视觉的一致性极难，花费也极高。

(4)　基于表格的页面还大大降低了它对残疾人和用手机或平板电脑浏览者的亲和力。

而使用 CSS 进行网页布局则具有下列优势。

(1)　使页面载入得更快。

(2)　降低流量费用。

(3)　在修改设计时更有效率而代价更低。

(4)　帮助整个站点保持视觉的一致性。

(5)　让站点可以更好地被搜索引擎找到。

(6)　使站点对浏览者和浏览器更具亲和力。

为了帮助读者更好地理解表格布局与标准布局的优劣，下面结合一个案例进行详细分析。如图 15-15 所示是一个简单的空白布局模板，它是一个三行三列的典型网页布局。下面尝试用表格布局和 CSS 标准布局来实现它，亲身体验二者的异同。

实现如图 15-15 所示的布局效果，使用表格布局的代码如下：

```
<table width="760" border="0" cellspacing="0" cellpadding="0">
  <tr>
    <td height="80" colspan="3" bgcolor="#E8E600"> </td>
  </tr>
  <tr>
    <td width="133" height="226" bgcolor="#F95255"> </td>
    <td width="531" height="380" bgcolor="#FFC5C6"> </td>
    <td width="96" bordercolor="#CCCCCC" bgcolor="#F95255"> </td>
  </tr>
  <tr>
    <td height="80" colspan="3" bgcolor="#FF7274"> </td>
  </tr>
</table>
```

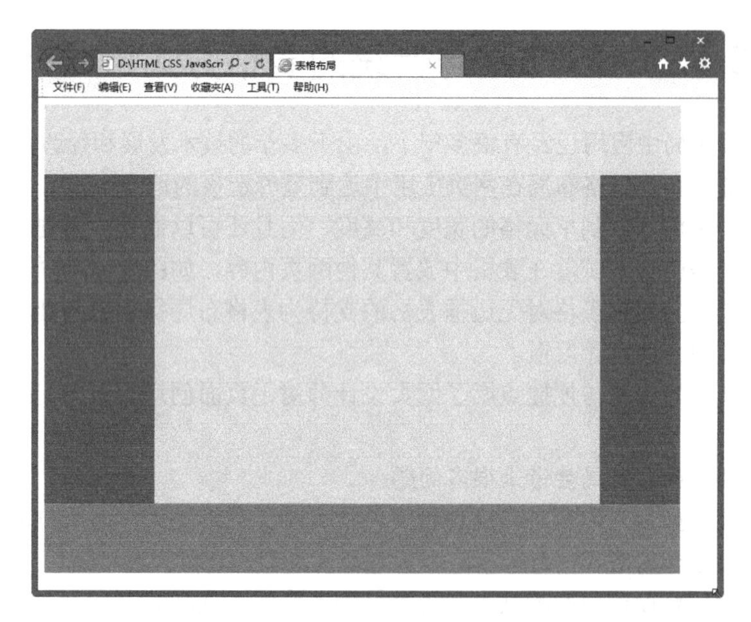

图 15-15　三行三列的典型网页布局

使用 CSS 布局，其中 XHTML 框架代码如下：

```
<div id="wrap">
   <div id="header"> </div>
   <div id="main">
      <div id="bar_l"></div>
      <div id="content"></div>
      <div id="bar_r"></div>
   </div>
   <div id="footer"></div>
</div>
```

CSS 布局代码如下：

```
<style>
body {/* 定义网页窗口属性，清除页边距，定义居中显示*/
   padding:0; margin:0 auto; text-align:center;
}
#wrap{/* 定义包含元素属性，固定宽度，定义居中显示*/
   width:780px; margin:0 auto;
}
#header{/* 定义页眉属性 */
   width:100%;/* 与父元素同宽 */
   height:74px; /* 定义固定高度 */
   background:#CC3300; /* 定义背景色 */
   color:#F0DFDB; /* 定义字体颜色 */
}
#main {/* 定义主体属性 */
```

```
    width:100%;
    height:400px;
}
#bar_l,#bar_r{/* 定义左右栏属性 */
    width:160px;  height:100%;
    float:left; /* 浮动显示，可以实现并列分布 */
    background:#CCCCCC;
    overflow:hidden; /* 隐藏超出区域的内容 */
}
#content{ /* 定义中间内容区域属性 */
    width:460px; height:100%; float:left; overflow:hidden; background:#fff;
}
#footer{ /* 定义页脚属性 */
    background:#663300;  width:100%; height:50px;
    clear:both; /* 清除左右浮动元素 */
}
</style>
```

简单比较，感觉不到 CSS 布局的优势，甚至书写的代码比表格布局要多得多。当然这仅是一页框架代码。让我们做一个很现实的假设，如果你的网站正采用了这种布局，有一天客户把左侧通栏宽度改为 100 像素。那么将在传统表格布局的网站中打开所有的页面逐个进行修改，这个数目少则有几十页，多则上千页，劳动强度可想而知。而在 CSS 布局中只需要简单修改一个样式属性就可以了。

这仅是一个假设，实际中的修改会比这更频繁、更多样。不光客户会三番五次地出难题、挑战你的耐性，甚至自己有时都会否定刚刚完成的设计。

当然未来的网页设计中，表格的作用依然不容忽视，不能因为有了 CSS，我们就完全否定其作用。不过，表格会日渐恢复其本来职能——数据的组织和显示，而不是让表格承担网页布局的重任。

15.5　本 章 小 结

本章以几种不同的布局方式演示了如何灵活地运用 CSS 的布局性质，使页面按照需要的方式进行排版。希望读者能深入地理解和掌握本章的内容，这需要反复多实验几次，把本章的实例彻底搞清楚。这样在实际工作中遇到具体的案例时，就可以灵活地选择解决方法。

15.6　练　习　题

1. 填空题

(1) CSS 排版是一种很新的排版理念，首先要将页面使用__________整体划分成几个板块，然后对各个板块进行__________定位，最后在各个板块中添加相应的内容。

(2) 在利用 CSS 布局页面时，首先要有一个整体的规划，包括整个页面分成哪些模块，各个模块之间的父子关系等。以最简单的框架为例，页面由__________、__________、__________和__________几个部分组成，各个部分分别用自己的 id 来标识。

2. 操作题

制作一个三列浮动中间宽度自适应布局的网页，要求左右两边的 Div 宽度为 100px，中间 Div 的宽度自适应，如图 15-16 所示。

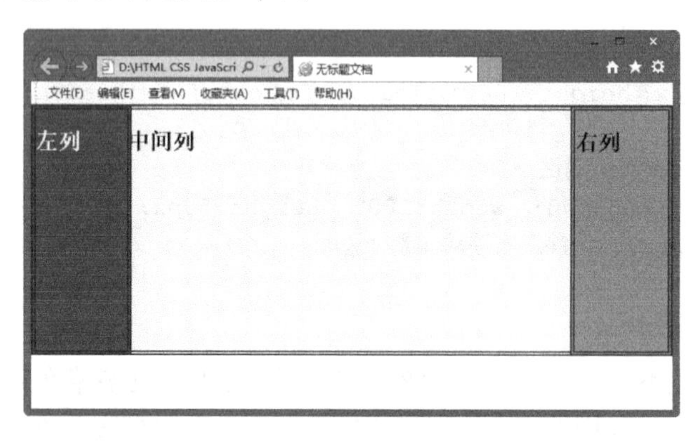

图 15-16　三列浮动中间宽度自适应布局

第 16 章　CSS 3 网页开发

本章要点

CSS 3 是 CSS 规范的最新版本，在 CSS 2.1 的基础上增加了很多强大的新功能，以帮助开发人员解决一些问题，如圆角功能、多背景、透明度、阴影等功能。CSS 2.1 是单一的规范，而 CSS 3 被划分成几个模块组，每个模块组都有自己的规范。这样的好处是整个 CSS 3 的规范发布不会因为部分难缠的部分而影响其他模块的推进。本章主要内容包括：

(1) CSS 3 概述；
(2) CSS 3 的功能；
(3) 边框；
(4) 背景；
(5) 文本；
(6) 多列。

16.1　CSS 3 概述

CSS 3 是 CSS 技术的升级版本，CSS 3 语言开发是朝着模块化发展的。以前的规范作为一个模块实在是太庞大而且比较复杂，所以，把它分解为一些小的模块，更多新的模块也被加入进来。这些模块包括：盒子模型、列表模块、超链接方式、语言模块、背景和边框、文字特效、多栏布局等。

16.1.1　CSS 3 的发展历史

20 世纪 90 年代初，HTML 语言诞生，各种形式的样式表也开始出现。各种不同的浏览器结合自身的显示特性，开发了不同的样式语言，以便于读者自己调整网页的显示效果。注意，此时的样式语言仅供读者使用，而非供设计师使用。

早期的 HTML 语言只含有很少量的显示属性，用来设置网页和字体的效果。随着 HTML 的发展，为了满足网页设计师的要求，HTML 不断添加了很多用于显示的标签和属性。由于 HTML 的显示属性和标签比较丰富，其他的用来定义样式的语言就越来越没有意义了。

在这种背景下，1994 年年初哈坤・利提出了 CSS 的最初想法。伯特・波斯(Bert Bos)当时正在设计一款 Argo 浏览器，于是他们一拍即合，决定共同开发 CSS。当然，这时市面上已经有一些非正式的样式表语言的提议了。

哈坤于 1994 年在芝加哥的一次会议上第一次展示了 CSS 的建议，1995 年他与波斯一起再次展示这个建议。当时 W3C 刚刚建立，W3C 对 CSS 的发展很感兴趣，它为此组织了一次讨论会。哈坤、波斯和其他一些人是这个项目的主要技术负责人。1996 年年底，CSS

已经完成。1996 年 12 月 CSS 要求的第 1 版(即 CSS 1)出版。

1998 年 5 月，CSS 2 正式发布。CSS 2 是一套全新的样式表结构，是由 W3C 推行的，同以往的 CSS 1 或 CSS 1.2 完全不一样。CSS 2 推荐的是一套内容和表现效果分离的方式。HTML 元素可以通过 CSS 2 的样式控制显示效果，可完全不使用以往 HTML 中的 table 和 td 来定位表单的外观和样式，只需要使用 div 和 Li 此类 HTML 标签来分割元素，之后即可通过 CSS 2 样式来定义表单界面的外观。

早在 2001 年 5 月，W3C 就着手开始准备开发 CSS 第 3 版规范(即 CSS 3)。CSS 3 规范的一个新的特点是规范被分为若干个相互独立的模块。一方面，分成若干较小的模块较利于规范及时更新和发布，及时调整模块的内容，而且这些模块独立实现和发布，也为日后 CSS 的扩展奠定了基础。另一方面，由于受支持设备和浏览器厂商的限制，设备或者厂商可以有选择地支持一部分模块，支持 CSS 3 的一个子集，这样将有利于 CSS 3 的推广。

CSS 3 的产生大大简化了编程模型，它不是仅对已有功能的扩展和延伸，而更多的是对 Web UI 设计理念和方法的革新。相信未来 CSS 3 配合 HTML 5 标准，将引起一场 Web 应用的巨大变革，甚至是整个 Internet 产业的变革。

16.1.2 CSS 3 的新增特性

CSS 3 中引入了很多新特性和功能。这些新特性极大地增强了 Web 程序的表现能力，同时简化了 Web UI 的编程模型。下面详细介绍这些 CSS 3 的新增特性。

1. 强大的选择器

CSS 3 的选择器在 CSS 2.1 的基础上进行了增强，它允许设计师在标签中指定特定的 HTML 元素而不必使用多余的类、ID 或者 JavaScript 脚本。

如果希望设计出简洁、轻量级的网页标签，希望结构与表现更好地分离，高级选择器是非常有用的。它可以大大地简化我们的工作，提高我们的代码效率，并让我们很方便地制作高可维护性的页面。

2. 半透明度效果的实现

RGBA 不仅可以设定色彩，还能设定元素的透明度。无论是文本、背景还是边框均可使用该属性。该属性的语法在其支持的浏览器中相同。

RGBA 颜色代码示例：

```
background:rgba(252, 253, 202, 0.70);
```

在上述代码中，前 3 个参数分别是 R、G、B 三原色，范围是 0～255。第四个参数是背景透明度，范围是 0～1，如 0.70 代表透明度 70%。这个属性使我们在浏览器中也可以做到像 Windows 7 系统中一样的半透明玻璃效果。

目前支持 RBGA 颜色的浏览器有 Safari 4+、Chrome 1+、Firefox 3.0.5+和 Opera 9.5+，IE 全系列浏览器暂都不支持该属性。

3. 多栏布局

新的 CSS 3 选择器可以让你不必使用多个 div 标签就能实现多栏布局。浏览器解释这个属性并生成多栏，让文本实现一个仿报纸的多栏结构。如图 16-1 所示，网页显示为四栏，这四栏并非浮动的 div 而是使用 CSS 3 多栏布局。

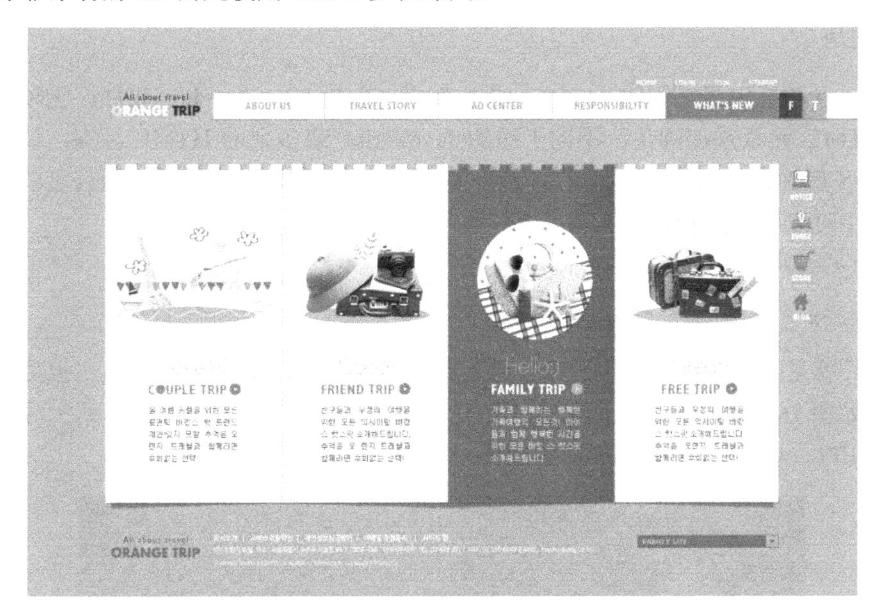

图 16-1　多栏布局

4. 多背景图

CSS 3 允许背景属性设置多个属性值，如 background-image、background-repeat、background-size、background-position、background-originand、background-clip 等，这样就可以在一个元素上添加多层背景图片。

在一个元素上添加多背景的最简单的方法是使用简写代码。你可以指定上面的所有属性到一条声明中，只是最常用的还是 image、position 和 repeat。代码如下：

```
div {
    background: url(1.jpg) top left no-repeat,
        url(2.jpg) bottom left no-repeat,
        url(3.jpg) center center repeat-y;
    }
```

5. 块阴影和文字阴影

尽管 box-shadow 和 text-shadow 在 CSS 2 中就已经存在，但是它们未被广泛应用。它们将在 CSS 3 中被广泛采用。块阴影和文字阴影可以不用图片就能对 HTML 元素添加阴影，增加显示的立体感，增强设计的细节。块阴影使用 box-shadow 属性，文字属性使用 text-shadow 属性，该属性目前在 Safari 和 Chrome 浏览器中可用。

```
box-shadow: 6px 6px 35px #BFBFBF
text-shadow: 6px 6px 35px #BFBFBF;
```

前两个属性设置阴影的 X/Y 位移，这里分别是 5px，第 3 个属性定义阴影的模糊程度，最后一个设置阴影的颜色。

6. 圆角

CSS 3 新功能中最常用的一项就是圆角效果，使用 border-radius 属性，无须背景图片就能给 HTML 元素添加圆角。不同于添加 JavaScript 或多余的 HTML 标签，仅仅需要添加一些 CSS 属性并从好的方面考虑。这个方案是清晰的和比较有效的，而且可以让你免于花费几个小时来寻找精巧的浏览器方案和基于 JavaScript 圆角。

border-radius 的使用方法如下：

```
border-radius: 5px 5px 5px 5px;
```

radius 就是半径的意思。用这个属性可以很容易做出圆角效果，当然，也可以做出圆形效果。如图 16-2 所示，这是用 CSS 3 制作的圆角表格。

目前 IE9、webkit 核心浏览器、FireFox 3+浏览器都支持该属性。

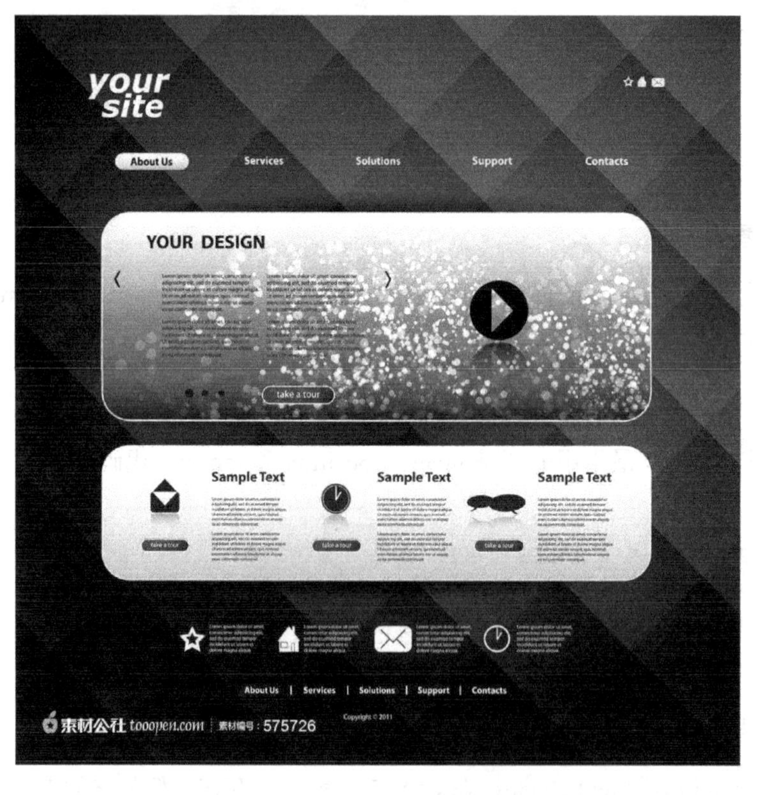

图 16-2 用 CSS 3 制作的圆角表格

7. 边框图片

border-image 属性允许在元素的边框上设定图片，这使得原本单调的边框样式变得丰富起来。让你从通常的 solid、dotted 和其他边框样式中解放出来。该属性给设计师一个更好的工具，用它可以方便地定义设计元素的边框样式，比 background-image 属性或枯燥的默认边框样式更好用。也可以明确地定义一个边框可以被如何缩放或平铺。

border-image 属性的使用方法如下：

```
border: 5px solid #cccccc;
border-image: url(/images/1.png)5 repeat;
```

8．形变效果

通常使用 CSS 和 HTML 我们是不可能使 HTML 元素旋转或者倾斜一定角度的。为了使元素看起来更具有立体感，我们不得不把这种效果做成一个图片，这样就限制了很多动态应用场景的使用。Transform 属性的引入使我们以前通常要借助 SVG 等矢量绘图手段才能实现的功能，只需要一个简单的 CSS 属性就能实现。在 CSS 3 中 Transform 属性主要包括 rotate(旋转)、scale(缩放)、translate(坐标平移)、skew(坐标倾斜)、matrix(矩阵变换)。

9．媒体查询

媒体查询(media queries)可以让你为不同的设备基于它们的能力定义不同的样式。例如，在可视区域小于 400 像素的时候，想让网站的侧栏显示在主内容的下边，这样它就不应该浮动并显示在右侧了。代码如下：

```
#sidebar {
    float: right;
    display: inline;
    }
 @media all and (max-width:400px) {
    #sidebar {
        float: none;
        clear: both;
        }
    }
```

也可以指定使用滤色屏的设备：

```
a {
    color: grey;
    }
@media screen and (color) {
    a {
        color: red;
        }
    }
```

这个属性是很有用的，因为不用再为不同的设备写独立的样式表了，而且也无须使用 JavaScript 来确定每个用户的浏览器的属性和功能。一个实现灵活布局的更加流行的基于 JavaScript 的方案是使用智能的流体布局，让布局对于用户的浏览器分辨率更加灵活。

媒体查询基于 Webkit 核心的浏览器和 Opera 的支持。Firefox 浏览器在 3.5 版本中支持它，而 IE 浏览器目前不支持这些属性。

10．CSS 3 的线性渐变

渐变色是网页设计中很常用的一项元素，它可以增强网页元素的立体感，同时使单一颜色的页面看起来不是那么突兀。过去为了实现渐变色通常需要先制作一个渐变的图片，将它切割成很细的一小片，然后使用背景重复使整个 HTML 元素拥有渐变的背景色。这样做有两个弊端：其一，为了使用图片背景很多时候使得本身简单的 HTML 结构变得复杂；其二，受制于背景图片的长度或宽度，HTML 元素不能灵活地动态调整大小。Webkit 和 Mozilla 浏览器对 CSS 3 中的渐变都有强大的支持。图 16-3 所示为用 CSS 3 制作的渐变背景图。

图 16-3　用 CSS 3 制作的渐变背景图

从图 16-3 中可以看出，线性渐变是一个很强大的功能。使用很少的 CSS 代码就能做出以前需要使用很多图片才能完成的效果。很可惜的是，目前支持该属性的浏览器只有最新版的 Safari、Chrome、Firefox 浏览器支持，且语法差异较大。

16.1.3　主流浏览器对 CSS 3 的支持

CSS 3 带来了众多全新的设计体验，但是并不是所有浏览器都完全支持它。当然，网页不需要在所有浏览器中看起来都严格一致，有时候在某个浏览器中使用私有属性来实现特定的效果是可行的。

下面介绍使用 CSS 3 的注意事项。

(1) CSS 3 的使用不应当影响页面在各个浏览器中的正常显示。可以使用 CSS 3 的一些属性来增强页面表现力和用户体验，但是这个效果提升不应当影响其他浏览器用户正常访问该页面。

(2) 同一页面在不同浏览器中不必完全显示一致。功能较强的浏览器页面可以显示得更炫一些，而较弱的浏览器可以显示得不是那么酷，只要能完成基本的功能就行。大可不必为了在各个浏览器中得到同样的显示效果而大费周折。

(3) 在不支持 CSS 3 的浏览器中，可以使用替代方法来实现这些效果，但是需要平衡实现的复杂度和实现的性能问题。

16.2 边　　框

通过 CSS 3，能够创建圆角边框，向矩形添加阴影，使用图片来绘制边框，并且无须使用设计软件，如 Photoshop。对于边框，在 CSS 2 中仅局限于边框的线型、粗细、颜色的设置，如果需要特殊的边框效果，只能使用背景图片来模仿。CSS 3 的 border-image 属性使元素边框的样式变得丰富起来，还可以使用该属性实现类似 background 的效果，对边框进行扭曲、拉伸、平铺等。

16.2.1 圆角边框 border-radius

圆角是 CSS 3 中使用最多的一个属性，原因很简单：圆角比直角显得更美观，而且不会与设计产生任何冲突。在 CSS 2 中，大家都碰到过圆角的制作。当时，对于圆角的制作，我们都需要使用多张圆角图片作为背景，分别应用到每个角上，制作起来非常麻烦。

CSS 3 无须添加任何标签元素与图片，也不需要借用任何 JavaScript 脚本，一个 border-radius 属性就能搞定。而且其还有多个优点：其一，减少网站的维护的工作量，少了对图片的更新制作，代码的替换等；其二，提高网站的性能，少了对图片进行 HTTP 的请求，网页的载入速度将变快；其三，增加视觉美观性。

基本语法：

```
border-radius: none | <length>{1,4} [/ <length>{1,4} ];
```

语法说明：

border-radius 的属性参数非常简单，主要包含两个值。none：默认值，表示元素没有圆角。<length>：由浮点数字和单位标识符组成的长度值，不可以是负值。

border-radius 是一种缩写方法。4 个值是按照 top-left、top-right、bottom-right 和 bottom-left 顺序来设置的，其主要会有以下四种情形出现。

(1) border-radius:<length>{1} 设置一个值，top-left、top-right 、bottom-right 和 bottom-left4 个值相等，也就是元素 4 个圆角效果一样。

(2) border-radius:<length>{2}设置两个值，top-left 等于 bottom-right，并且取第一个值；top-right 等于 bottom-left，并且取第二值。也就是元素的左上角和右下角取第一个值，右上角和左下角取第二个值。

(3) border-radius:<length>{3}设置三个值，第一个值设置 top-left，第二个值设置 top-right 和 bottom-left，第三个值设置 bottom-right。

(4) border-radius:<length>{4}元素四个圆角取不同的值，第一个值设置 top-left，第二个值设置 top-right，第三个值设置 bottom-right，最后一个值设置 bottom-left。

IE 9+、Firefox 4+、Chrome、Safari 5+以及 Opera 都支持 border-radius 属性。

下面是一个四个角相同的设置，其 HTML 代码如下：

```
<!DOCTYPE html>
<html>
<head>
```

```
<meta http-equiv="Content-Type" content="text/html; charset=utf-8" />
<title>四个角具有相同的圆角设置</title>
<link href="images/style.css" rel="stylesheet" type="text/css" />
</head>
<body>
<div class="box"> 四个角具有相同的圆角</div>
</body>
</html>
```

其 CSS 代码如下：

```
.box {border-radius:10px;border:3px solid #000;width:500px; height:300px;
background:#FF9395; margin:0 auto}
```

这里使用 border-radius:10px 设置四个角 10 像素圆角效果，在浏览器中浏览，效果如图 16-4 所示，四个角都相同。

图 16-4　四个角都相同

16.2.2　边框图片 border-image

border-images 可以说也是 CSS 3 中的重量级属性。从其字面意思上看，我们可以将其理解为“边框图片”，通俗地说也就是使用图片作为边框。这样一来边框的样式就不像以前那样只有实线、虚线、点状线那样单调了。通过 CSS 3 的 border-image 属性，可以使用图片来创建边框。

border-image 属性是一个简写属性，可以用于设置以下属性。

(1)　border-image-source：用于指定是否用图片定义边框样式或图片来源路径。

(2)　border-image-slice：用于指定图片边框向内偏移。

(3)　border-image-width：用于指定图片边框的宽度。

(4)　border-image-outset：用于指定边框图片区域超出边框的量。

(5)　border-image-repeat：用于指定图片边框是否应平铺、铺满或拉伸。

Internet Explorer 11、Firefox、Opera 15、Chrome 及 Safari 6 等浏览器都支持 border-image 属性。

下面通过 CSS 3 的 border-image 属性，使用图片来创建边框。实例代码如下：

```
<!doctype html>
<html>
<head>
<meta charset="utf-8">
<style>
div
{
border:30px solid transparent;
width:400px;
padding:15px 20px;
}
#round
{
-moz-border-image:url(images/ima.jpg) 300 400 round;/* Old Firefox */
-webkit-border-image:url(images/ima.jpg)300 400 round;/* Safari and Chrome
*/
-o-border-image:url(images/ima.jpg)300 400 round;  /* Opera */
border-image:url(images/ima.jpg)300 400 round;
}
</style>
</head>
<body>
<div id="round">图片铺满整个边框。</div>
</body>
</html>
```

设置 round，图片铺满整个边框；设置 stretch，图片被拉伸以填充该区域。在浏览器中预览，效果如图 16-5 所示。

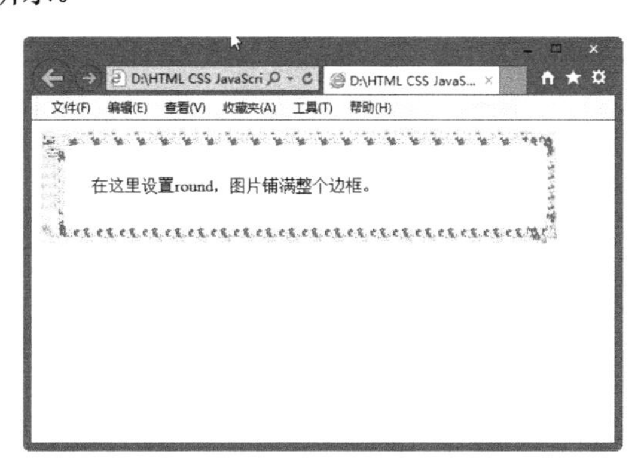

图 16-5 边框图片 border-image

16.2.3 边框阴影 box-shadow

以前为了给一个块元素设置阴影，只能通过给该块级元素设置背景来实现。当然，在

IE 浏览器中还可以通过微软的 shadow 滤镜来实现，不过也只在 IE 浏览器中有效，那它的兼容性也就可想而知了。但是 CSS 3 的 box-shadow 属性的出现使这一问题变得简单了。在 CSS 3 中，box-shadow 属性用于向方框添加阴影。

基本语法：

```
box-shadow: h-shadow v-shadow blur spread color inset;
```

语法说明：

box-shadow 可以向方框添加一个或多个阴影。该属性是由逗号分隔的阴影列表，每个阴影由 2～4 个长度值、可选的颜色值以及可选的 inset 关键字来规定。省略长度的值是 0。

h-shadow：必需，水平阴影的位置，允许负值。

v-shadow：必需，垂直阴影的位置，允许负值。

blur：可选，模糊距离。

spread：可选，阴影的尺寸。

color：可选，阴影的颜色。

inset：可选，将外部阴影(outset)改为内部阴影。

下面创建一个对方框添加阴影的实例，其代码如下：

```
<!doctype html>
<html>
<head>
<meta charset="utf-8">
<title>无标题文档</title>
<style>
div
{
width:400px;
height:300px;
background-color:#098000;
-moz-box-shadow: 15px 15px 15px #B8DC48;
box-shadow: 15px 15px 10px #B8DC48;
}
</style>
<title>box-shadow</title>
</head>
<body>
<div></div>
</body>
</html>
```

这里使用 box-shadow：15px 15px 10px #B8DC48 设置了阴影的偏移量和颜色，效果如图 16-6 所示。

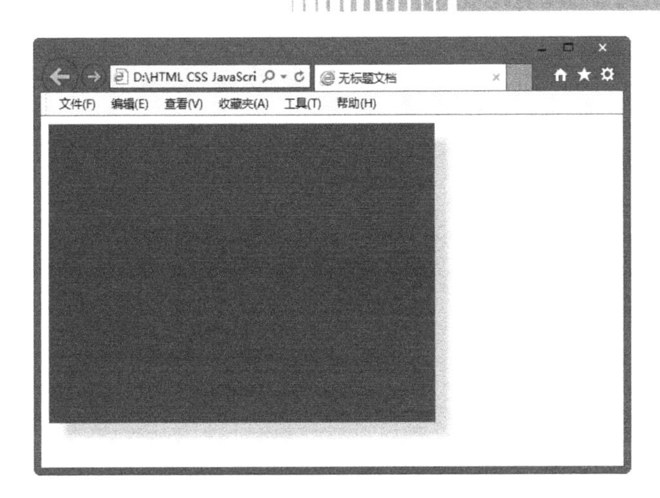

图 16-6　边框阴影

16.3　背　　景

CSS 3 不再局限于背景色、背景图像的运用，新特性中添加了多个新的属性值，如 background-origin、background-clip、background-size，此外，还可以在一个元素上设置多个背景图片。这样，如果要设计比较复杂的 Web 页面效果，就不再需要使用一些多余标签来辅助实现了。

16.3.1　背景图片尺寸 background-size

在 CSS 3 之前，背景图片的尺寸是由图片的实际尺寸决定的。在 CSS 3 中，可以用 background-size 属性规定背景图片的尺寸，这就允许我们在不同的环境中重复使用背景图片。

基本语法：

```
background-size: length|percentage|cover|contain;
```

语法说明：

length：用长度值指定背景图片大小。不允许负值。

percentage：用百分比指定背景图片大小。不允许负值。

cover：将背景图片等比缩放到完全覆盖容器，背景图片有可能超出容器。

contain：将背景图片等比缩放到宽度或高度与容器的宽度或高度相等，背景图片始终被包含在容器内。

下面的实例规定背景图片的尺寸，其代码如下：

```
<!doctype html>
<html>
<head>
<meta charset="utf-8">
<title>无标题文档</title>
```

```
<style>
body
{
background:url(4.jpg);
background-size:100px 90px;
-moz-background-size:63px 100px;
background-repeat:no-repeat;
padding-top:80px;
}
</style>
</head>
<body>
<p>缩小图</p>
<p>原始图片：<img src="4.jpg" alt="Flowers" width="350" height="319"></p>
</body>
</html>
```

这里使用 background-size:100px 90px 设置了背景图片的显示尺寸，效果如图 16-7 所示。

图 16-7　缩小背景图片尺寸

16.3.2　背景图片定位区域 background-origin

background-origin 属性规定背景图片的定位区域。

基本语法：

```
background-origin: padding-box|border-box|content-box;
```

语法说明：

padding-box：背景图片相对于内边距框来定位。

border-box：背景图片相对于边框盒来定位。

content-box：背景图片相对于内容框来定位。

下面的代码相对于内容框来定位背景图片：

```
div
{
background-image:url('smiley.gif');
background-repeat:no-repeat;
background-position:left;
background-origin:content-box;
}
```

下面通过实例讲述背景图片定位区域的使用，其代码如下：

```
<!doctype html>
<html>
<head>
<meta charset="utf-8">
<title>无标题文档</title>
<style>
div{
border:1px solid black;
padding:50px;
background-image:url('5.jpg');
background-repeat:no-repeat;
background-position:left;}
#div1{background-origin:border-box;}
#div2{background-origin:content-box;}
</style>
</head>
<body>
<p>background-origin:border-box:</p>
<div id="div1">曾经以为得到幸福是望尘莫及的，那是一种灯火阑珊处的境界。可能因为年少
无知，会不懂幸福，更不善于抓住幸福，才让它一次次擦肩而过，缥缈成风。现在好像明白了，也
懂了，其实幸福很简单，它就在我们心里，幸福的样子，就是你灵魂的样子，犹如世界的样子，取
决于你自己的眼睛。</div>
<p>background-origin:content-box:</p>
<div id="div2">曾经以为得到幸福是望尘莫及的，那是一种灯火阑珊处的境界。可能因为年少
无知，会不懂幸福，更不善于抓住幸福，才让它一次次擦肩而过，缥缈成风。现在好像明白了，也
懂了，其实幸福很简单，它就在我们心里，幸福的样子，就是你灵魂的样子，犹如世界的样子，取
决于你自己的眼睛。
</div>
</body>
</html>
```

使用 background-origin:border-box 定义背景图片相对于边框盒来定位；使用 background-origin:content-box 定义背景图片相对于内容框来定位。在浏览器中预览，效果如图 16-8 所示。

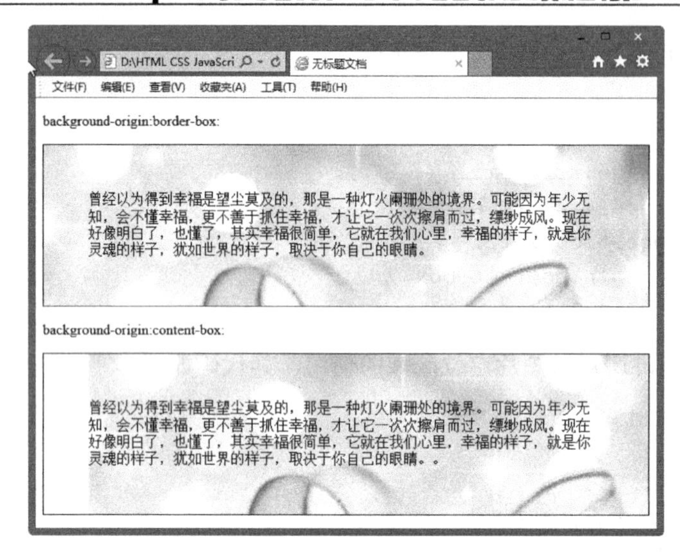

图 16-8　背景图片定位区域

16.3.3　背景绘制区域 background-clip

background-clip 属性指定了背景在哪些区域可以显示，但与背景开始绘制的位置无关，背景的绘制的位置可以出现在不显示背景的区域，这时就相当于背景图片被不显示背景的区域裁剪了一部分一样。

基本语法：

```
<link type="text/css" rel="stylesheet"  href="外部样式表的文件名称">
background-clip: border-box|padding-box|content-box;
```

语法说明：

border-box：背景被裁剪到边框盒。

padding-box：背景被裁剪到内边距框。

content-box：背景被裁剪到内容框。

下面介绍 background-clip 的 3 个属性值 border-box、padding-box、content-box 在实际应用中的效果，为了更好地区分它们之间的不同之处，先创建一个共同的实例，其 HTML 代码如下：

```
<div class=" yang "></div>
```

CSS 代码如下：

```
<style>
.yang {width: 380px;
    height: 250px;
    padding: 10px;
    border: 10px dashed rgba(255,0,0,0.8);
    background: #E9FD79 url("2.jpg") no-repeat;
    font-size: 10px;
```

```
    font-weight: bold;
    color: #E4F96F;    }
</style>
```

效果如图 16-9 所示，显示的是在没有应用 background-clip 对背景进行任何设置下的效果。

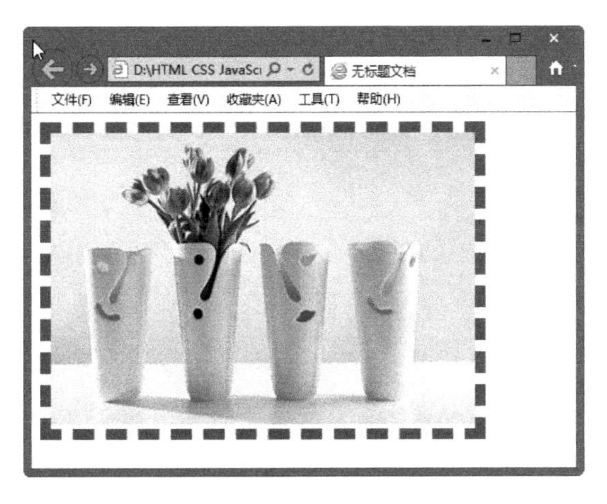

图 16-9 没有应用 background-clip

16.4 文 本

对于网页设计师，文本也同样是不可忽视的因素。一直以来都是用 Photoshop 来编辑一些漂亮的样式，并插入文本。同样，CSS 3 也可以帮你搞定，甚至效果会更好。CSS 3 包含多个新的文本特性。

16.4.1 文本阴影 text-shadow

在 CSS 3 中，使用 text-shadow 属性可向文本应用阴影。可以设置水平阴影、垂直阴影、模糊距离及阴影的颜色。

基本语法：

```
text-shadow: h-shadow v-shadow blur color;
```

语法说明：

text-shadow 属性向文本添加一个或多个阴影。该属性是逗号分隔的阴影列表，每个阴影由 2 个或 3 个长度值和 1 个可选的颜色值进行规定。

h-shadow：必需，水平阴影的位置。允许负值。

v-shadow：必需，垂直阴影的位置。允许负值。

blur：可选，模糊的距离。

color：可选，阴影的颜色。

下面利用制作一个文本阴影效果，其代码如下：

```
<!doctype html>
<html>
<head>
<meta charset="utf-8">
<title>无标题文档</title>
<style>
h1
{
text-shadow: 8px 8px 6px #079B00;
}
</style>
<title>文本阴影效</title>
</head>
<body>
<h1>阴影文字效果！</h1>
</body>
</html>
```

这里使用 text-shadow: 8px 8px 6px #079B00 设置了文本的阴影位置和颜色，效果如图 16-10 所示。

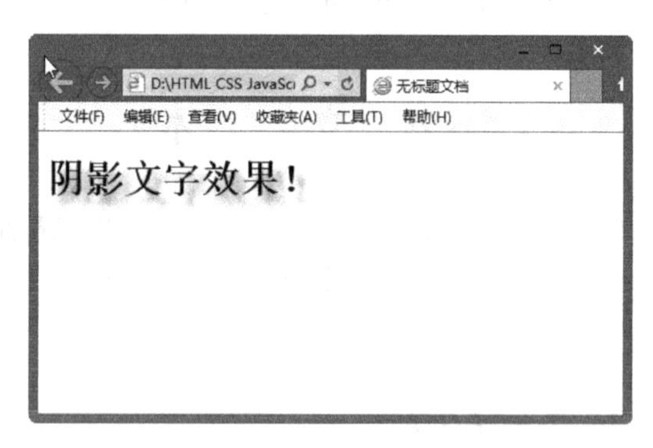

图 16-10　文本阴影

16.4.2　强制换行 word-wrap

word-wrap 属性允许长单词或 URL 地址换行到下一行。

基本语法：

```
word-wrap: normal|break-word;
```

语法说明：

normal：只在允许的断字点换行(浏览器保持默认处理)。

break-word：在长单词或 URL 地址内部进行换行。

下面是使用 word-wrap 换行的实例，其代码如下：

```
<!doctype html>
<html>
```

```
<head>
<meta charset="utf-8">
<title>无标题文档</title>
<style>
p.test
{ width:11em;
border:5px  dotted  #F42428;
word-wrap:break-word;}
</style>
</head>
<body>
<p class="test">长单词: hippopotomonstrosesquipedaliophobia.这个很长的单词将
会被分开并且强制换行.</p>
</body>
</html>
```

当使用了 word-wrap:break-word，就可以将长单词换行，效果如图 16-11 所示。

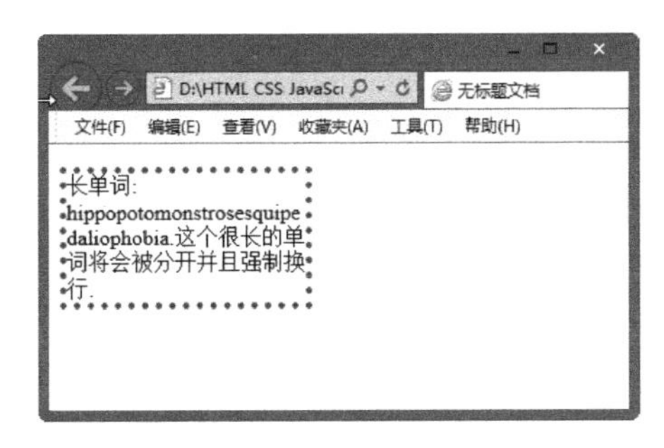

图 16-11　长单词换行

16.4.3　文本溢出 text-overflow

设置或检索是否使用一个省略标记(...)标示对象内文本的溢出。

基本语法：

```
text-overflow: clip | ellipsis
```

语法说明：

clip：当对象内文本溢出时不显示省略标记(...)，而是将溢出的部分裁切掉。

ellipsis：当对象内文本溢出时显示省略标记(...)。

下面通过实例讲述 text-overflow 的使用，其代码如下：

```
<!doctype html>
<html>
<head>
<meta charset="utf-8">
<title>无标题文档</title>
<style>
.test_clip {
```

```
    text-overflow:clip;
    overflow:hidden;
    white-space:nowrap;
    width:224px;
    background: #FCEE2C;
}
.test_ellipsis {
    text-overflow:ellipsis;
    overflow:hidden;
    white-space:nowrap;
    width:224px;
    background:#ABB500;
}
</style>
</head>
<body>
<div class="test_clip">
  不显示省略标记，如果溢出就会自动裁切掉
</div>
<h2> </h2>
<div class="test_ellipsis">
  当对象内文本溢出时显示省略标记
</div>
</body>
</html>
```

运行代码，在浏览器中浏览，效果如图 16-12 所示。设置 text-overflow:clip 时，不显示省略标记，而是简单地裁切掉多余的文字。设置 text-overflow: ellipsis 时，当对象内文本溢出时显示省略标记。

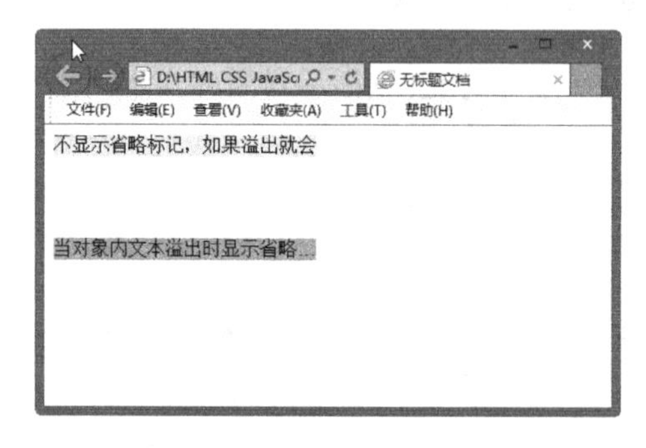

图 16-12　text-overflow 实例

16.5　多　　列

通过 CSS 3，能够创建多个列来对文本进行布局，就像报纸那样。本节介绍如下多列属性：column-count、column-gap、column-rule。

16.5.1 创建多列 column-count

column-count 属性规定元素应该被分隔的列数。

基本语法：

```
column-count: number|auto;
```

语法说明：

number：元素内容将被划分的最佳列数。

auto：由其他属性决定列数，如 column-width。

将 div 元素中的文本分为三列，代码如下：

```
div
{
-moz-column-count:3; /* Firefox */
-webkit-column-count:3; /* Safari 和 Chrome */
column-count:3;
}
```

下面通过实例讲述 column-count 的使用，其代码如下：

```
<!doctype html>
<html>
<head>
<meta charset="utf-8">
<title>无标题文档</title>
<style>
.fenge
{-moz-column-count:4; /* Firefox */
-webkit-column-count:4; /* Safari and Chrome */
column-count:4;}
</style>
</head>
<body>
<div class="fenge">
有人安于某种生活，有人不能。因此能安于自己目前处境的不妨就如此生活下去，不能的只好努力另找出路。你无法断言哪里才是成功的，也无法肯定当自己到达了某一点之后，会不会快乐。有些人永远不会感到满足，他的快乐只建立在不断地追求与争取的过程之中，因此，他的目标不断地向远处推移。这种人的快乐可能少，但成就可能大。
</div>
</body>
</html>
```

这里使用 column-count:4 将整段文字分成 4 列，效果如图 16-13 所示。

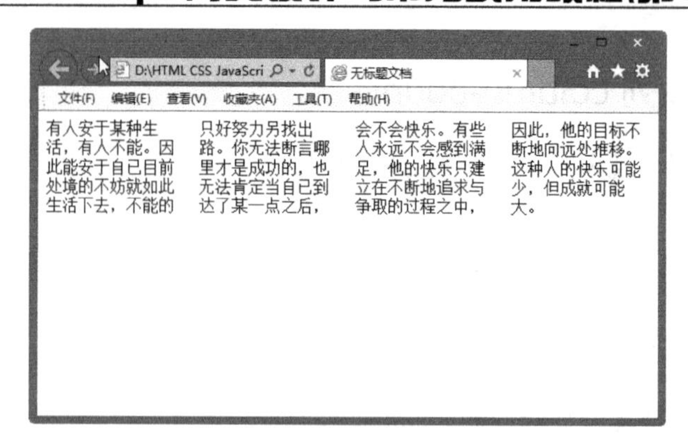

图 16-13　创建 4 列文本效果

16.5.2　列的宽度 column-width

column-width 设置对象每列的宽度。

基本语法：

```
column-width: length | auto
```

语法说明：

length：用长度值来定义列宽。

auto：根据 column-count 自动分配宽度。此为默认值。

下面通过实例讲述 column-width 的使用，其代码如下：

```
<!doctype html>
<html>
<head>
<meta charset="utf-8">
<style>
.newspaper
{-moz-column-width:100px; /* Firefox */
-webkit-column-width:100px; /* Safari and Chrome */
column-width:100px;}
</style>
</head>
<body>
<div class="newspaper">
我们需要逃离的从来都不是生活本身，而是自己安于现状、抗拒改变心智的模式。摆脱不了这种模式的人会一辈子被无力感追捕，东奔西跑疲于奔命，或是干脆抹杀掉自己想要上进的一点点斗志，安于做无力感的猎物。为自己的心找一条出路，让生活更充实一点，更有趣一点，更有希望一点，才是最应该先去思考的事。对抗自己的心最辛苦，然而只是对抗它，才是我们真正生活着努力着的证明。
</div>
</body>
</html>
```

这里使用 column-width:100px 设置每列的宽度，左右拖动以改变浏览器的宽度，可以看到每列宽度都是固定的 100px，如图 16-14 所示。

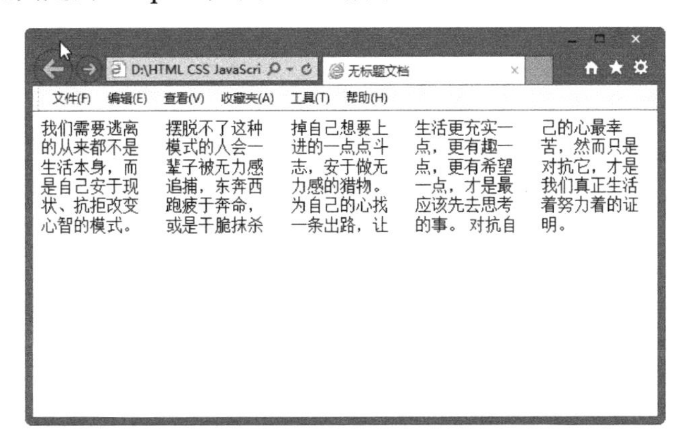

图 16-14　浏览器变宽时每列宽度固定

16.6　转　　换

Transform 字面上就是变形、转换的意思。在 CSS 3 中 transform 主要包括以下几种：旋转、扭曲、缩放和移动。

16.6.1　移动 translate()

通过 translate()方法，元素根据给定的 left(x 坐标)和 top(y 坐标)位置参数，从其当前位置移动。

translate 分为 3 种情况。

(1)　translate(x,y)。水平方向和垂直方向同时移动(也就是 X 轴和 Y 轴同时移动)。

(2)　translateX(x)。仅水平方向移动(X 轴移动)。

(3)　translateY(y)。仅垂直方向移动(Y 轴移动)。

例如，下面的 translate(50px,100px)把元素从左侧移动 50 像素，从顶端移动 100 像素。

```
div
{
transform: translate(50px,100px);
-ms-transform: translate(50px,100px);          /* IE 9 */
-webkit-transform: translate(50px,100px);   /* Safari and Chrome */
-o-transform: translate(50px,100px);           /* Opera */
-moz-transform: translate(50px,100px);        /* Firefox */
}
```

下面通过实例讲述 translate()方法的使用，其代码如下：

```
<!doctype html>
<html>
<head>
```

```
<meta charset="utf-8">
<title>无标题文档</title>
<style>
div
{width:150px;
height:100px;
background-color: #95FD90;
border:3px solid green;}
div#div2{
transform:translate(200px,200px);
-ms-transform:translate(200px,200px); /* IE 9 */
-moz-transform:translate(200px,200px); /* Firefox */
-webkit-transform:translate(200px,200px); /* Safari and Chrome */
-o-transform:translate(200px,200px); /* Opera */}
</style>
</head>
<body>
<div>原始位置。</div>
<div id="div2">移动后的位置。</div>
</body>
</html>
```

这里使用 transform:translate(200px,200px)设置了将 div 从左侧移动 200 像素，从顶端移动 200 像素，效果如图 16-15 所示。

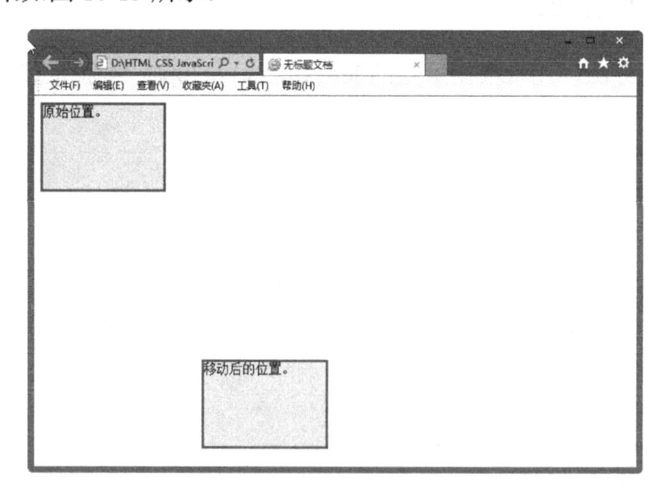

图 16-15　移动对象

16.6.2　旋转 rotate()

rotate()方法通过指定的角度参数对原元素指定一个 2D 旋转，如果设置的值为正数表示顺时针旋转，如果设置的值为负数，则表示逆时针旋转。

例如，下面 rotate(30deg)把元素顺时针旋转 30 度。代码如下：

```
div{
transform: rotate(30deg);
-ms-transform: rotate(30deg);          /* IE 9 */
-webkit-transform: rotate(30deg);  /* Safari and Chrome */
-o-transform: rotate(30deg);            /* Opera */
-moz-transform: rotate(30deg);        /* Firefox */
}
```

下面通过实例讲述 rotate()方法的使用，其代码如下：

```
<!doctype html>
<html>
<head>
<meta charset="utf-8">
<title>无标题文档</title>
<style>
div{
width:150px;
height:100px;
background-color: #95FD90;
border:3px solid green;}
div#div2{
transform:rotate(50deg);
-ms-transform:rotate(50deg); /* IE 9 */
-moz-transform:rotate(50deg); /* Firefox */
-webkit-transform:rotate(50deg); /* Safari and Chrome */
-o-transform:rotate(50deg); /* Opera */}
</style>
</head>
<body>
<div>原始位置。</div>
<div id="div2">这是 rotate(50deg)把元素顺时针旋转 50 度后的 div 的位置。</div>
</body>
</html>
```

这里使用 rotate(50deg)把元素顺时针旋转 50 度，改变 div 的位置，效果如图 16-16 所示。

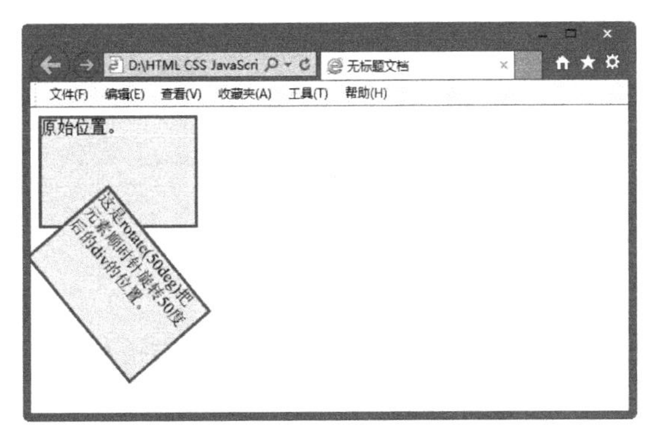

图 16-16　旋转效果

16.6.3 缩放 scale()

通过 scale()方法，元素的尺寸会根据给定的宽度(X 轴)和高度(Y 轴)参数增加或减少。缩放 scale 和移动 translate 极其相似，也具有 3 种情况：scale(x,y)使元素水平方向和垂直方向同时缩放(也就是 X 轴和 Y 轴同时缩放)；scaleX(x)元素仅水平方向缩放(X 轴缩放)；scaleY(y)元素仅垂直方向缩放(Y 轴缩放)，但它们具有相同的缩放中心点和基数，其中心点就是元素的中心位置，缩放基数为 1，如果其值大于 1 元素就放大，反之其值小于 1，元素缩小。

例如 scale(2,3)把宽度转换为原始尺寸的 2 倍，把高度转换为原始高度的 3 倍。代码如下：

```
div{
transform: scale(2,3);
-ms-transform: scale(2,3);  /* IE 9 */
-webkit-transform: scale(2,3);  /* Safari 和 Chrome */
-o-transform: scale(2,3);   /* Opera */
-moz-transform: scale(2,3); /* Firefox */
}
```

下面通过实例讲述 scale()方法的使用，其代码如下：

```
<!doctype html>
<html>
<head>
<meta charset="utf-8">
<title>无标题文档</title>
<style>
div{
width:160px;
height:100px;
background-color: #95FD90;
border:3px solid green;
}
div#div2{
margin:100px;
transform:scale(1,2);
-ms-transform:scale(1,2); /* IE 9 */
-moz-transform:scale(1,2); /* Firefox */
-webkit-transform:scale(1,2); /* Safari and Chrome */
-o-transform:scale(1,2); /* Opera */
}
</style>
</head>
<body>
<div>原始位置。</div>
<div id="div2">transform:scale(1,2)把元素宽度转换为原始的 1 倍，把高度转换为原始的 2 倍。</div>
</body>
</html>
```

这里使用 transform:scale(1,2)把元素宽度转换为原始的 1 倍，把高度转换为原始的 2 倍，效果如图 16-17 所示。

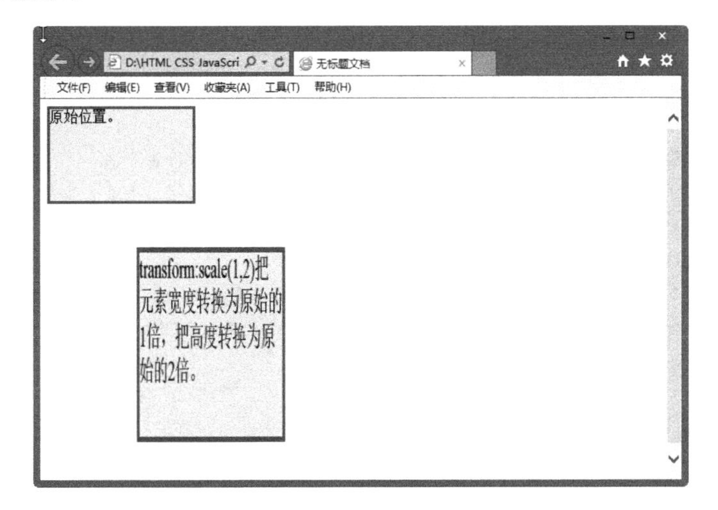

图 16-17　缩放效果

16.7　实例应用——旋转图片

本例演示如何排列美观的图片，并旋转图片。其代码如下：

```
<!doctype html>
<html>
<head>
<meta charset="utf-8">
<title>无标题文档</title>
<style>
body
{
margin:40px;
background-color:#FFC5C6;
}
div.polaroid
{
width:410px;
padding:10px 10px 20px 10px;
border:5px solid #73FF6D;
background-color:white;
/* 添加盒子阴影 */
box-shadow:4px 4px 4px #aaaaaa;
}
div.rotate_left
{
float:left;
```

```
-ms-transform:rotate(8deg); /* IE 9 */
-moz-transform:rotate(8deg); /* Firefox */
-webkit-transform:rotate(8deg); /* Safari and Chrome */
-o-transform:rotate(8deg); /* Opera */
transform:rotate(8deg);
}
div.rotate_right
{
float:left;
-ms-transform:rotate(-9deg); /* IE 9 */
-moz-transform:rotate(-9deg); /* Firefox */
-webkit-transform:rotate(-9deg); /* Safari and Chrome */
-o-transform:rotate(-9deg); /* Opera */
transform:rotate(-9deg);
}
</style>
</head>
<body>
<div class="polaroid rotate_left">
<img src="6.png" width="400" height="400" />
<p class="caption">床上纯棉四件套</p>
</div>
<div class="polaroid rotate_right">
<img src="7.png" width="400" height="400" />
<p class="caption">床上纯棉四件套</p>
</div>
</body>
</html>
```

这里分别使用 transform:rotate(8deg)和 transform:rotate(-9deg)对图片进行顺时针旋转和逆时针旋转，如图 16-18 所示。

图 16-18　旋转图片

16.8 本章小结

本章首先概述了 CSS 3 的发展历史，然后介绍了 CSS 3 的新增特性，接下来着重讲解了边框、背景、文本、多列、转换等 CSS 3 的属性和方法。通过本章的学习，读者应该能够掌握 CSS 3 这些新功能的应用技巧。

16.9 练 习 题

制作一个网页，要求：鼠标没有放上去显示部分内容，如图 16-19 所示；鼠标放上去显示全部内容，如图 16-20 所示。

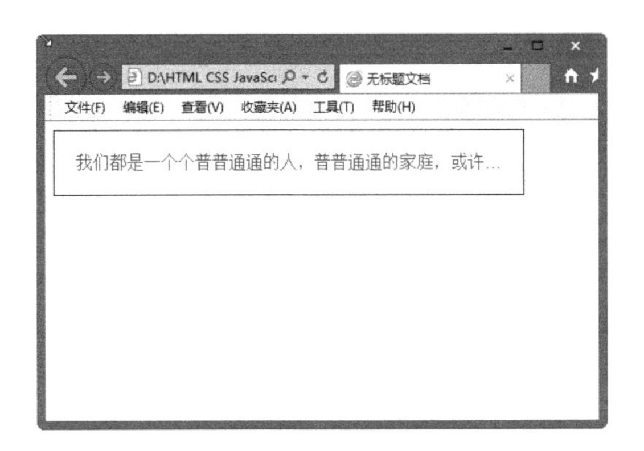

图 16-19 原始效果

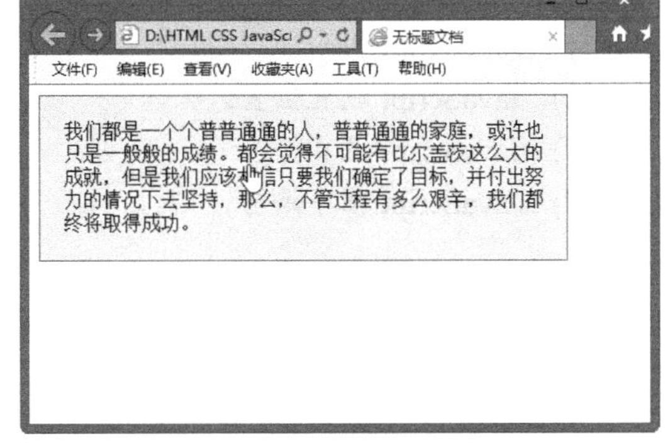

图 16-20 放上鼠标后的效果

第 17 章　JavaScript 语法基础

本章要点

在网页制作中，JavaScript 是常见的脚本语言，它可以嵌入到 HTML 中，在客户端执行，是动态特效网页设计的最佳选择，同时也是浏览器普遍支持的网页脚本语言。几乎每个普通用户的计算机上都存在 JavaScript 程序的影子。JavaScript 几乎可以控制所有常用的浏览器，而且 JavaScript 是世界上最重要的编程语言之一。学习 Web 技术必须学会 JavaScript。本章主要内容包括:

(1) JavaScript 简介;

(2) JavaScript 放置位置;

(3) JavaScript 运算符;

(4) JavaScript 程序语句。

17.1　JavaScript 简介

JavaScript 使网页增加互动性。JavaScript 使有规律地重复的 HTML 文段简化，减少下载时间。JavaScript 能及时响应用户的操作，对提交表单做即时的检查，无须浪费时间交由 CGI 验证。JavaScript 的特点是无穷无尽的，只要你有创意。

17.1.1　JavaScript 的历史

JavaScript 是 Netscape 公司与 Sun 公司合作开发的。在 JavaScript 出现之前，Web 浏览器不过是一种能够显示超文本文档的软件的基本部分。而在 JavaScript 出现之后，网页的内容不再局限于枯燥的文本，它们的可交互性得到了显著的改善。JavaScript 的第一个版本，即 JavaScript 1.0 版本，出现在 1995 年推出的 Netscape Navigator 2 浏览器中。

在 JavaScript 1.0 发布时，Netscape Navigator 主宰着浏览器市场，微软的 IE 浏览器则扮演着追赶者的角色。微软在推出 IE 3 时发布了自己的 VBScript 语言并以 JScript 为名发布了 JavaScript 的一个版本，以此很快跟上了 Netscape 的步伐。

面对微软公司的竞争，Netscape 和 Sun 公司联合 ECMA(欧洲计算机制造商协会)对 JavaScript 语言进行了标准化。其结果就是 ECMAScript 语言，这使得同一种语言又多了一个名字。虽说 ECMAScript 这个名字没有流行开来，但人们现在谈论的 JavaScript 实际上就是 ECMAScript。

到了 1996 年，JavaScript、ECMAScript、JScript——随便你怎么称呼它，已经站稳了脚跟。Netscape 和微软公司在它们各自的第 3 版浏览器中都不同程度地提供了对 JavaScript 1.1 语言的支持。

这里必须指出的是，JavaScript 与 Sun 公司开发的 Java 程序语言没有任何联系。人们最初给 JavaScript 起的名字是 LiveScript，后来选择 JavaScript 作为其正式名称的原因，大概是想让它听起来有系出名门的感觉。但令人遗憾的是，这一选择反而更容易让人们把这两种语言混为一谈，而这种混淆又因为各种 Web 浏览器确实具备这样或那样的 Java 客户端支持功能的事实被进一步放大和加剧。事实上，虽说 Java 在理论上几乎可以部署在任何环境中，但 JavaScript 却只局限于 Web 浏览器。

17.1.2 JavaScript 的特点

JavaScript 具有以下几个特点。

(1) JavaScript 是一种脚本编写语言，采用小程序段的方式实现编程，也是一种解释性语言，提供了一个简易的开发过程。它与 HTML 标识结合在一起，从而方便用户的使用操作。

(2) JavaScript 是一种基于对象的语言，同时也可以看作是一种面向对象的语言。这意味着它能运用自己已经创建的对象，因此许多功能可以来自脚本环境中对象的方法与脚本的相互作用。

(3) JavaScript 具有简单性。首先它是一种基于 Java 基本语句和控制流之上的简单而紧凑的设计，其次它的变量类型采用弱类型，并未使用严格的数据类型。

(4) JavaScript 是一种安全性语言，它不允许访问本地硬盘，并且不能将数据存入到服务器上，不允许对网络文档进行修改和删除，只能通过浏览器实现信息浏览或动态交互，从而有效地防止数据丢失。

(5) JavaScript 是动态的。它可以直接对用户或客户输入做出响应，无须经过 Web 服务程序。它对用户的反映响应，是采用以事件驱动的方式进行的。所谓事件驱动，就是指在网页中执行了某种操作所产生的动作，就称为“事件”。比如按下鼠标、移动窗口、选择菜单等都可以视为事件。当事件发生后，可能会引起相应的事件响应。

(6) JavaScript 具有跨平台性。JavaScript 是依赖于浏览器本身，与操作环境无关，只要能运行浏览器的计算机，并支持 JavaScript 的浏览器就可正确执行。从而实现了“编写一次，走遍天下”的梦想。

17.2 JavaScript 的放置位置

JavaScript 程序本身不能独立存在，它依附于某个 HTML 页面，在浏览器端运行。本身 JavaScript 作为一种脚本语言可以放在 HTML 页面中的任何位置，但是浏览器解释 HTML 时是按先后顺序的，所以放在前面的程序会被优先执行。

17.2.1 <script/>使用方法

在 HTML 中输入 JavaScript 时，需要使用<script>标签。在<script>标签中，language 特性声明要使用的脚本语言，language 特性一般被设置为 JavaScript，不过也可用它声明 JavaScript 的确切版本，如 JavaScript 1.3。例如<script>的使用方法：

```
<!doctype html>
<html>
<head>
<meta charset="utf-8">
<title>无标题文档</title>
</head>
<body>
<script type="text/javascript1.3">
<!--
  JavaScript 语句
  -->
</script>
</body>
</html>
```

浏览器通常忽略未知标签，因此在使用不支持 JavaScript 的浏览器阅读网页时，JavaScript 代码也会被阅读。为了防止这种情况的发生，通过在脚本语言的第一行输入“<!--”，在最后一行输入“-->”的方式注销代码。为了不给使用不支持 JavaScript 浏览器的浏览者带来麻烦，在编写程序时，务必加上注释代码。

提示： Script 代码可以位于 head 部分，也可以位于 body 部分。

17.2.2 使用外部 JavaScript

在 HTML 文件中可以直接输入 JavaScript，还可以将脚本文件保存在外部，通过<script>中的 src 属性指定 URL，来调用外部脚本语言。外部 JavaScript 语言的格式非常简单。事实上，它们只包含 JavaScript 代码的纯文本文件。在外部文件中不需要<script>标签，引用文件的<script>标签出现在 HTML 页中，此时文件的后缀为“.js”。

```
<script type="text/javascript" src="URL"></script>
```

这种方法在难以辨认脚本语言的源代码中，或在多个页面中使用相同脚本语言时尤为有效。通过指定 script 标签的 src 属性，就可以使用外部的 JavaScript 文件了。在运行时，这个 js 文件的代码全部嵌入到包含它的页面内，页面程序可以自由使用，这样就可以做到代码的复用。

17.2.3 添加到事件中

一些简单的脚本可以直接放在事件处理部分的代码中。如下所示直接将 JavaScript 代码加入到 OnClick 事件中。

```
<input type="button" name="FullScreen" value="全屏显示"
onClick="window.open(document.location, 'big', 'fullscreen=yes')">
```

这里，使用<Linput>标签创建一个按钮，单击它时调用 onclick()方法。onclick 特性声明一个事件处理函数，即响应特定事件的代码。

17.3 JavaScript 运算符

在定义完变量后，就可以对其进行赋值、改变、计算等一系列操作，这一过程通常又通过表达式来完成，而表达式中的一大部分是在做运算符处理。运算符是用于完成操作的一系列符号。在 JavaScript 中运算符包括算术运算符、逻辑运算符和比较运算符。

17.3.1 算术运算符

在表达式中起运算作用的符号称为运算符。在数学中，算术运算符可以进行加、减、乘、除和其他数学运算，如表 17-1 所示。

表 17-1 算术运算符

算术运算符	描 述
+	加
-	减
*	乘
/	除
%	取模
++	递加 1
--	递减 1

17.3.2 逻辑运算符

程序设计语言还包含一种非常重要的运算，逻辑运算。逻辑运算符比较两个布尔值(真或假)，然后返回一个布尔值，逻辑运算符如表 17-2 所示。

表 17-2 逻辑运算符

逻辑运算符	描 述
!	取反
&&	逻辑与
//	逻辑或

17.3.3 比较运算符

比较运算符是比较两个操作数的大、小或相等的运算符。比较运算符的基本操作是首先对其操作数进行比较，再返回一个 true 或 false 值，表示给定关系是否成立，操作数的类型可以任意。在 JavaScript 中的比较运算符如表 17-3 所示。

表 17-3　比较运算符

比较运算符	描　述
<	小于
>	大于
<=	小于等于
>=	大于等于
=	等于
!=	不等于

17.4　JavaScript 程序语句

JavaScript 中提供了多种用于程序流程控制的语句，这些语句可以分为选择和循环两大类。选择语句包括 if、switch 系列，循环语句包括 while、for 等。下面就来讲述这些程序语句的使用。

17.4.1　使用 If 语句

if …else 语句是 JavaScript 中最基本的控制语句，通过它可以改变语句的执行顺序。JavaScript 支持 if 条件语句。在 if 语句中将测试一个条件，如果该条件满足测试，执行相关的 JavaScript 编码。

基本语法：

```
If(条件)
{执行语句 1
}
else
{执行语句 2
}
```

语法说明：

当表达式的值为 true，则执行语句 1，否则执行语句 2。若 if 后的语句有多行，则必须使用花括号将其括起来。

实例代码：

```
<!doctype html>
<html>
<head>
<meta charset="utf-8">
<title>if 语句用法</title>
</head>
<body>
<h1>
```

```
当前时间：5
</h1>
<script language="javascript">
    var hours = 5;                              // 设定当前时间
    if( hours < 8 )                             // 如果不到 8 点则执行以下代码
    {
    alert( "当前时间是 " + hours + " 点，还没到 8 点，你可以继续休息！");
    }
</script>
</body>
</html>
```

使用 var hours=5 定义一个变量 hours 表示当前时间，其值设定为 5。接着使用一个 if 语句判断变量 hours 的值是否小于 8，小于 8 则执行 if 块花括号中的语句，即弹出一个提示框显示“当前时间是 5 点，还没到 8 点，你可以继续休息”。运行结果如图 17-1 所示。

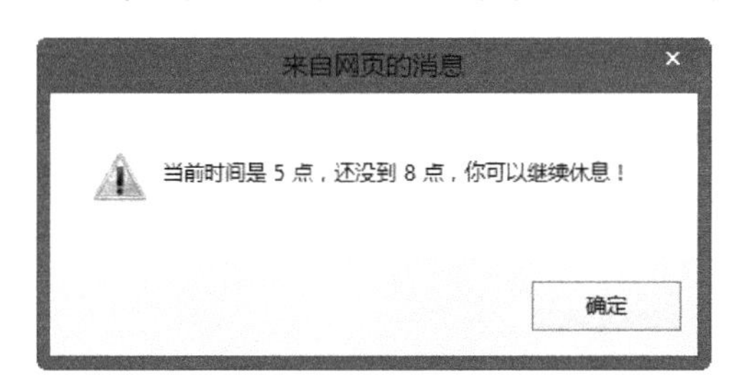

图 17-1　输出结果

17.4.2　使用 for 循环

遇到重复执行指定次数的代码时，使用 for 循环比较合适。在执行 for 循环体中的语句前，有 3 个语句将得到执行，这 3 个语句的运行结果将决定是否要进入 for 循环体。

基本语法：

```
for(初始化；条件表达式；增量)
{
语句集；
...
}
```

语法说明：

初始化总是一个赋值语句，它用来给循环控制变量赋初值；条件表达式是一个关系表达式，它决定什么时候退出循环；增量定义循环控制变量每循环一次后按什么方式变化。这三个部分之间用";"分开。

例如：for(i=1; i<=10; i++) 语句；上例中先给" i " 赋初值 1，判断" i "是否小于等于 10，若是则执行语句，之后值增加 1。再重新判断，直到条件为假，即 i>10 时，结束循环。

从一份名单中逐一输入所有的名字，效果如图 17-2 所示。

实例代码：

```
<!doctype html>
<html>
<head>
<meta charset="utf-8">
<title>无标题文档</title>
</head>
<body>
<div style="width: 261px; height: 70px; background-color: #FF9FA0;"
id="NameList" align="center">
    </div>
    <script language="javascript">
        var names = new Array( "李琳", "明辉", "李璇", "李莉" );  // 名单
        for( i = 0; i< names.length; i++ )                      // 遍历名单
        {
      var tn = document.createTextNode( names[i] + " " );  // 创建一个文本节点,
                                                          //内容为名单上当前名字
      var nameList = document.getElementById( "NameList" );   // 找出层 NameList
      nameList.appendChild( tn );      // 将文本节点添加到层 NameList 上
        }
    </script>
</body>
</html>
```

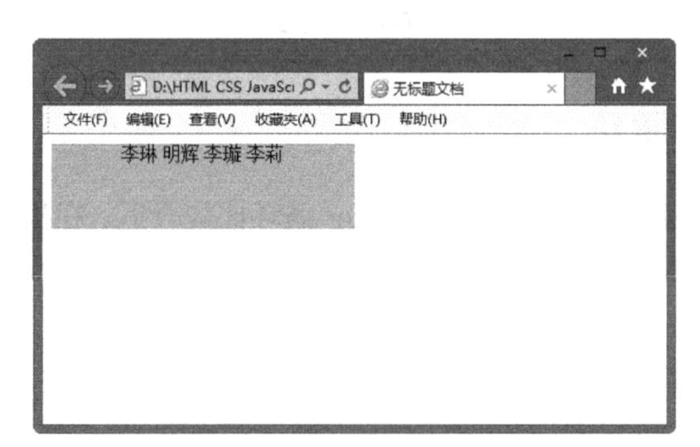

图 17-2　输出结果

这段代码首先创建一个 DIV(层)作为显示名字的容器，并设置其 ID 为 NameList，以便在 JavaScript 代码中操作。在 JavaScript 中使用 new Array 创建一个数组作为名单，遍历名单并逐一输出每个名字。

提示： for 循环的写法非常灵活，圆括号中的语句可以用来写出技巧性很强的代码，读者可以自行实验。

17.4.3　使用 Switch 语句

当判断条件比较多时，为了使程序更加清晰，可以使用 switch 语句。使用 switch 语句

时，表达式的值将与每个 case 语句中的常量做比较。如果相匹配，则执行该 case 语句后的代码；如果没有一个 case 的常量与表达式的值相匹配，则执行 default 语句。当然，default 语句是可选的。如果没有相匹配的 case 语句，也没有 default 语句，则什么也不执行。

基本语法：

```
switch （表达式）
{
case 条件 1:
语句块 1
case 条件 2:
语句块 2
…
default
语句块 N
}
```

语法说明：

switch 语句通常使用在有多种出口选择的分支结构上，例如信号处理中心可以对多个信号进行响应，针对不同的信号均有相应的处理。

编写一段程序，对所有进来的人问好，但不在名单之上的人除外。

实例代码：

```
<script language="javascript">
    var who = "莉莉";        // 当前来人是 Jim
    switch( who )           // 使用开头语句，控制对每个人的问候
    {
        case "Jim":
            alert( "你好," + who );
            break;
        case "jam":
            alert( "你好," + who );
            break;
        case "Tom":
            alert( "你好," + who );
            break;
        default:
            alert( "Nobody~!");
    }
</script>
```

本例第 2 行设定当前来人是 Jim，第 3 行使用 switch 多路开关语句控制对来人的问候。当来人不是名单上的人员之一时，显示“Nobody！”打开网页文件运行程序，其结果如图 17-3 所示。

图 17-3　运行结果

17.4.4　使用 while 语句

当重复执行动作的情形比较简单时，就不需要用 for 循环，可

以使用 while 循环代替。while 循环在执行循环体前测试一个条件，如果条件成立则进入循环体，否则跳到循环体后的第一条语句。

基本语法：

```
while(条件表达式){
    语句组;
…
}
```

语法说明：

(1) 条件表达式：必选项，以其返回值作为进入循环体的条件。无论返回什么样类型的值，都被作为布尔型处理，为真时进入循环体。

(2) 语句组：可选项，由一条或多条语句组成。

在 while 循环体重复操作 while 的条件表达，使循环到该语句时就结束。

实例代码：

```
<script language="javascript">
   var num = 1;
   while( num < 100 )
   {
      document.write( num + " " );
      num++;
   }
</script>
```

该代码第 3 行使用 num 是否小于 100 来决定是否进入循环体，第 6 行递增 num，当其值达到 160 后循环将结束。运行结果如图 17-4 所示。

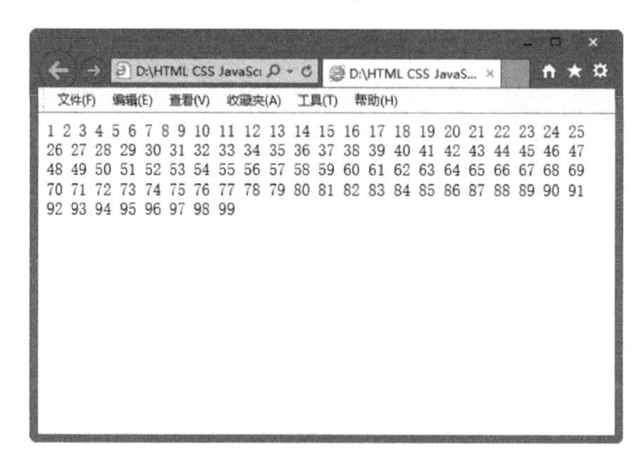

图 17-4　使用 while 语句

17.5　综合实例——制作倒计时特效

倒计时特效可以让用户明确地知道到某个日期剩余的时间。制作倒计时特效的具体操作步骤如下。

(1) 使用 Dreamweaver CC 打开网页文档，在<body >与</body>之间相应的位置输入以下代码：

```
<Script Language="JavaScript">
    var timedate= new Date("October 1,2017");
    var times="元旦";
    var now = new Date();
    var date = timedate.getTime() - now.getTime();
    var time = Math.floor(date / (1000 * 60 * 60 * 24));
    if (time >= 0) ;
document.write("现在离2017年"+times+"还有: <font color=red><b>"+time
+"</b></font>天");
</Script>
```

提示： ① 利用 var date = timedate.getTime() - now.getTime()可以获得剩余时间，由于时间是以毫米为单位的，因此根据时间单位的换算率如下。

1 天=24 小时

1 小时=60 分钟

1 分钟=60 秒

1 秒=1000 毫米

② 利用 var time = Math.floor(date / (1000 * 60 * 60 * 24))将剩余时间转为剩余天数。

(2) 保存文档，在浏览器中浏览，效果如图 17-5 所示。

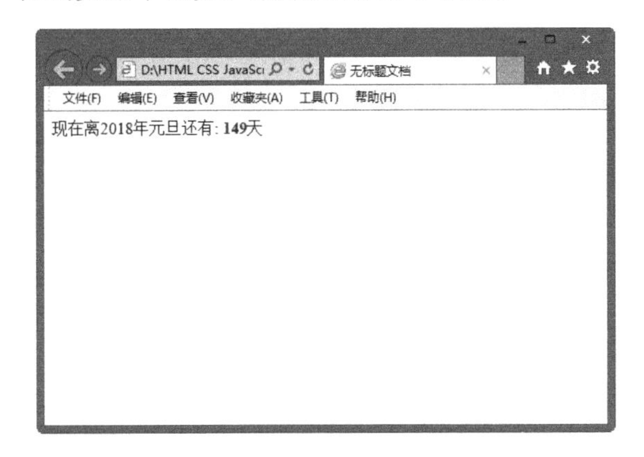

图 17-5　倒计时效果

17.6 本 章 小 结

通过某些脚本语言，你可以变得非常聪明并且能够完成常规 Java 无法完成的很多事情。如果你知道如何利用一个好的脚本语言，可以在开发中节省大量的时间和金钱。JavaScript 现在已经成了一门可编写出效率极高的、可用于开发产品级 Web 服务器的出色语言。

本章主要讲述了 JavaScript 的基本概念、基本语法，以及 JavaScript 常见的程序语句。通过本章的学习，可以了解什么是 JavaScript，以及 JavaScript 的基本使用方法，从而为设计出各种精美的动感特效网页打下基础。

17.7 练　习　题

1. 填空题

(1) JavaScript 是一种作为________________________的脚本设计语言。它是一种解释性的语言，不需要 JavaScript 程序进行预先编译而产生可运行的机器代码。

(2) 比较运算符的基本操作是首先对其操作数进行比较，再返回一个______或______值，表示给定关系是否成立，操作数的类型可以任意。

(3) 遇到重复执行指定次数的代码时，使用______循环比较合适。

(4) 当判断条件比较多时，为了使程序更加清晰，可以使用______语句。使用______语句时，表达式的值将与每个 case 语句中的常量做比较。如果相匹配，则执行该 case 语句后的代码；如果没有一个 case 的常量与表达式的值相匹配，则执行 default 语句。

2. 操作题

使用 while 语句，显示 1 到 49 的数字，如图 17-6 所示。

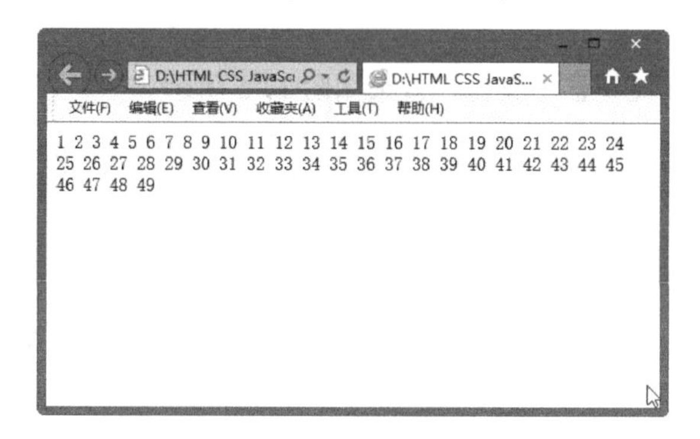

图 17-6　显示数字

第 18 章　JavaScript 中的事件

本章要点

当 Web 页面中发生了某些类型的交互时，事件就发生了。事件可能是用户在某些内容上的点击、鼠标经过某个特定元素或按下键盘上的某些按键。事件还可能是 Web 浏览器中发生的事情，如某个 Web 页面加载完成，或者是用户滚动窗口或改变窗口大小。本章主要内容包括:

(1) JavaScript 事件概述;

(2) JavaScript 常见事件分析。

18.1 事 件 概 述

用户可以通过多种方式与浏览器载入的页面进行交互，而事件是交互的桥梁。Web 应用程序开发者通过 JavaScript 脚本内置的和自定义的事件来响应用户的动作，就可开发出更有交互性、动态性的页面。

JavaScript 事件可以分为下面几种不同的类别。最常用的类别是鼠标交互事件，然后是键盘和表单事件。

(1) 鼠标事件。分为两种，追踪鼠标当前位置的事件(mouseover、mouseout)；追踪鼠标在被点击的事件(mouseup、mousedown、click)。

(2) 键盘事件。负责追踪键盘的按键何时以及在何种上下文中被按下。与鼠标相似，3 个事件用来追踪键盘：keyup、keydown、keypress。

(3) UI 事件。用来追踪用户何时从页面的一部分转到另一部分。例如，使用它能知道用户何时开始在一个表单中输入。用来追踪这一点的两个事件是 focus 和 blur。

(4) 表单事件。直接与之发生于表单和表单输入元素上的交互相关。submit 事件用来追踪表单何时提交；change 事件监视用户向元素的输入；select 事件当<select>元素被更新时触发。

(5) 加载和错误事件。事件的最后一类是与页面本身有关。如：加载页面事件 load；最终离开页面事件 unload。另外，JavaScript 错误使用 error 事件追踪。

18.2 事 件 分 析

事件的产生和响应，都是由浏览器来完成的，而不是由 HTML 或 JavaScript 来完成的。使用 HTML 代码可以设置哪些元素响应什么事件，使用 JavaScript 可以告诉浏览器怎么处理这些事件。然而，不同的浏览器所响应的事件有所不同，相同的浏览器在不同版本中所响应的事件也会有所不同。前面介绍了事件的大致分类，下面通过实例具体剖析常用的事件：它们怎样工作，在不同的浏览器中有着怎样的差别，怎样使用这些事件制作各种交互特效网页。

18.2.1 click 事件

Click 单击事件是常用的事件之一，此事件是在一个对象上按下然后释放鼠标按钮时发生，它也会发生在一个控件的值改变时。这里的单击是指完成按下鼠标键并释放这一个完整的过程后产生的事件。

基本语法：

```
onClick=函数或是处理语句
```

实例代码：

```
<!doctype html>
<html>
<head>
<meta charset="utf-8">
<title>无标题文档</title>
</head>
<body><input type="submit" name="Submit" value="打印本页"
onClick="javascript:window.print()">
</body>
</html>
```

本段代码运用 Click 事件，设置当单击按钮时实现打印效果。运行代码，效果如图 18-1 和图 18-2 所示。支持该事件的 JavaScript 对象有 Button、document、checkbox、link、radio、reset、submit。

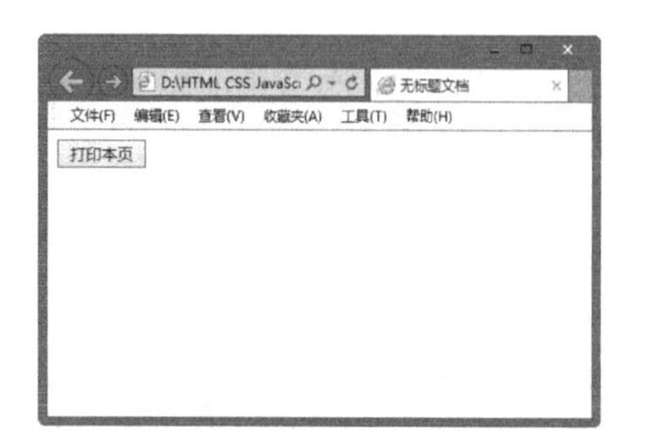

图 18-1　运用 Click 事件的界面

图 18-2　“打印”对话框

18.2.2　change 事件

改变事件(change)通常在文本框或下拉列表框中激发。在下拉列表框中，只要修改了可选项，就会激发 change 事件；在文本框中，只有修改了文本框中的文字并在文本框失去焦点时才会被激发。

基本语法：

```
on change=函数或是处理语句
```

实例代码：

```
<input name="textfield" type="text" size="20" onchange=alert("输入搜索内容")>
```

本段代码在一个文本框中使用了 onchange=alert("输入搜索内容")，来显示表单内容变化引起 change 事件执行处理效果。这里的 change 结果是弹出提示信息框。运行代码后的效果如图 18-3 所示。

图 18-3　引发 change 事件的界面

18.2.3　Select 事件

Select 事件是指当文本框中的内容被选中时所发生的事件。

基本语法：

```
onSelect=处理函数或是处理语句
```

实例代码：

```
<!doctype html>
<html>
<head>
<meta charset="utf-8">
<title>无标题文档</title>
<script language="javascript">                       // 脚本程序开始
function strCon(str)                                 // 连接字符串
{
    if(str!='请选择')                                 // 如果选择的是默认项
```

```
    {
        form1.text.value="您选择的是："+str;          // 设置文本框提示信息
    }
    else                                              // 否则
    {
        form1.text.value="";                          // 设置文本框提示信息
    }
}
</script>
</head>
<body>
<form id="form1" name="form1" method="post" action=""> <!--表单-->
<label>
<textarea name="text" cols="50" rows="2" onSelect="alert('您想拷贝吗？')">
</textarea></label><p>
<label><select name="select1" onchange="strAdd(this.value)" >
<option value="请选择">请选择</option><option value="北京">北京</option>
<!--选项-->
<option value="上海">上海</option>
<option value="天津">天津</option>
<option value="南京">南京</option>
<option value="沈阳">沈阳</option>
<!--选项--><!--选项-->
<option value="其他">其他</option>
</select></label></p>   <!--选项-->
</form>
</body>
</html>
```

本段代码定义函数处理下拉列表框的选择事件，当选择其中的文本时输出提示信息。运行代码，效果如图 18-4 所示。

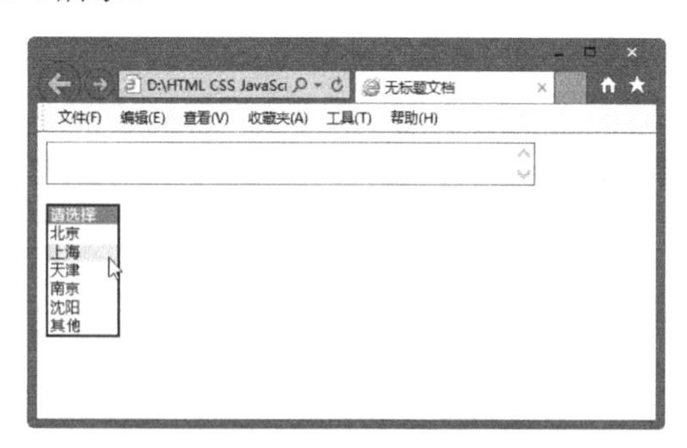

图 18-4　处理下拉列表框事件

18.2.4　focus 事件

得到焦点(focus)是指将焦点放在了网页中的对象之上。focus 事件即得到焦点，通常是指选中了文本框等，并且可以在其中输入文字。

基本语法：

```
onfocus=处理函数或是处理语句
```

实例代码：

```
<!doctype html>
<html>
<head>
<meta charset="utf-8">
<title>onFocus 事件</title>
</head>
<body>
国内城市：
<form name="form1" method="post" action="">
  <p>
   <label>
   <input type="radio" name="RadioGroup1" value="北京"onfocus=alert("选择北京！")> 北京</label>
   <br>
   <label>
   <input type="radio" name="RadioGroup1" value="上海"onfocus=alert("选择上海！")>上海</label>
    <br>
    <label>
   <input type="radio" name="RadioGroup1" value="长沙"onfocus=alert("选择长沙！")>长沙</label>
    <br>
    <label>
    <input type="radio" name="RadioGroup1" value="深圳"onfocus=alert("选择深圳！")> 深圳</label>
    <br>
    <label>
    <input type="radio" name="RadioGroup1" value="南京"onfocus=alert("选择南京！")>南京</label>
    <br>
  </p>
</form>
</body>
</html>
```

在上述代码中，加粗部分代码应用了 focus 事件，可以选择其中的一项，如图 18-5 所示，将会弹出选择提示的对话框。

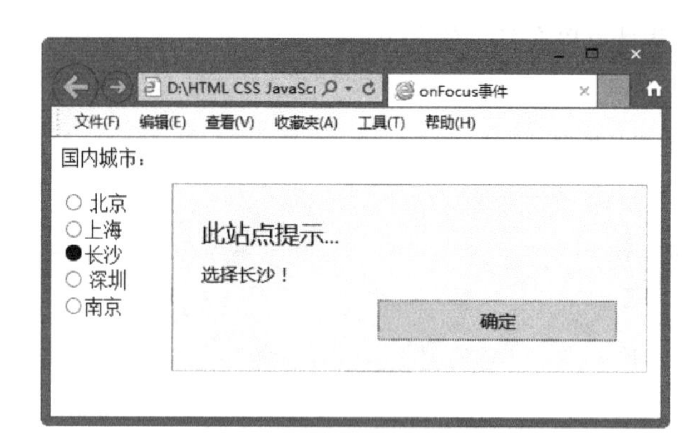

图 18-5　应用 focus 事件的界面

18.2.5　load 事件

加载事件(load)与卸载事件(unload)是两个相反的事件。在 HTML 4.01 中，只规定了 body 元素和 frameset 元素拥有加载和卸载事件，但是大多数浏览器都支持 img 元素和 object 元素的加载事件。以 body 元素为例，加载事件是指整个文档在浏览器窗口中加载完毕后所激发的事件。卸载事件是指当前文档从浏览器窗口中卸载时所激发的事件，即关闭浏览器窗口或从当前网页跳转到其他网页时所激发的事件。

基本语法：

```
onLoad=处理函数或是处理语句
```

实例代码：

```
<!doctype html>
<html>
<head>
<meta charset="utf-8">
<title>onLoad 事件</title>
<script type="text/JavaScript">
<!--
function MM_popupMsg(msg) { //v1.0
  alert(msg);
}
//-->
</script>
</head>
<body onLoad="MM_popupMsg('欢迎您的光临！')">
</body>
</html>
```

在上述代码中，加粗部分代码应用了 onLoad 事件，在浏览器中预览效果时，会自动弹出提示的对话框，如图 18-6 所示。

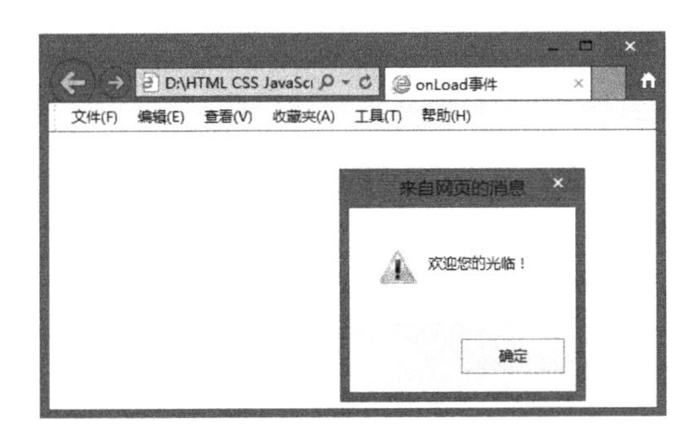

图 18-6　应用 onLoad 事件的界面

18.2.6　鼠标移动事件

鼠标移动事件包括 3 种，分别为 mouseover、mouseout 和 mousemove。其中，mouseover 是当鼠标移动到对象之上时所激发的事件；mouseout 是当鼠标从对象上移开时所激发的事件；mousemove 是鼠标在对象上移动时所激发的事件。

基本语法：

```
onMouseover=处理函数或是处理语句
onMouseout=处理函数或是处理语句
```

实例代码：

```
<!doctype html>
<html>
<head>
<meta charset="utf-8">
<title>onMouseOver 事件</title>
<style type="text/css">
<!--
#Layer1 {position:absolute;width:257px;height:171px;z-index:1;visibility:
hidden;}
-->
</style>
<script type="text/JavaScript">
<!--
function MM_findObj(n, d) { //v4.01
  var p,i,x;  if(!d) d=document;
if((p=n.indexOf("?"))>0&&parent.frames.length) {
    d=parent.frames[n.substring(p+1)].document; n=n.substring(0,p);}
  if(!(x=d[n])&&d.all) x=d.all[n]; for (i=0;!x&&i<d.forms.length;i++)
x=d.forms[i][n];
  for(i=0;!x&&d.layers&&i<d.layers.length;i++)
x=MM_findObj(n,d.layers[i].document);
  if(!x && d.getElementById) x=d.getElementById(n); return x;
}
```

```
function MM_showHideLayers() { //v6.0
  var i,p,v,obj,args=MM_showHideLayers.arguments;
  for (i=0; i<(args.length-2); i+=3) if ((obj=MM_findObj(args[i]))!=null)
{ v=args[i+2];
    if (obj.style) { obj=obj.style;
v=(v=='show')?'visible':(v=='hide')?'hidden':v; }
    obj.visibility=v; }
}
//-->
</script>
</head>
<body>
<input name="Submit" type="submit"
 onMouseOver="MM_showHideLayers('Layer1','','show')" value="显示图像" />
<div id="Layer1"><img src="1.jpg" width="300" height="200" /></div>
</body>
</html>
```

在上述代码中，加粗部分代码应用了 onMouseOver 事件。在浏览器中预览效果，将光标移动到“显示图像”按钮的上方，显示图像，如图 18-7 所示。

图 18-7　应用 onMouseOver 事件的界面

18.2.7　onBlur 事件

失去焦点事件正好与获得焦点事件相对。失去焦点(blur)是指将焦点从当前对象中移开。当 text 对象、textarea 对象或 select 对象不再拥有焦点而退到后台时，引发该事件。

基本语法：

```
onBlur=处理函数或是处理语句
```

实例代码：

```
<!doctype html>
<html>
```

```
<head>
<meta charset="utf-8">
<title>onBlur 事件</title>
<script type="text/JavaScript">
<!--
function MM_popupMsg(msg) { //v1.0
  alert(msg);
}
//-->
</script>
</head>
<body>
<p>用户注册：</p>
<p>用户名：<input name="textfield" type="text" onBlur="MM_popupMsg('文档中的“用户名”文本域失去焦点！')" /></p>
<p>密码：<input name="textfield2" type="text" onBlur="MM_popupMsg('文档中的“密码”文本域失去焦点！')" /></p>
</body>
</html>
```

在上述代码中，加粗部分代码应用了 onBlur 事件，在浏览器中预览效果，将光标移动到任意一个文本框中，再将光标移动到其他位置，就会弹出一个提示对话框，说明某个文本框失去焦点，如图 18-8 所示。

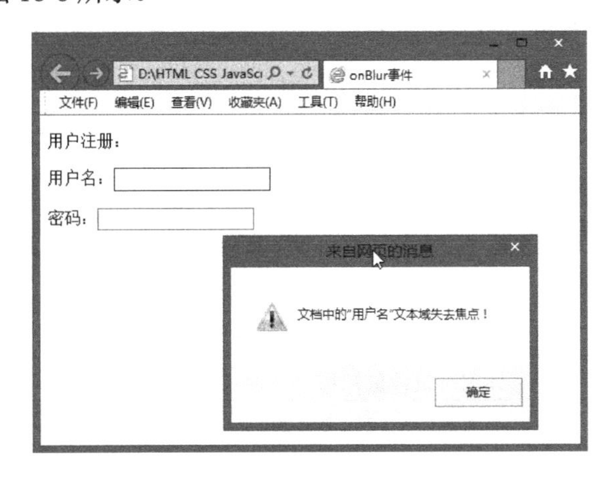

图 18-8　应用 onBlur 事件的预览效果

18.3　其他常用事件

前面讲述的事件都是 HTML 4.01 中所支持的标准事件。除此之外，大多数浏览器都还定义了一些其他事件，这些事件为开发者开发程序带来了很大便利，也使程序更为丰富和人性化。常用的其他事件如表 18-1 所示。

表 18-1　其他常用事件

事　件	含　义
onkeypress	当键盘上的某个键被按下并且释放时触发此事件
onkeydown	当键盘上的某个键被按下时触发此事件
onabort	当页面上的图片没完全下载时，单击浏览器上“停止”按钮时的事件
onbeforeunload	当前页面的内容将要被改变时触发此事件
onerror	出现错误时触发此事件
onmove	浏览器的窗口被移动时触发此事件
onresize	当浏览器的窗口大小被改变时触发此事件
onfinish	当 marquee 元素完成需要显示的内容后触发此事件
onbeforecopy	当页面当前的被选择内容将要复制到浏览者系统的剪贴板前触发此事件
onbounce	在 marquee 内的内容移动至 marquee 显示范围之外时触发此事件
onstart	当 marquee 元素开始显示内容时触发此事件
onsubmit	一个表单被提交时触发此事件
onbeforeupdate	当浏览者粘贴系统剪贴板中的内容时通知目标对象
onrowenter	当前数据源的数据发生变化并且有新的有效数据时触发的事件
onreset	当表单中 reset 的属性被激发时触发此事件
onscroll	浏览器的滚动条位置发生变化时触发此事件
onstop	浏览器的停止按钮被按下时触发此事件或者正在下载的文件被中断
onbeforecut	当页面中的一部分或者全部的内容将被移离当前页面剪贴并移动到浏览者的系统剪贴板时触发此事件
onbeforeeditfocus	当前元素将要进入编辑状态时触发事件
onbeforepaste	内容将要从浏览者的系统剪贴板粘贴到页面中时触发此事件
oncopy	当页面当前的被选择内容被复制后触发此事件
oncut	当页面当前的被选择内容被剪切时触发此事件
ondrag	当某个对象被拖动时触发此事件
ondragdrop	一个外部对象被鼠标拖进当前窗口或者帧
ondragend	当鼠标拖动结束时触发此事件，即鼠标的按钮被释放了
ondragenter	当对象被鼠标拖动的对象进入其容器范围内时触发此事件
ondragleave	当对象被鼠标拖动的对象离开其容器范围内时触发此事件
ondragover	当某被拖动的对象在另一对象容器范围内拖动时触发此事件
ondragstart	当某对象将被拖动时触发此事件
ondrop	在一个拖动过程中，释放鼠标键时触发此事件
onlosecapture	当元素失去鼠标移动所形成的选择焦点时触发此事件
onpaste	当内容被粘贴时触发此事件
onselectstart	当文本内容选择将开始发生时触发的事件
onafterupdate	当数据完成由数据源到对象的传送时触发此事件

续表

事　件	含　义
oncellchange	当数据来源发生变化时触发事件
ondataavailable	当数据接收完成时触发事件
ondatasetchanged	数据在数据源发生变化时触发的事件
ondatasetcomplete	当来自数据源的全部有效数据读取完毕时触发此事件
onerrorupdate	当使用 onbeforeupdate 事件触发取消了数据传送时，代替 onafterupdate 事件
onrowexit	当前数据源的数据将要发生变化时触发的事件
onrowsdelete	当前数据记录将被删除时触发此事件
onrowsinserted	当前数据源将要插入新数据记录时触发此事件
onafterprint	当文档被打印后触发此事件
onbeforeprint	当文档即将打印时触发此事件
onfilterchange	当某个对象的滤镜效果发生变化时触发的事件
onhelp	当浏览者按下 F1 键或者浏览器的帮助选择时触发此事件
onpropertychange	当对象的属性之一发生变化时触发此事件
onreadystatechange	当对象的初始化属性值发生变化时触发此事件

18.4　综合实例——将事件应用于按钮中

事件响应编程是 JavaScript 编程的主要方式，在前面介绍时已经大量使用了事件处理程序。下面通过一个综合实例介绍将事件应用在按钮中，具体代码如下：

```
<!doctype html>
<html>
<head></head>
<meta charset="utf-8">
<object id="webbrowser" height="0" width="0"
classid="clsid:8856f961-340a-11d0-a96b-00c04fd705a2"
viewastext>
</object>
<center class="noprint" >
<input type=button value=打印 onclick=document.all.webbrowser.execwb(6,1)>
<input type=button value=直接打印
onclick=document.all.webbrowser.execwb(6,6)>
<input type=button value=页面设置
onclick=document.all.webbrowser.execwb(8,1)>
</html>
```

运行代码，在浏览器中预览，效果如图 18-9 所示。在这个实例中，通过单击按钮可以实现打印当前网页的功能。

图 18-9　打印效果

18.5　本 章 小 结

事件是 JavaScript 中最吸引人的地方，因为它提供了一个平台，让用户不仅能够浏览页面中的内容，而且还可以和页面元素进行交互。但由于事件的产生和捕捉都与浏览器相关，因此，不同的浏览器所支持的事件都有所不同。HTML 4.01 中所规定的事件是各大浏览器都支持的事件。本章里介绍了 HTML 标准中所规定的几种事件，这几种事件都是在 JavaScript 编程中常用的事件，希望读者能够熟练掌握这些事件。

18.6　练　习　题

1. 填空题

(1) 单击事件是常用的事件之一，用户单击鼠标按键时可产生 Click 事件，同时 Click 指定的事件处理程序或代码将被调用执行。这里的单击是指________________产生的事件。

(2) ________事件是指当文本框中的内容被选中时所发生的事件，改变事件(change)通常在文本框或下拉列表框中激发。

(3) ________是当鼠标离开某对象范围时触发的事件。________是当鼠标移动到某对象范围的上方时触发的事件。

2. 操作题

利用前面讲述的 onload 事件，制作如图 18-10 所示的效果。

图 18-10　信息提示框

第 19 章　JavaScript 中的函数和对象

本章要点

JavaScript 可以说是一个基于对象的编程语言。为什么说是基于对象而不是面向对象，因为 JavaScript 自身只实现了封装，而没有实现继承和多态。对象在 JavaScript 中无处不在，包括可以构造对象的函数本身也是对象。JavaScript 中的函数本身就是一个对象，而且可以说是最重要的对象。之所以称之为最重要的对象，一方面，它可以扮演像其他语言中的函数同样的角色，可以被调用，可以被传入参数；另一方面，它还被作为对象的构造器来使用，可以结合 new 操作符来创建对象。本章主要内容包括:

(1) 什么是函数;

(2) 函数的定义;

(3) JavaScript 对象基础;

(4) 浏览器对象;

(5) Date 对象;

(6) 数学对象 math;

(7) 字符串对象 String;

(8) 数组对象 Array。

19.1　什么是函数

JavaScript 中的函数是可以完成某种特定功能的一系列代码的集合，在函数被调用前函数体内的代码并不执行，即独立于主程序。编写主程序时不需要知道函数体内的代码如何编写，只需要使用函数方法即可。可把程序中大部分功能拆解成一个个函数，使程序代码结构清晰，易于理解和维护。函数的代码执行结果不一定是一成不变的，可以通过向函数传递参数，以解决不同情况下的问题，函数也可返回一个值。

函数是进行模块化程序设计的基础。编写复杂的应用程序，必须对函数有更深入的了解。JavaScript 中的函数不同于其他语言，每个函数都是作为一个对象被维护和运行的。通过函数对象的性质，可以很方便地将一个函数赋值给一个变量或者将函数作为参数传递。在继续讲述之前，先看一下函数的使用语法：

```
function func1(…){…}
var func2=function(…){…};
var func3=function func4(…){…};
var func5=new Function();
```

这些都是声明函数的正确语法。

可以用 function 关键字定义一个函数，并为每个函数指定一个函数名，通过函数名来进行调用。在 JavaScript 解释执行时，函数都是被维护为一个对象，这就是要介绍的函数对象(Function Object)。

函数对象与其他用户所定义的对象有着本质的区别，这一类对象被称之为内部对象，如日期对象(Date)、数组对象(Array)、字符串对象(String)都属于内部对象。这些内置对象的构造器是由 JavaScript 本身所定义的：通过执行 new Array()这样的语句返回一个对象，JavaScript 内部有一套机制来初始化返回的对象，而不是由用户来指定对象的构造方式。

19.2 函数的定义

使用函数首先要学会如何定义，JavaScript 的函数属于 Function 对象，因此可以使用 Function 对象的构造函数来创建一个函数。同时也可以使用 Function 关键字以普通的形式来定义一个函数。下面就讲述函数的定义方法。

19.2.1 函数的普通定义方式

普通定义方式使用关键字 function，也是最常用的方式，形式上跟其他的编程语言一样。

基本语法：

```
function 函数名(参数 1，参数 2，…)
{  [语句组]
Return  [表达式]
}
```

语法说明：

- function：必选项，定义函数用的关键字。
- 函数名：必选项，合法的 JavaScript 标识符。
- 参数：可选项，合法的 JavaScript 标识符，外部的数据可以通过参数传送到函数内部。
- 语句组：可选项，JavaScript 程序语句，当为空时函数没有任何动作。
- return：可选项，遇到此指令函数执行结束并返回，当省略该项时函数将在右花括号处结束。
- 表达式：可选项，其值作为函数返回值。

实例代码：

```
<!doctype html>
<html>
<head>
<meta charset="utf-8">
<title>无标题文档</title>
<script type="text/javascript">
function displaymessage()
{
```

```
alert("您好，欢迎光临我们的网站！");
}
</script>
</head>
<body>
<form>
<input type="button" value="点击我!" onClick="displaymessage()" />
</form>
</body>
</html>
```

这段代码首先在 JavaScript 内建立一个 displaymessage()显示函数。在正文文档中插入一个按钮，当单击按钮时，显示“您好，欢迎光临我们的网站！”。运行代码，在浏览器中预览，效果如图 19-1 所示。

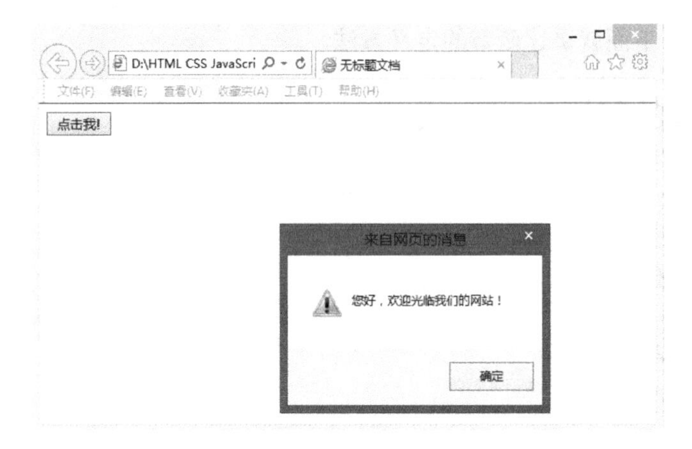

图 19-1　函数的应用

19.2.2　函数的变量定义方式

在 JavaScript 中，函数对象对应的类型是 Function，正如数组对象对应的类型是 Array，日期对象对应的类型是 Date 一样，可以通过 new Function()来创建一个函数对象。

基本语法：

```
Var 变量名=new Function([参数 1，参数 2，…]，函数体);
```

语法说明：

- 变量名：必选项，代表函数名，是合法的 JavaScript 标识符。
- 参数：可选项，作为函数参数的字符串，必须是合法的 JavaScript 标识符，当函数没有参数时可以忽略此项。
- 函数体：可选项，一个字符串。相当于函数体内的程序语句系列，各语句使用分号隔开。

用 new Function()的形式来创建一个函数不常见，因为一个函数体通常会有多条语句，如果将它们以一个字符串的形式作为参数传递，代码的可读性差。

实例代码：

```
<script language="javascript">
  var circularityArea = new Function( "r", "return r*r*Math.PI" );
  // 创建一个函数对象
  var rCircle =5;                                    // 给定圆的半径
  var area = circularityArea(rCircle);               // 使用求圆面积的函数求面积
  alert( "半径为 8 的圆面积为: " + area );            // 输出结果
</script>
```

运行代码，在浏览器中预览，效果如图 19-2 所示。

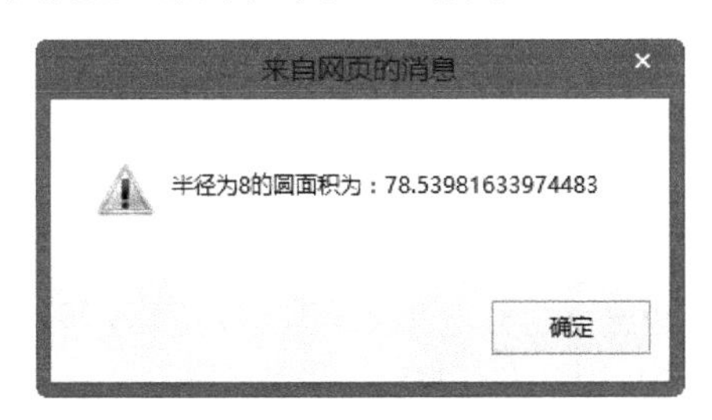

图 19-2　函数的应用

该代码第 2、3 行使用变量定义方式定义一个求圆面积的函数，第 4、5 行设定一个半径为 8 的圆并求其面积。

19.2.3　函数的指针调用方式

前面的代码中，函数的调用方式是最常见的，但是 JavaScript 中函数调用的形式比较多，非常灵活。有一种重要的、在其他语言中也经常使用的调用形式叫作回调，其机制是通过指针来调用函数。回调函数按照调用者的约定实现函数的功能，由调用者调用。通常使用在自己定义功能而由第三方去实现的场合，下面举例说明。

实例代码：

```
<!doctype html>
<html>
<head>
<meta charset="utf-8">
<title>无标题文档</title>
<script language="javascript">
   function SortNumber( obj, func )              // 定义通用排序函数
   { // 参数验证，如果第一个参数不是数组或第二个参数不是函数则抛出异常
      if( !(obj instanceof Array) || !(func instanceof Function))
      {
         var e = new Error();                    // 生成错误信息
         e.number = 100000;                      // 定义错误号
         e.message = "参数无效";                 // 错误描述
         throw e;                                // 抛出异常
      }
      for( n in obj )                         // 开始排序
```

```
        {
            for( m in obj )
            { if( func( obj[n], obj[m] ) )    //使用回调函数排序，规则由用户设定
                {
                    var tmp = obj[n];
                    obj[n] = obj[m];
                    obj[m] = tmp;
                }
            }
        }
        return obj;                          // 返回排序后的数组
    }
    function greatThan( arg1, arg2 )         // 回调函数，用户定义的排序规则
    {  return arg1 < arg2;                   // 规则：从小到大
    }
    try
    {   var numAry = new Array( 9,2,23,50,1,56,90,80 ); // 生成一数组
        document.write("<li>排序前："+numAry);          // 输出排序前的数据
        SortNumber( numAry, greatThan )                 // 调用排序函数
        document.write("<li>排序后："+numAry);          // 输出排序后的数组
    }
    catch(e)
    {  alert( e.number+"："+e.message );                // 异常处理
    }
</script>
</head>
<body>
</body>
</html>
```

这段代码演示了回调函数的使用方法。首先定义一个通用排序函数 SortNumber(obj, func)，其本身不定义排序规则，规则交由第三方函数实现。接着定义一个 greatThan(arg1, arg2)函数，其内创建一个以小到大为关系的规则。document.write("<li>排序前："+numAry)输出未排序的数组。接着调用 SortNumber(numAry, greatThan)函数排序。运行代码，在浏览器中预览，效果如图 19-3 所示。

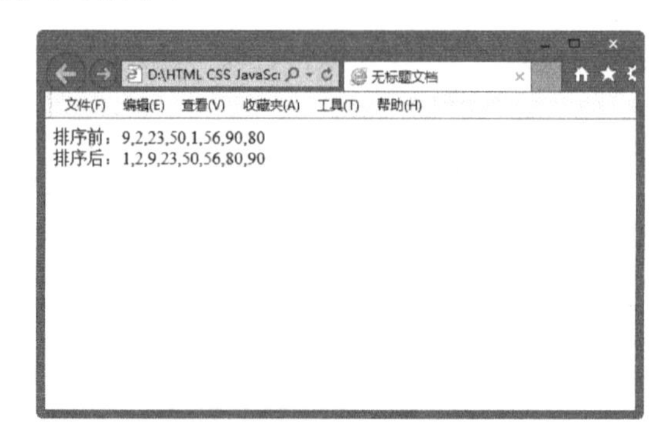

图 19-3　函数的指针调用方式

19.3 JavaScript 对象的声明和引用

对象可以是一段文字、一幅图片、一个表单(Form)等。每个对象有其自己的属性、方法和事件。对象的属性是反映该对象某些特定的性质的，如字符串的长度、图像的长宽、文字框里的文字等；对象的方法能对该对象做一些事情，如表单的“提交”(Submit)、窗口的“滚动”(Scrolling)等；而对象的事件能响应发生在对象上的事情，如提交表单产生表单的“提交事件”，点击链接产生的“点击事件”。不是所有的对象都具有以上 3 个性质，有些没有事件，有些只有属性。

19.3.1 声明和实例化

JavaScript 中的对象是由属性(properties)和方法(methods)两个基本的元素构成的。前者是对象在实施其所需要行为的过程中，实现信息的装载单位，从而与变量相关联；后者是指对象能够按照设计者的意图而被执行，从而与特定的函数相联。

例如，要创建一个 student(学生)对象，每个对象又有这些属性：name(姓名)、address(地址)、phone(电话)，则在 JavaScript 中可使用自定义对象，下面分步讲解。

(1) 首先定义一个函数来构造新的对象 student，这个函数成为对象的构造函数。代码如下：

```
function student(name,address,phone)    // 定义构造函数
{
    this.name=name;                      //初始化姓名属性
    this.address=address;                //初始化地址属性
    this.phone=phone;                    //初始化电话属性
}
```

(2) 在 student 对象中定义一个 printstudent 方法，用于输出学生信息。代码如下：

```
Function printstudent()                          // 创建 printstudent 函数的定义
{
    line1="Name:"+this.name+"<br>\n";            //读取 name 信息
    line2="Address:"+this.address+"<br>\n";      //读取 address 信息
    line3="Phone:"+this.phone+"<br>\n"           //读取 phone 信息
    document.writeln(line1,line2,line3);         //输出学生信息
}
```

(3) 修改 student 对象，在 student 对象中添加 printstudent 函数的引用。代码如下：

```
function student(name,address,phone)             //构造函数
{
    this.name=name;                              //初始化姓名属性
    this.address=address;                        //初始化地址属性
    this.phone=phone;                            //初始化电话属性
    this.printstudent=printstudent;              //创建 printstudent 函数的定义
}
```

(4) 即实例化一个 student 对象并使用。代码如下：

```
Tom=new student("王芳","南京路 56 号","010-1238685";    // 创建王芳的信息
Tom.printstudent()                                       // 输出学生信息
```

上面分步讲解是为了更好地说明一个对象的创建过程，但真正的应用开发则一气呵成，灵活设计。

实例代码：

```
<script language="javascript">
function student(name,address,phone)
{
    this.name=name;                                   // 初始化学生信息
    this.address=address;
    this.phone=phone;
    this.printstudent=function()                      // 创建 printstudent 函数的定义
    {
        line1="姓名:"+this.name+"<br>\n";             // 输出学生信息
        line2="地址:"+this.address+"<br>\n";
        line3="电话:"+this.phone+"<br>\n"
        document.writeln(line1,line2,line3);
    }
}
Tom=new student("李明","金雀山路 56 号","0539-1234567");    // 创建王芳的信息
Tom.printstudent()                                          // 输出学生信息
</script>
```

该代码是声明和实例化一个对象的过程。首先使用 function student()定义了一个对象类构造函数 student，包含 3 种信息，即 3 个属性：姓名、地址和电话。最后两行创建一个学生对象并输出其中的信息。This 关键字表示当前对象即由函数创建的那个对象。运行代码，在浏览器中预览，效果如图 19-4 所示。

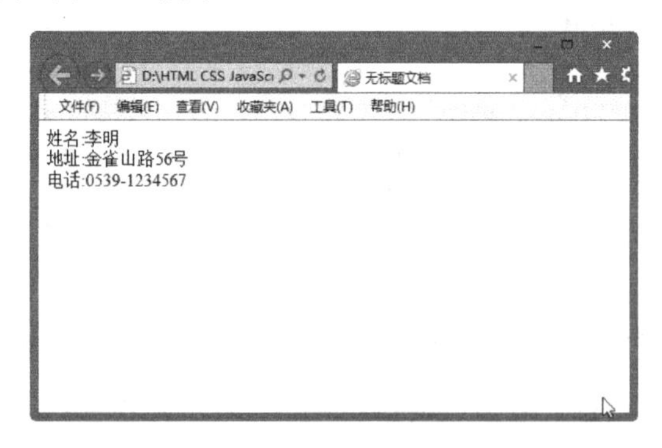

图 19-4 实例效果

19.3.2 对象的引用

JavaScript 为我们提供了一些非常有用的常用内部对象和方法。用户不需要用脚本来实

现这些功能。这正是基于对象编程的真正目的。

对象的引用其实就是对象的地址，通过这个地址可以找到对象的所在。对象的来源有如下几种方式。通过取得它的引用即可对它进行操作，如调用对象的方法或读取或设置对象的属性等。

(1) 引用 JavaScript 内部对象。

(2) 由浏览器环境中提供。

(3) 创建新对象。

这就是说一个对象在被引用之前，这个对象必须存在，否则引用将毫无意义，并出现错误信息。从上面的叙述中我们可以看出 JavaScript 引用对象可通过 3 种方式获取。要么创建新的对象，要么利用现有的对象。

实例代码：

```
<script language="javascript">
var date;                                   // 声明变量
date=new Date();                            // 创建日期对象
date=date.toLocaleString( );                // 将日期转换为本地格式
alert( date );                              // 输出日期
</script>
```

这里变量 date 引用了一个日期对象，使用 date=date.toLocaleString( )通过 date 变量调用日期对象的 tolocalestring 方法将日期信息以一个字符串对象的引用返回，此时 date 的引用已经发生了改变，指向一个 string 对象。运行代码，在浏览器中预览，效果如图 19-5 所示。

图 19-5　对象的引用

19.4　浏览器对象

使用浏览器的内部对象系统，可实现与 HTML 文档进行交互。它的作用是将相关元素组织包装起来，提供给程序设计人员使用，从而减轻编程人员的劳动，提高设计 Web 页面的效率。浏览器的内部对象主要包括以下几个。

(1) 浏览器对象(navigator)。提供有关浏览器的信息。

(2) 文档对象(document)。document 对象包含了与文档元素一起工作的对象。

(3) 窗口对象(windows)。windows 对象处于对象层次的最顶端，它提供了处理浏览器窗口的方法和属性。

(4) 位置对象(location)。location 对象提供了与当前打开的 URL 一起工作的方法和属性，它是一个静态对象。

(5) 历史对象(history)。history 对象提供了与历史清单有关的信息。

编程人员利用这些对象，可以对 WWW 浏览器环境中的事件进行控制并处理。在 JavaScript 中提供了非常丰富的内部方法和属性，从而减轻了编程人员的工作，提高了编程效率。这正是基于对象与面向对象的根本区别所在。在这些对象系统中，文档对象是非常重要的，它位于最底层，但对于我们实现 Web 页面信息交互起着关键作用。因而它是对象系统的核心部分。

19.4.1 Navigator 对象

Navigator 对象包含的属性描述了正在使用的浏览器。可以使用这些属性进行平台专用的配置。虽然这个对象的名称显而易见的是 Netscape 的 Navigator 浏览器，但其他实现了 JavaScript 的浏览器也支持这个对象。其常用的属性如表 19-1 所示。

表 19-1 Navigator 对象的常用属性

属 性	说 明
appName	浏览器的名称
appVersion	浏览器的版本
appCodeName	浏览器的代码名称
browserLanguage	浏览器所使用的语言
plugins	可以使用的插件信息
platform	浏览器系统所使用的平台，如 win32 等
cookieEnabled	浏览器的 cookie 功能是否打开

实例代码：

```
<!doctype html>
<html>
<head>
<meta charset="utf-8">
<title>浏览器信息</title>
</head>
<body onload=check()>
<script language=javascript>
function check()
{
name=navigator.appName;
if(name=="Netscape"){
   document.write("您现在使用的是 Netscape 网页浏览器<br>");}
else if(name=="Microsoft Internet Explorer"){
   document.write("您现在使用的是 Microsoft Internet Explorer 网页浏览器
<br>");}
else{
   document.write("您现在使用的是"+navigator.appName+"网页浏览器<br>");}
```

```
}
</script>
</body>
</html>
```

这段代码判断浏览器的类型，在浏览器中预览，效果如图 19-6 所示。

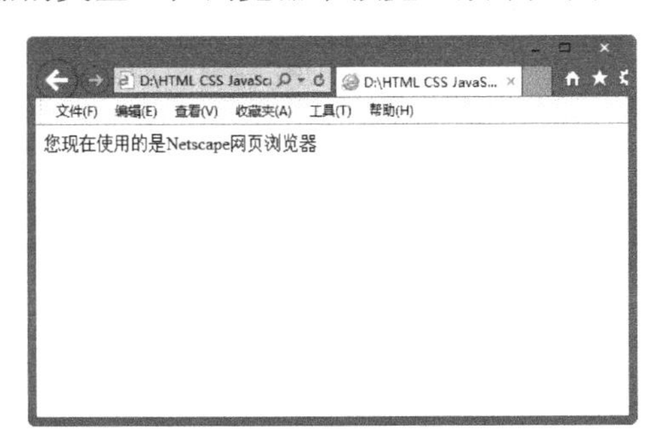

图 19-6　判断浏览器类型

19.4.2　window 对象

window 对象处于对象层次的最顶端，它提供了处理 navigator 窗口的方法和属性。JavaScript 的输入可以通过 window 对象来实现。使用 Window 对象产生用于客户与页面交互的对话框主要有 3 种：警告框、确认框和提示框，这 3 种对话框使用 window 对象的不同方法产生，功能和应用场合也不大相同。

window 对象的常用方法如表 19-2 所示。

表 19-2　window 对象的常用方法

方　法	方法的含义及参数说明
open(url,windowName,parameterlist)	创建一个新窗口，3 个参数分别用于设置 URL 地址、窗口名称和窗口打开属性(一般可以包括宽度、高度、定位、工具栏等)
close()	关闭一个窗口
alert(text)	弹出式窗口，text 参数为窗口中显示的文字
confirm(text)	弹出确认域，text 参数为窗口中的文字
promt(text,defaulttext)	弹出提示框，text 为窗口中的文字，document 参数用来设置默认情况下显示的文字
moveBy(水平位移, 垂直位移)	将窗口移动指定的位移量
moveTo(x,y)	将窗口移动到指定的坐标
resizeBy(水平位移,垂直位移)	按给定的位移量重新设置窗口大小
resizeTo(x,y)	将窗口设定为指定大小
back()	页面后退
forward()	页面前进
home()	返回主页

续表

方　法	方法的含义及参数说明
stop()	停止装载网页
print()	打印网页
status	状态栏信息
location	当前窗口的 URL 信息

实例代码：

```
<!doctype html>
<html>
<head>
<meta charset="utf-8">
<title>打开浏览器窗口</title>
<script type="text/JavaScript">
<!--
function MM_openBrWindow(theURL,winName,features) { //v2.0
  window.open(theURL,winName,features);
}
//-->
</script>
</head>
<body onLoad="MM_openBrWindow('open.html','','width=400,height=500')">
打开浏览器窗口
</body>
</html>
```

在上述代码中，加粗部分的代码应用 window 对象，在浏览器中预览效果，将弹出一个宽为 400 像素、高为 500 像素的窗口，如图 19-7 所示。

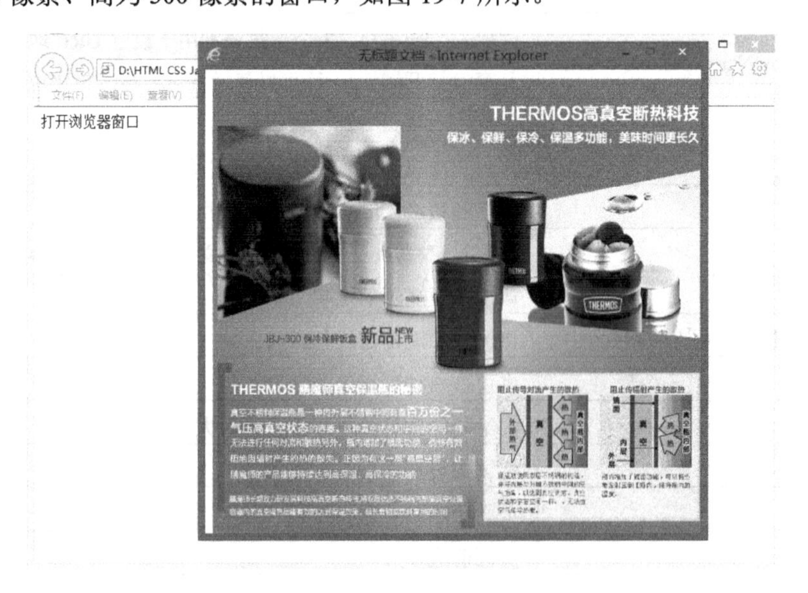

图 19-7　打开浏览器窗口

19.4.3 location 对象

location(地址)对象描述的是某一个窗口对象所打开的地址。要表示当前窗口的地址，只需要使用 location 就行了；若要表示某一个窗口的地址，就使用“<窗口对象>.location”。location 对象的常用属性如表 19-3 所示。

表 19-3 常用的 location 对象的属性

属 性	实现的功能
protocol	返回地址的协议，取值为 http:、https:、file:等
hostname	返回地址的主机名，如“http://www.microsoft.com/china/”的地址主机名为 www.microsoft.com
port	返回地址的端口号，一般 http 的端口号是 80
host	返回主机名和端口号，如 www.a.com:8080
pathname	返回路径名，如“http://www.a.com/d/index.html”的路径为 d/index.html
hash	返回#以及以后的内容，如地址为 c.html#chapter4，则返回#chapter4；如果地址里没有#，则返回字符串
search	返回“?”以及以后的内容；如果地址里没有“?”，则返回空字符串
href	返回整个地址，即返回在浏览器的地址栏上显示的内容

location 对象常用的方法如下。

- reload()：相当于 Internet Explorer 浏览器上的“刷新”功能。
- replace()：打开一个 URL，并取代历史对象中当前位置的地址。用这个方法打开一个 URL 后，单击浏览器的“后退”按钮将不能返回到刚才的页面。

注意： 属于不同协议或不同主机的两个地址之间不能互相引用对方的 location 对象，这是出于安全性的考虑。

19.4.4 history 对象

history 对象用来存储客户端的浏览器已经访问过的网址(URL)，这些信息存储在一个 history 列表中。通过对 history 对象的引用，可以让客户端的浏览器返回到它曾经访问过的网页去。其实它的功能和浏览器的工具栏上的“后退”和“前进”按钮是一样的。

history 对象常用的方法如下。

- back()：后退，与单击“后退”按钮是等效的。
- forward()：前进，与单击“前进”按钮是等效的。
- go()：该方法用来进入指定的页面。

实例代码：

```
<!doctype html>
<html>
```

```
<head>
<meta charset="utf-8">
<title>history 对象</title>
</head>
<body>
<p><a href="19.4.4.1.html">history 对象</a></p>
<form name="form1" method="post" action="">
  <input name="按钮" type="button" onClick="history.back()" value="前进">
 <input type="button" value="后退" onClick="history.forward()">
</form>
</body>
</html>
```

在上述代码中，加粗部分代码应用了 history 对象，在浏览器中预览，效果如图 19-8 所示。

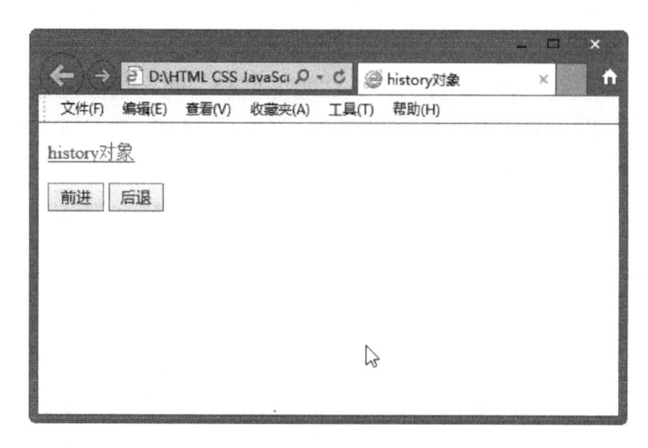

图 19-8　history 对象

19.4.5　document 对象

document 对象包括当前浏览器窗口或框架区域中的所有内容，包含文本域、按钮、单选按钮、复选框、下拉列表框、图片、链接等 HTML 页面可访问元素，但不包含浏览器的菜单栏、工具栏和状态栏。document 对象提供多种方式获得 HTML 元素对象的引用。JavaScript 的输出可通过 document 对象实现。在 document 中主要有 links、anchor 和 form 3 个最重要的对象。

- anchor(锚)对象。它是指<a name=...></a>标记在 HTML 源码中存在时产生的对象，它包含着文档中所有的 anchor 信息。
- links(链接)对象。它是指用<a href=...></a>标记链接一个超文本或超媒体的元素作为一个特定的 URL。
- form(窗体)对象。它是文档对象的一个元素，它含有多种格式的对象储存信息，使用它可以在 JavaScript 脚本中编写程序，并可以用来动态改变文档的行为。

document 对象有以下方法。

write()和 writeln()：该方法主要用来实现在 Web 页面上显示输出信息。

实例代码：

```
<!doctype html>
<html>
<head>
<meta charset="utf-8">
<title>document 对象</title>
<script language=javascript>
function Links()
{
n=document.links.length;                //获得链接个数
s="";
for(j=0;j<n;j++)
s=s+document.links[j].href+"\n";        //获得链接地址
if(s=="")
s=="没有任何链接"
else
alert(s);
}
</script>
</head>
<body>
<form>
<input type="button" value="链接地址" onClick="Links()"><br>
</form>
<p><a href="#">链接 1</a><br>
   <a href="#">链接 2</a><br>
   <a href="#">链接 3</a><br>
   <a href="#">链接 4</a><br>
</p>
</body>
</html>
```

在上述代码中，加粗部分的代码应用了 document 对象，在浏览器中预览，效果如图 19-9 所示。

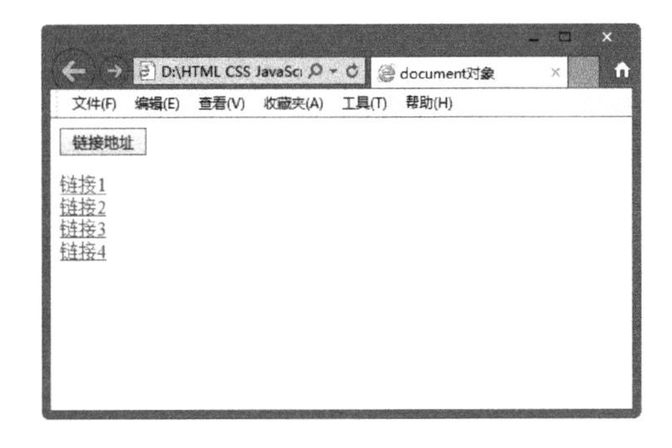

图 19-9　document 对象

19.5 内置对象

JavaScript 中提供了一些非常有用的内置对象作为该语言规范的一部分，每一个内置对象都有一些方法和属性。JavaScript 中提供的内置对象按使用方式可以分为动态对象和静态对象。这些常见的内置对象包括时间对象 Date、数学对象 Math、字符串对象 String、数组对象 Array 等。下面就详细介绍这些对象的使用。

19.5.1 Date 对象

Date 对象是一个我们经常要用到的对象，无论是做时间输出、时间判断等操作时都与这个对象分不开。date 对象类型提供了使用日期和时间的共用方法集合。用户可以利用 date 对象获取系统中的日期和时间并加以使用。

基本语法：

```
var myDate=new Date ([arguments]);
```

Date 对象会自动把当前日期和时间保存为其初始值，参数的形式有以下 5 种：

```
new Date("month dd,yyyy hh:mm:ss");
new Date("month dd,yyyy");
new Date(yyyy,mth,dd,hh,mm,ss);
new Date(yyyy,mth,dd);
new Date(ms);
```

语法说明：

需要注意最后一种形式，参数表示的是需要创建的时间和 GMT 时间 1970 年 1 月 1 日之间相差的毫秒数。各种参数的含义如下。

- month：用英文表示的月份名称，即 January～December。
- mth：用整数表示的月份，即 0(1 月)～11(12 月)。
- dd：表示一个月中的第几天，即 1～31。
- yyyy：四位数表示的年份。
- hh：小时数，即 0(午夜)～23(晚 11 点)。
- mm：分钟数，即 0～59 的整数。
- ss：秒数，即 0～59 的整数。
- ms：毫秒数，为大于等于 0 的整数。

下面是使用上述参数形式创建日期对象的例子：

```
new Date("May 12,2007 19:18:32");
new Date("May 12,2007");
new Date(2007,4,12,19,18,32);
new Date(2007,4,12);
new Date(1198899200000);
```

Date 对象的常用方法如表 19-4 所示。

表 19-4 Date 对象的常用方法

方 法	描 述
getYear()	返回年，以 0 开始
getMonth()	返回月值，以 0 开始
getDate()	返回日期
getHours()	返回小时，以 0 开始
getMinutes()	返回分钟，以 0 开始
getSeconds()	返回秒，以 0 开始
getMilliseconds()	返回毫秒(0～999)
getUTCDay()	依据国际时间来得到现在是星期几(0～6)
getUTCFullYear()	依据国际时间来得到完整的年份
getUTCMonth()	依据国际时间来得到月份(0～11)
getUTCDate()	依据国际时间来得到日(1～31)
getUTCHours()	依据国际时间来得到小时(0～23)
getUTCMinutes()	依据国际时间来返回分钟(0～59)
getUTCSeconds()	依据国际时间来返回秒(0～59)
getUTCMilliseconds()	依据国际时间来返回毫秒(0～999)
getDay()	返回星期几，值为 0～6
getTime()	返回从 1970 年 1 月 1 日 0:0:0 到现在一共花去的毫秒数
setYear()	设置年份，2 位数或 4 位数
setMonth()	设置月份(0～11)
setDate()	设置日(1～31)
setHours()	设置小时数(0～23)
setMinutes()	设置分钟数(0～59)
setSeconds()	设置秒数(0～59)
setTime()	设置从 1970 年 1 月 1 日开始的时间，毫秒数
setUTCDate()	根据世界时设置 Date 对象中月份的一天(1～31)
setUTCMonth()	根据世界时设置 Date 对象中的月份(0～11)
setUTCFullYear()	根据世界时设置 Date 对象中的年份(四位数字)
setUTCHours()	根据世界时设置 Date 对象中的小时(0～23)
setUTCMinutes()	根据世界时设置 Date 对象中的分钟(0～59)
setUTCSeconds()	根据世界时设置 Date 对象中的秒钟(0～59)
setUTCMilliseconds()	根据世界时设置 Date 对象中的毫秒(0～999)
toSource()	返回该对象的源代码
toString()	把 Date 对象转换为字符串
toTimeString()	把 Date 对象的时间部分转换为字符串

续表

方 法	描 述
toDateString()	把 Date 对象的日期部分转换为字符串
toGMTString()	使用 toUTCString()方法代替
toUTCString()	根据世界时，把 Date 对象转换为字符串
toLocaleString()	根据本地时间格式，把 Date 对象转换为字符串
toLocaleTimeString()	根据本地时间格式，把 Date 对象的时间部分转换为字符串
toLocaleDateString()	根据本地时间格式，把 Date 对象的日期部分转换为字符串
UTC()	根据世界时返回 1997 年 1 月 1 日到指定日期的毫秒数
valueOf()	返回 Date 对象的原始值

实例代码：

```
<!doctype html>
<html>
<head>
<meta charset="utf-8">
<title>Date 对象</title>
<style type="text/css">
<!--
body { background-color: #ffffff; }
-->
</style>
</head>
<body>
*显示年、月、日、时、分、秒
<p>
<script type="text/javascript">
<!--
now = new Date();
   if ( now.getYear() >= 2000 ){ document.write(now.getYear(),"年") }
   else { document.write(now.getYear()+1900,"年") }
   document.write(now.getMonth()+1,"月",now.getDate(),"日");
   document.write(now.getHours(),"时",now.getMinutes(),"分");
   document.write(now.getSeconds(),"秒");
//-->
</script>
</p>
</body></html>
```

在浏览器中预览，效果如图 19-10 所示。

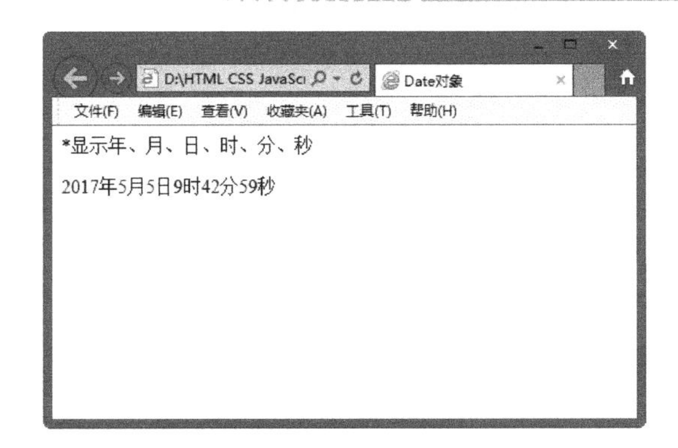

图 19-10　显示具体时间

本实例创建了一个 now 对象，从而使用 now=new Date()从电脑系统时间中获取当前时间，并利用相应方法，获取与时间相关的各种数值。getYear()方法获取年份，getMonth()方法获取月份，getDate()方法获取日期，getHours()方法获取小时，getMinutes()方法获取分钟，getSeconds()方法获取秒数。

19.5.2　数学对象 math

作为一门编程语言，进行数学计算是必不可少的。在数学计算中经常会使用到数学函数，如取绝对值、开方、取整、求三角函数值等，还有一种重要的函数是随机函数。JavaScript 将所有这些与数学有关的方法、常数、三角函数以及随机数都集中到一个对象里面——math 对象。math 对象是 JavaScript 中的一个全局对象，不需要由函数进行创建，而且只有一个。

基本语法：

```
math.属性
math.方法
```

实例代码：

```
<!doctype html>
<html>
<head>
<meta charset="utf-8">
<title>math 数字对象</title>
<script language="JavaScript" type="text/javascript">
document.write(Math.round(4.7))
</script>
</head>
<body>
</body>
</html>
```

上述代码使用了 math 对象的 round()方法对 4.7 进行四舍五入，在浏览器中预览，输出为 5，效果如图 19-11 所示。

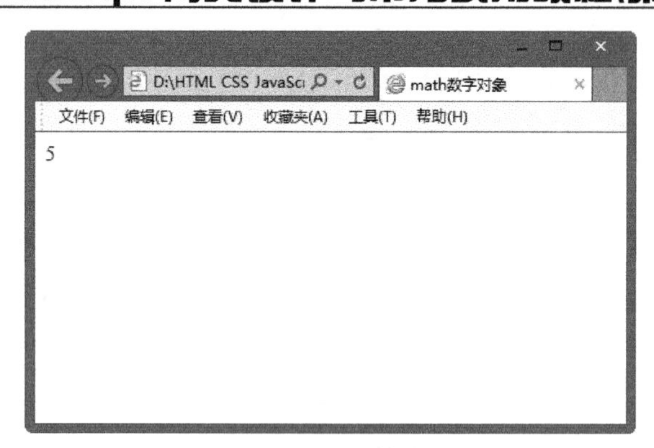

图 19-11　数学对象

19.5.3　字符串对象 string

string 对象是动态对象，需要创建对象实例后才可以引用它的属性或方法，可以把用单引号或双引号括起来的一个字符串当作一个字符串的对象实例来看待，也就是说可以直接在某个字符串后面加上(.)去调用 string 对象的属性和方法。String 类定义了大量操作字符串的方法，例如从字符串中提取字符或子串，或者检索字符或子串。需要注意的是，JavaScript 的字符串是不可变的，String 类定义的方法都不能改变字符串的内容。

实例代码：

```
<!doctype html>
<html>
<head>
<meta charset="utf-8">
<title>string 字符串对象 String</title>
</head>
<body>
<script type="text/javascript">
var string="大家好，欢迎光临我们的网站！ "
document.write("<p>大字号显示： " + string.big() + "</p>")
document.write("<p>小字号显示： " + string.small() + "</p>")
document.write("<p>粗体显示： " + string.bold() + "</p>")
document.write("<p>斜体显示： " + string.italics() + "</p>")
document.write("<p>以打字机文本显示字符串： " + string.fixed() + "</p>")
document.write("<p>使用删除线来显示字符串： " + string.strike() + "</p>")
document.write("<p>使用红色来显示字符串：" + string.fontcolor("Red") + "</p>")
document.write("<p>使用 18 号字来显示字符串： " + string.fontsize(18) + "</p>")
document.write("<p>把字符转换为小写： " + string.toLowerCase() + "</p>")
document.write("<p>把字符转换为大写： " + string.toUpperCase() + "</p>")
document.write("<p>显示为下标： " + string.sub() + "</p>")
document.write("<p>显示为上标： " + string.sup() + "</p>")
document.write("<p>将字符串显示为链接： " + string.link("http://www.xxx.com")
+ "</p>")
```

```
</script>
</body>
</html>
```

string 对象用于操纵和处理文本串，可以在程序中获得字符串长度、提取子字符串，以及将字符串转换为大写或小写字符。这里通过 string 对象的方法，为字符串添加了各种各样的样式，如图 19-12 所示。

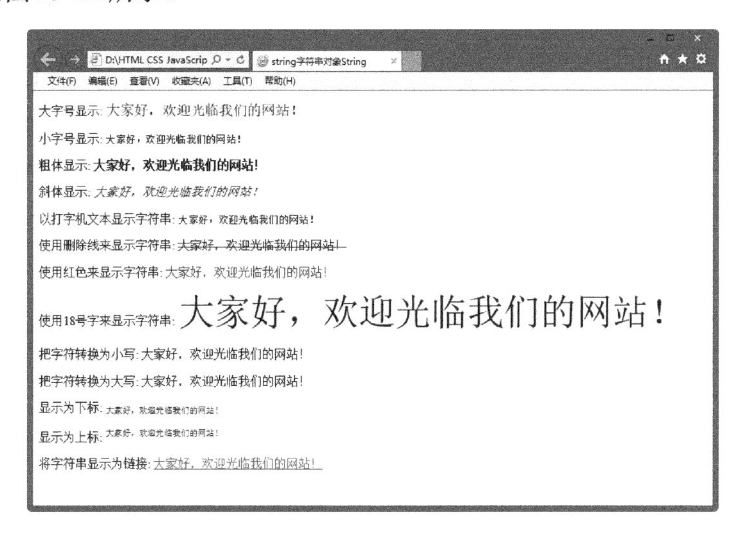

图 19-12　字符串对象 string

19.5.4　数组对象 Array

在程序中数据是存储在变量中的，但是，如果数据量很大，比如几百个学生的成绩，此时再逐个定义变量来存储这些数据就显得异常烦琐，如果通过数组来存储这些数据就会使这一过程大大简化。在编程语言中，数组是专门用于存储有序数列的工具，也是最基本、最常用的数据结构之一。在 JavaScript 中，Array 对象专门负责数组的定义和管理。

每个数组都有一定的长度，表示其中所包含的元素个数，元素的索引总是从 0 开始，并且最大值等于数组长度减 1。下面分别介绍数组的创建和使用方法。

基本语法：

数组也是一种对象，使用前先创建一个数组对象。创建数组对象使用 Array 函数，并通过 new 操作符来返回一个数组对象，其调用方式有以下 3 种：

```
new Array()
new Array(len)
new Array([item0,[item1,[item2,…]]]
```

语法说明：

其中第 1 种形式创建一个空数组，它的长度为 0；第 2 种形式创建一个长度为 len 的数组，len 的数据类型必须是数字，否则按照第 3 种形式处理；第 3 种形式是通过参数列表指定的元素初始化一个数组。下面是分别使用上述形式创建数组对象的例子：

```
var objArray=new Array();    //创建一个空数组对象
var objArray=new Array(6);    //创建一个数组对象，包括 6 个元素
var objArray=new Array("x","y","z"); //以"x","y","z"3 个元素初始化一个数组对象
```

在 JavaScript 中，不仅可以通过调用 Array 函数创建数组，而且可以使用方括号“[]”的语法直接创造一个数组，它的效果与上面第 3 种形式的效果相同，都是以一定的数据列表来创建一个数组。这样表示的数组称为一个数组常量，是在 JavaScript 1.2 版本中引入的。通过这种方式就可以直接创建仅包含一个数字类型元素的数组了。例如下面的代码：

```
var objArray=[];      //创建一个空数组对象
var objArray=[2];     //创建一个仅包含数字类型元素 2 的数组
var objArray=["a","b","c"];  //以"a","b","c"3 个元素初始化一个数组对象
```

实例代码：

```
<!doctype html>
<html>
<head>
<meta charset="utf-8">
<title>数组对象 Array</title>
</head>
<body>
<script type="text/javascript">
function sortNumber(a, b)
{
return a - b
}
var arr = new Array(6)
arr[0] = "50"
arr[1] = "25"
arr[2] = "8"
arr[3] = "20"
arr[4] = "100"
arr[5] = "500"
document.write(arr + "<br />")
document.write(arr.sort(sortNumber))
</script>
</body>
</html>
```

本例使用 sort()方法从数值上对数组进行排序。原来数组中的数字顺序是“50,25,8,20,100,500”，使用 sort()方法重新排序后的顺序是“8,20,25,50,100,500”。最后使用 document.write()方法分别输出排序前后的数字，如图 19-13 所示。

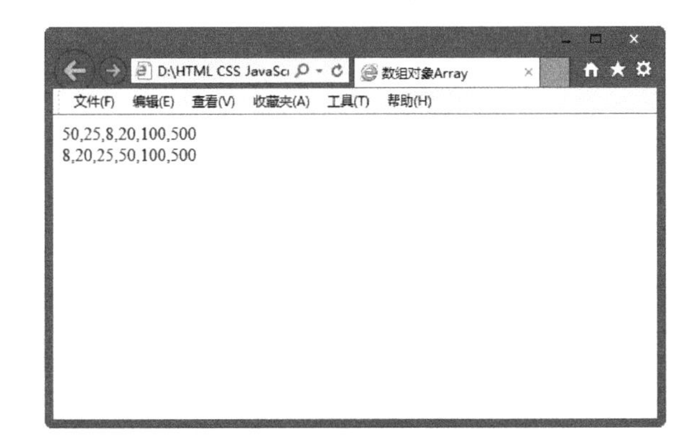

图 19-13　数组对象 Array

19.6　综合实例——改变网页背景颜色

document 对象提供了几个属性，如 fgColor、bgColor 等，来设置 Web 页面的显示颜色。它们一般定义在<body>标记中，在文档布局确定之前完成设置。通过改变这两个属性的值可以改变网页背景颜色和字体颜色。

实例代码：

```
<!doctype html>
<html>
<head>
<meta charset="utf-8">
<title>鼠标放上链接改变网页背景颜色</title>
<SCRIPT LANGUAGE="JavaScript">
function goHist(a)
{
  history.go(a);
}
</script>
</head>
<body>
<center>
<h2>鼠标放到相应链接上看看！</h2>
<table border=1 borderlight=green style="border-collapse: collapse"
cellpadding="5" cellspacing="0">
<tr><td align=center><a href="#" onMouseOver="document.bgColor='skyblue'">
天空蓝</a>
<a href="#" onMouseOver="document.bgColor='red'">大红色</a>
<a href="#"onMouseOver="document.bgColor='#0066CC'">清新蓝</a>
</td>
</tr>
</table>
</center>
```

```
</body>
</html>
```

运行代码，在浏览器中预览，效果如图 19-14 所示。

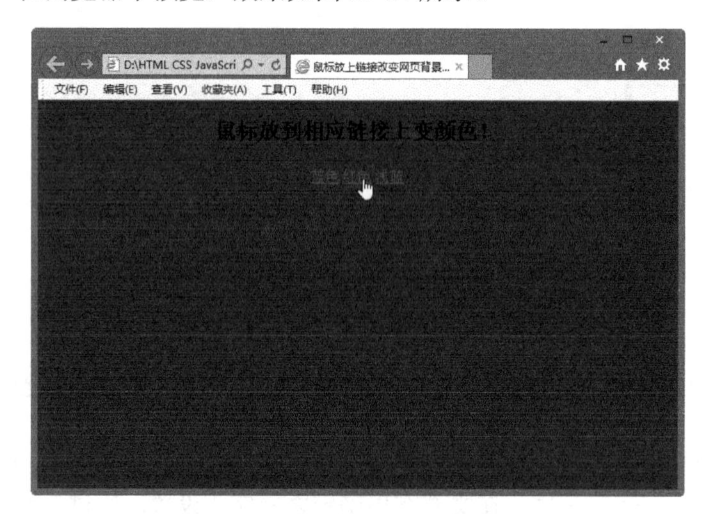

图 19-14　改变网页背景颜色

19.7　本 章 小 结

JavaScript 可以根据需要创建自己的对象，从而进一步扩大 JavaScript 的应用范围，增强了编写功能强大的 Web 文件的能力。另外，函数是进行模块化程序设计的基础，编写复杂的应用程序，必须对函数有更深入的了解。本章主要讲述了 JavaScript 中的函数和对象的基础知识。

19.8　练　习　题

1. 填空题

(1)　函数变量定义方式是指____________________，JavaScript 中所有函数都属于 function 对象中，于是可以使用 function 对象的构造函数来创建一个函数。

(2)　函数的参数是____________________。外部的数据通过参数传入函数内部进行处理，同时函数内部的数据也可以通过参数传到外界。

(3)　JavaScript 中提供了一些非常有用的内置对象作为该语言规范的一部分，每一个内置对象都有一些方法和属性。这些常见的内置对象包括____________、____________、______________、________________等。

(4)　_______________________处于对象层次的最顶端，它提供了处理浏览器窗口的方法和属性。

2. 操作题

运用前面所学的知识，创建 date 对象，预览效果与如图 19-15 所示类似。

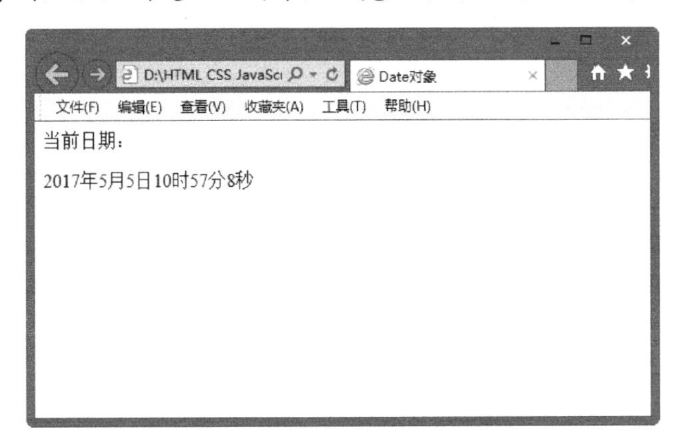

图 19-15　创建 date 对象的预览效果

第 20 章　设计布局富有个性的个人网站

本章要点

随着 Internet 的快速普及，越来越多的人想在网上展示自己，因此诞生了很多个人展示网站。如今拥有自己的个人网站也越来越成为一种时尚。个人网站已经成为网络媒体非常重要的补充力量。本章就来讲述制作富有个性的个人网站。本章主要内容包括：

(1) 个人网站设计；

(2) 个人网站色彩搭配和结构设计；

(3) 网站前期策划；

(4) 个人主页的制作。

20.1　个人网站设计指南

个人网站的创建目的是宣扬自己的个性，展示个人的风采。个人站点可以说是个人在网络上的家，可以存放个人信息资料，让更多的网页浏览者了解站长，相互结识成为网络中的朋友，还可以存放一些个人收藏整理的资料并不断更新，也为网络浏览者们提供了资讯服务，使得个人站点发挥了更强大的功能。

20.1.1　确定网站主题

个人网站是针对个人的爱好和专业特长，并按个人的想法收集资料，然后制作的网站。个人网站的性质决定了网络赋予每个人无限的自由和空间，只要在法律允许范围内，任何个人或企业，都可以自由创建自己的网站。

一个成功的个人网站，先期的准备工作是很重要的，好的开始等于成功的一半。有以下主要的问题需要考虑。

(1) 站点的定位。主题的选择对今后的发展方向有决定性的影响，考虑好做什么内容就要努力做出特色。

(2) 空间的选择。目前大部分个人主页还在使用免费的空间。网上的免费主页空间很多，但真正稳定而且快速的并不多，选择那些口碑不错的站点提交申请，然后做进一步的测试，直到筛选出理想的空间。

(3) 导航清晰。布局合理，层次分明，页面的链接层次不要太深，尽量让用户用最短的时间找到需要的资料。

(4) 风格统一。保持统一的风格，有助于加深访问者对网站的印象。要实现风格的统一，不一定要把每个栏目做得一模一样，可以让导航条样式统一，各个栏目采用不同的色彩搭配，在保持风格统一的同时为网站增加一些变化。

(5) 色彩和谐、重点突出。在网页设计中，根据和谐、均衡和重点突出的原则，将不同的色彩进行组合、搭配来构成美观的页面。

(6) 界面清爽。大量的文字内容要使用舒服的背景色，前景文字和背景之间要对比鲜明，这样访问者浏览时眼睛才不致疲劳。

20.1.2　个人网站色彩搭配和结构设计

个人网站没有什么特殊的形式限定，可以自由发挥自己的创意，以任何表现形式传达自己的个人观点和兴趣。这类网站更多地不是追求访问量，而是注重自我观点的表达。这类网站可以最大限度地发挥设计者自身的长处和优点，从而展示出自己的实力和设计思想。

网站内容和网站气氛决定网站用色。个人网站会因设计者的喜好而选择网站的色彩搭配。一些消极情绪是不可以出现在商业网站中的，但在个人网站创作时完全没有这方面的限制。在个人网站中，可以看到很多个性极强而又富有尝试精神的色彩搭配。

个人网站的内容往往都是与个人有关的方面组成的，包括个人简介、个人相册等。在创建网站前首先要确定网站的主要栏目。网站是否有价值关键是看它是否能够满足访问者的需求。如果一个网站没有任何可以吸引人的地方，那么再怎么宣传都是无济于事的。

本章制作的个人网站效果如图 20-1 所示。

图 20-1　个人网站主页

20.2　网站前期策划

通常在设计制作网页前都要有一个成熟的构思过程。在这个构思过程中没有空间的限制，可以随意发挥自己的艺术想象力，在借鉴别人的基础上做大胆的突破和创新，把别人的精华融入自己的构思中，也可以从某个艺术作品中得到启发。网页蓝图的构思呈现出各种形态，因人而异，但最终的构思要归结于一个共性，那就是个人创意的独特性和技术实现的可行性。

20.2.1 确定网站主题

对于主题的选择主要按下列 3 个条件去考虑，本例所讲的是一个个人介绍性质的网站，主体就是介绍个人的相关信息。

提示：① 主题要小而精。一般来说，个人主页的选材定位要小，内容要精。
② 对个人网站来说主题最好是自己擅长或者喜爱的内容。这样在制作时，才不会觉得无聊或者力不从心。兴趣是制作网站的动力，没有热情，很难设计制作出优秀的作品。
③ 主题不要太滥或者目标太高。

如果主题已经确定，就可以围绕主题给该网站起一个名字。网站名称也是网站设计的一部分，而且是很关键的要素。

20.2.2 确定目录结构

网站的目录是指建立网站时创建的目录。目录结构的好坏，对浏览者来说并没有什么太大的感觉，但是对站点本身的上传维护，以及以后内容的扩充和移植有着重要的影响。

本例只是个人介绍性质的页面，主要是静态的几个页面，因此在建立目录时，可以将其中的页面文件直接放在根目录下，所有的图片可以放在 images 文件夹中。

提示：下面是建立目录结构的建议。
① 不要将所有文件都存放在根目录下。
② 按栏目内容建立子目录。
③ 在每个主目录下都建立独立的 images 目录。
④ 目录的层次不要太深。

20.2.3 网站蓝图的规划

因为每台显示器分辨率不同，所以同一个页面的大小可能出现 640×480、800×600、1024×768 等不同尺寸。

通常网站蓝图的规划须遵循如下步骤。

1. 草案

新建页面就像一张白纸，没有任何表格、框架和约定俗成的东西，可以尽可能地发挥想象力，用一张白纸和一支铅笔将想到的景象画上去，当然用做图软件 Photoshop、Fireworks 等都可以。这属于草创阶段，不讲究细腻工整，不必考虑细节功能，只以粗陋的线条勾画出创意的轮廓即可。尽可能多画几张，最后选定满意的作为继续创作的样板。

2. 粗略布局

在草案的基础上，将确定需要放置的功能模块安排到页面上。必须遵循突出重点、平衡协调的原则，将网站标志、主要栏目等最重要的模块放在最显眼、最突出的位置，然后再考虑次要模块的排放。如图 20-2 所示是本站页面的布局草图。

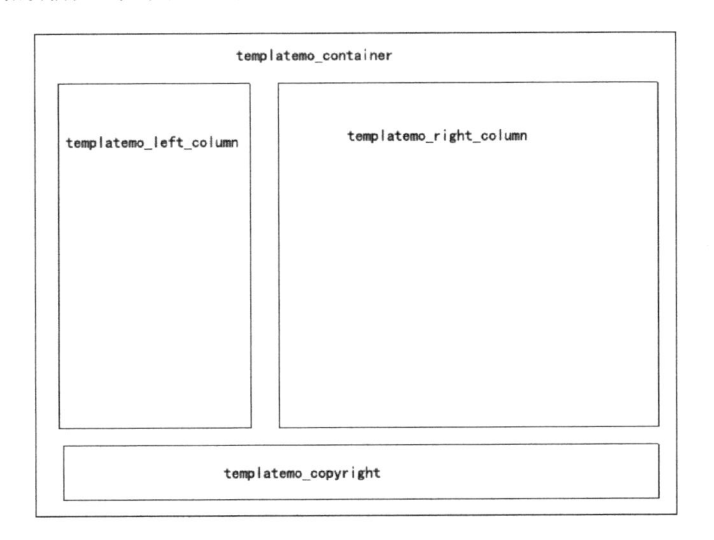

图 20-2　页面的布局草图

其页面中的 HTML 框架代码如下，最外层的 Div 名称是 templatemo_container。

```
<div id="templatemo_container">
  <div id="templatemo_left_column">
    <div id="templatemo_left_top"> </div>
    <div id="templatemo_lbox_top"></div>
    <div id="templatemo_lbox_body"></div>
    <div id="templatemo_lbox_bot"></div>

  </div>
  <div id="templatemo_right_column">
     <div id="templatemo_header"> </div>
     <div id="templatemo_right_text"> </div>
  </div>
  <div id="templatemo_copyright"></div>
</div>
```

20.3　创建本地站点

站点是存放和管理网站所有文件的地方，每个网站都有自己的站点。在创建网站前，必须创建一个站点，以便更好地创建网页和管理网页文件。可以使用 Dreamweaver 的“站点定义向导”创建本地站点。具体操作步骤如下。

(1) 启动 Dreamweaver，选择“站点”|“管理站点”菜单命令，弹出“管理站点”对话框，在该对话框中单击“新建站点”按钮，如图 20-3 所示。

(2) 弹出“站点设置对象”对话框，在该对话框中选择“站点”选项，在“站点名称”

文本框中输入名称，可以根据网站的需要任意起一个名字，如图 20-4 所示。

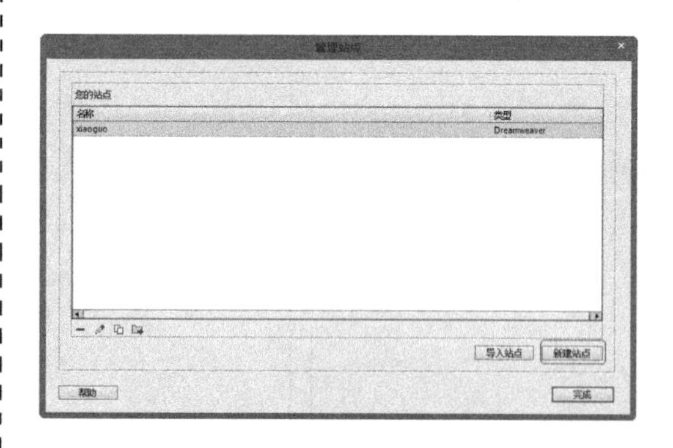

图 20-3 “管理站点”对话框

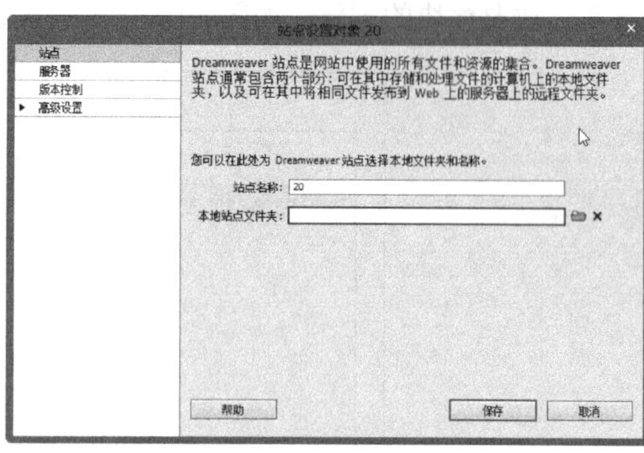

图 20-4 “站点设置对象”对话框

提示： 在开始制作网页之前，最好先定义一个站点，这是为了更好地利用站点对文件进行管理，也可以尽可能地减少错误，如路径出错、链接出错。新手做网页条理性、结构性需要加强，往往这一个文件放这里，另一个文件放那里，或者所有文件都放在同一文件夹内，这样显得很乱。建议一个文件夹用于存放网站的所有文件，再在文件内建立几个文件夹，将文件分类，如图片文件放在 images 文件夹内，HTML 文件放在根目录下，如果站点比较大，文件比较多，可以先按栏目分类，在栏目里再分类。

(3) 单击“本地站点文件夹”文本框右边的浏览文件夹按钮，弹出“选择根文件夹”对话框，选择站点文件，如图 20-5 所示。

(4) 单击“选择”按钮，选择站点文件后，效果如图 20-6 所示。

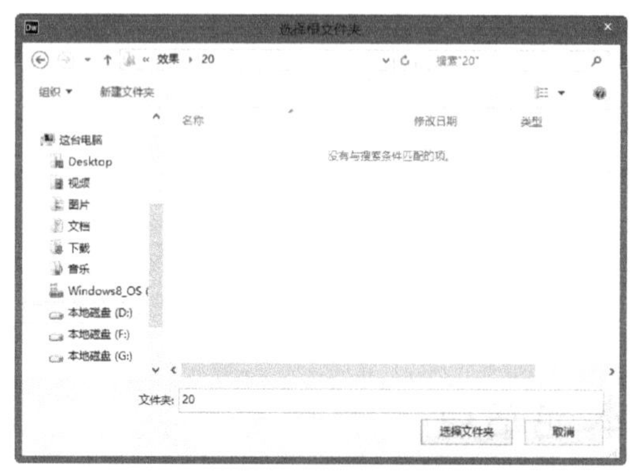

图 20-5 “选择根文件夹”对话框

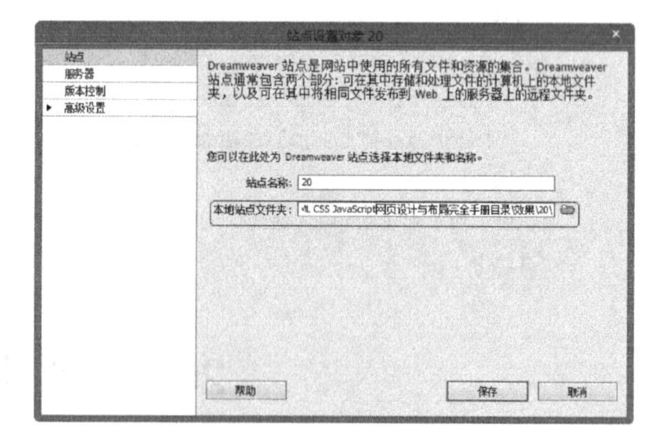

图 20-6 选择站点文件

(5) 单击“保存”按钮，更新站点缓存，弹出了“管理站点”对话框，其中显示了新建的站点，如图 20-7 所示。单击“完成”按钮，此时在“文件”面板中可以看到创建的站点文件。

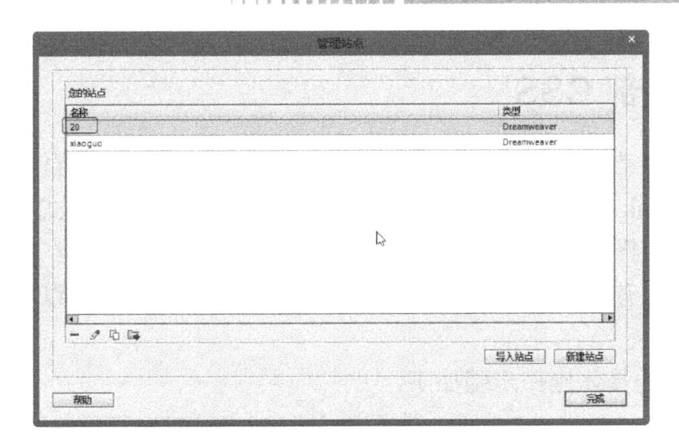

图 20-7　“管理站点”对话框

20.4　制作网站主页

本例的页面布局如图 20-8 所示。整个页面放在 templatemo_container 对象内，在 templatemo_container 对象内包括网站的左侧部分 templatemo_left_column 和右侧正文内容部分 templatemo_right_column，网页的版权信息放在 templatemo_copyright 对象内。

下面就来具体分析和介绍这个网站主页的完整设计过程。需要说明的是，希望通过这个案例的演示，使读者不但能够了解一些技术细节，而且能够掌握一套遵从 Web 标准的网页设计流程。

图 20-8　网站页面布局

20.4.1 导入外部 CSS

导入外部样式表是把样式表保存为一个样式表文件，然后在页面中用 link 标记到这个样式表文件，这个 link 标记必须放到页面的 head 区内。一个外部样式表文件可以应用于多个页面。当改变这个样式表文件时，所有页面的样式都随之而改变。在制作大量相同样式页面的网站时，非常有用，不仅减少了重复的工作量，而且有利于以后的修改，浏览时也减少了重复下载代码。

导入外部 CSS 的具体操作步骤如下。

(1) 启动 Dreamweaver CC 软件，选择“文件”|“新建”菜单命令，弹出“新建文档”对话框，在该对话框中选择“空白页”| HTML |“无”选项，如图 20-9 所示，单击“创建”按钮，新建空白文档。

(2) 选择“文件”|“保存”菜单命令，弹出“另存为”对话框，在该对话框中的“文件名”文本框中输入 index，如图 20-10 所示。

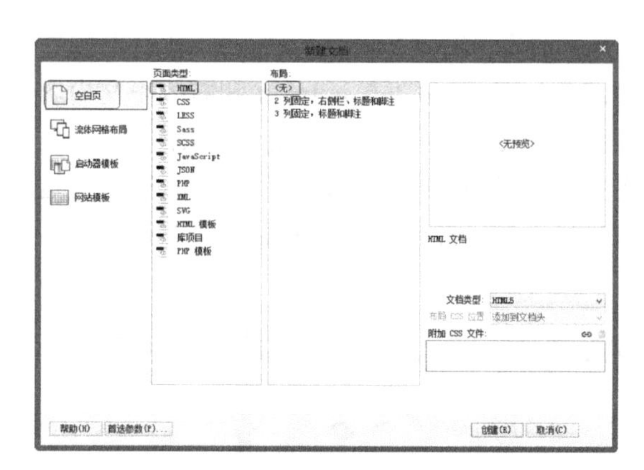

图 20-9 “新建文档”对话框

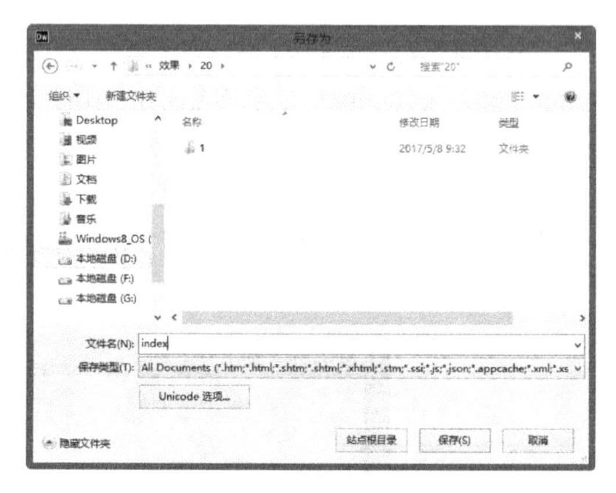

图 20-10 “另存为”对话框

(3) 单击“保存”按钮，保存文档，如图 20-11 所示。

图 20-11 保存文档

(4) 选择“格式”|“CSS 样式”|“附加样式表”菜单命令，弹出“链接外部样式表”对话框，在该对话框中单击“文件/URL”文本框右边的“浏览”按钮，如图 20-12 所示。

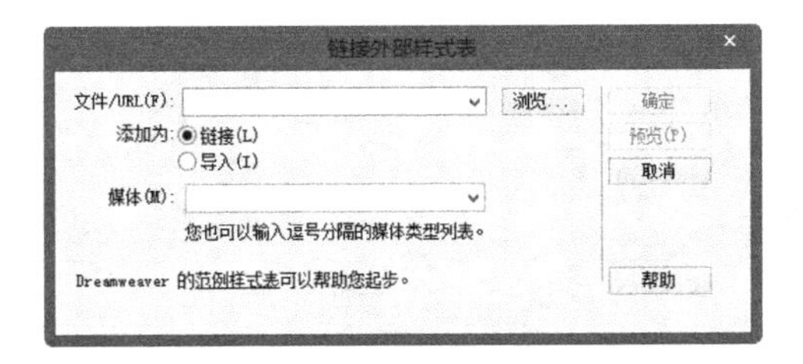

图 20-12　“链接外部样式表”对话框

(5) 弹出“选择样式表文件”对话框，在该对话框中选择 style.css，如图 20-13 所示。

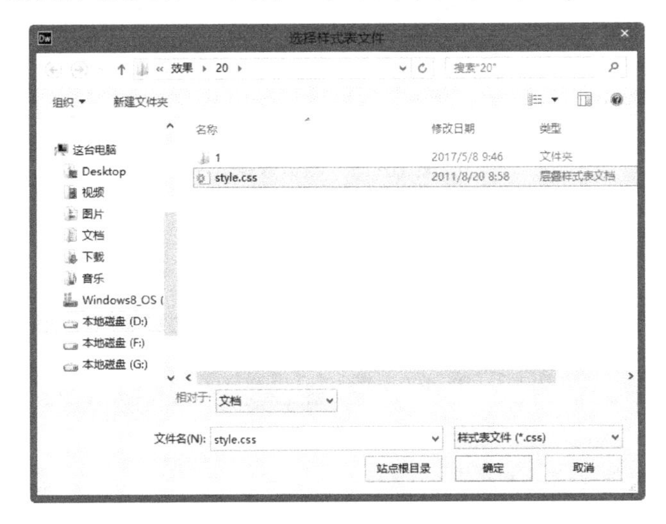

图 20-13　“选择样式表文件”对话框

(6) 单击“确定”按钮，添加外部 CSS 样式表，其代码如下，如图 20-14 所示。

```
<link href="style.css" rel="stylesheet" type="text/css">
```

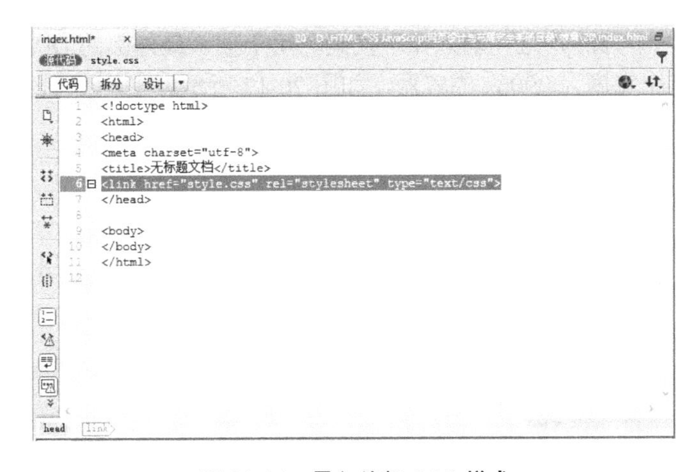

图 20-14　导入外部 CSS 样式

(7) 此时，可以看到网页效果如图 20-15 所示，网页有个棕色的背景图像。

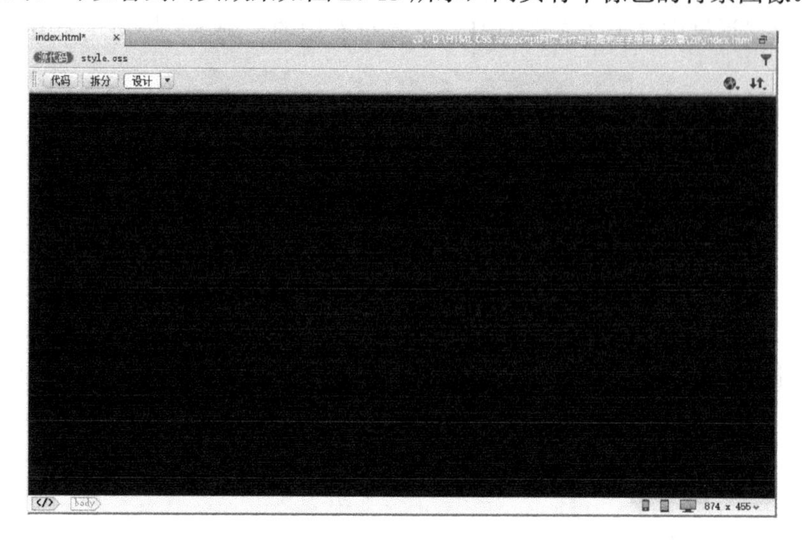

图 20-15 网页效果

20.4.2 制作顶部导航部分

页面顶部导航部分的效果如图 20-16 所示。具体制作步骤如下。

图 20-16 页面顶部导航部分的效果

(1) 在<body>与</body>之间输入如下代码，用于插入最外部的 DIV。插入 menu 后，可以看到页面中有个宽度为 990px 的容器，如图 20-17 所示。

```
<div class="menu">
  <!-- 主体导航开始 -->
 </div>
```

(2) 在 index 文档的 menu 内，插入导航文本，如图 20-18 所示，用于放置导航部分内容。代码如下：

```
<li><a href="#">首页</a></li>
<li class="line"></li>
<li><a href="jj.html">个人相册</a></li>
<li class="line"></li>
<li><a href="js.html">个人介绍</a></li>
```

```
<li class="line"></li>
<li><a href="sy.html">生活碎语</a></li>
<li class="line"></li>
<li><a href="ls.html">个人动态</a></li>
<li class="line"></li>
<li><a href="ly.html">欢迎留言</a></li>
<li class="line"></li>
<li><a href="lt.html">个人论坛</a></li>
<li class="line"></li>
<li><a href="lianxi.html">联系我们</a></li>
```

图 20-17　插入 menu 菜单

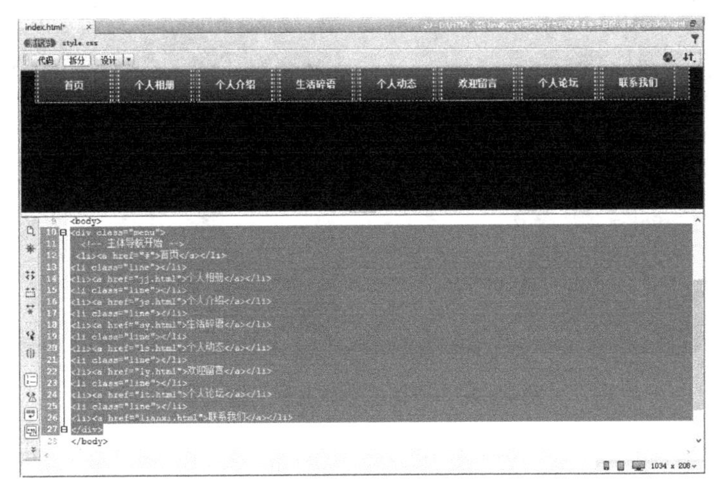

图 20-18　插入导航文本

(3)　在导航的文本下面插入 div 设置主题部分，插入 banner 图像，如图 20-19 所示。代码如下：

```
<div class="slider3"><!-- 主体幻灯开始 -->
<div class="content"><img src="images/1.jpg" width="1013"
height="266" alt=""/></div>
```

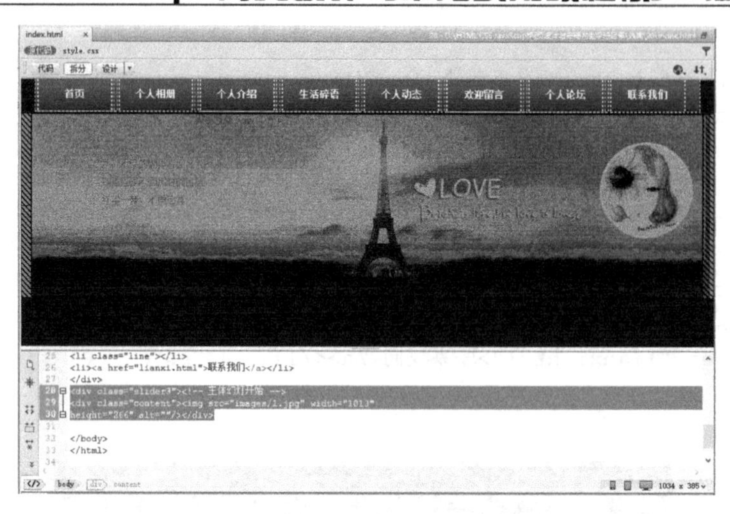

图 20-19　插入 banner 图像

20.4.3　制作正文部分

页面左侧正文部分的效果如图 20-20 所示。这部分主要是由一个导航和圆角表格的介绍文字组成。具体制作步骤如下。

图 20-20　页面左侧正文部分的效果

(1)　接上节的文档，定义容器 main_l，用来插入左侧分类导航，插入如下代码，如图 20-21 所示。

```
<div class="main_l">
  <!-- 主体左侧开始 -->
  <div class="leftbt">
    <div class="xwtxt">个人简介</div>
  </div>
</div>
```

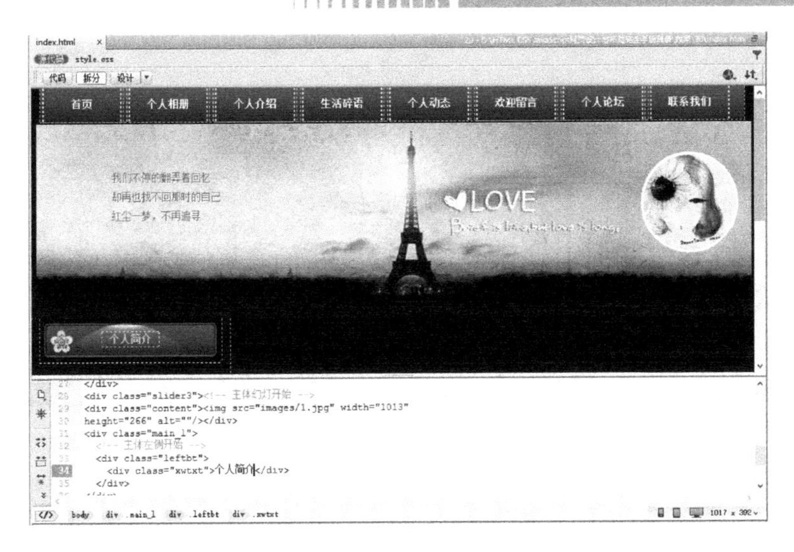

图 20-21　定义左侧内容

(2) 在左侧的内容中输入 div，设置个人简介文本，如图 20-22 所示。

```
<div class="leftbtnr">
<br>
我是一个认真工作，认真钻研，勇于创新的人。能熟练运用电脑，掌握一定的 office 办公软件，与老师与同学保持着紧密的关系，乐于帮助同学解决学习与生活上的麻烦，善于总结归纳，善于沟通，有良好的敬业作风和团队合作精神。已熟悉与掌握本专业的相关知识，在大学 4 年间学会刻苦耐劳，努力钻研，学以致用，这就是我们所追寻的宝藏。
</div>
```

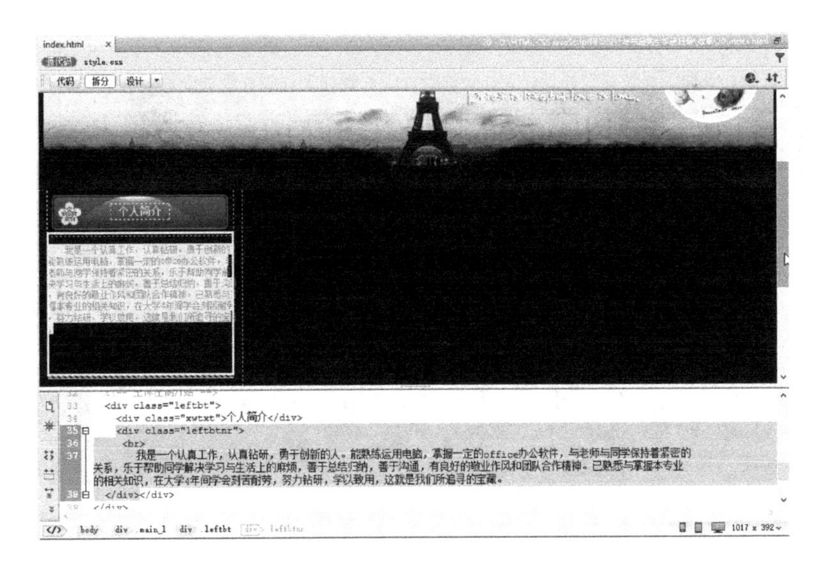

图 20-22　个人简介

(3) 输入如下代码，显示“联系我们”导航按钮，如图 20-23 所示。

```
<div class="leftbt">
<div class="xwtxt">联系我们</div>
```

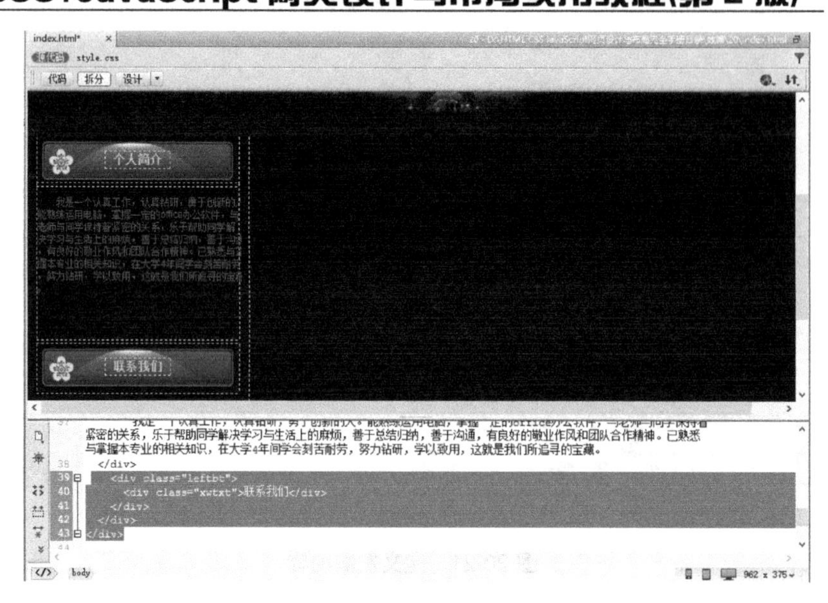

图 20-23　导航按钮

(4) 在 DIV 内输入如下代码，定义个人联系方式，如图 20-24 所示。

```
<div class="leftbtnr">
        <li><a href="#">联系人：萱萱</a></li>
        <li><a href="#">电话：0539－1234567</a></li>
        <li><a href="#">邮箱 xuan.com</a></li>
        <li><a href="#">客服 QQ：2909205663</a></li>
        <li><a href="#">地址：临沂金雀山路 157 号 </a></li>
</div>
```

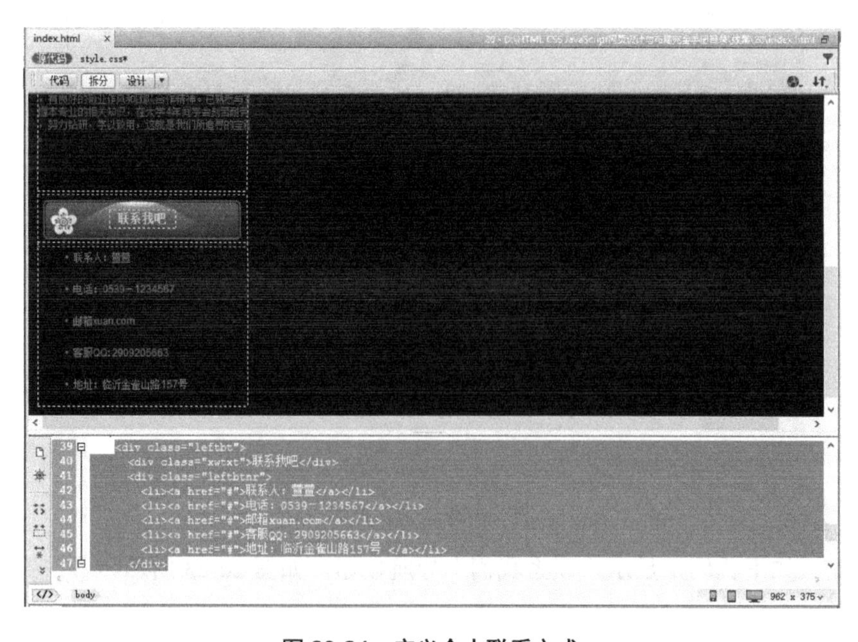

图 20-24　定义个人联系方式

(5) 在文档内输入如下代码，用来显示右侧的正文内容信息，如图 20-25 所示。

```
<div class="main_r">
 <!-- 主体右侧开始 -->
<div class="mbrbt">
<a href="gsjj.html"><img src="images/rbt.gif" border="0" /></a>
</div>
```

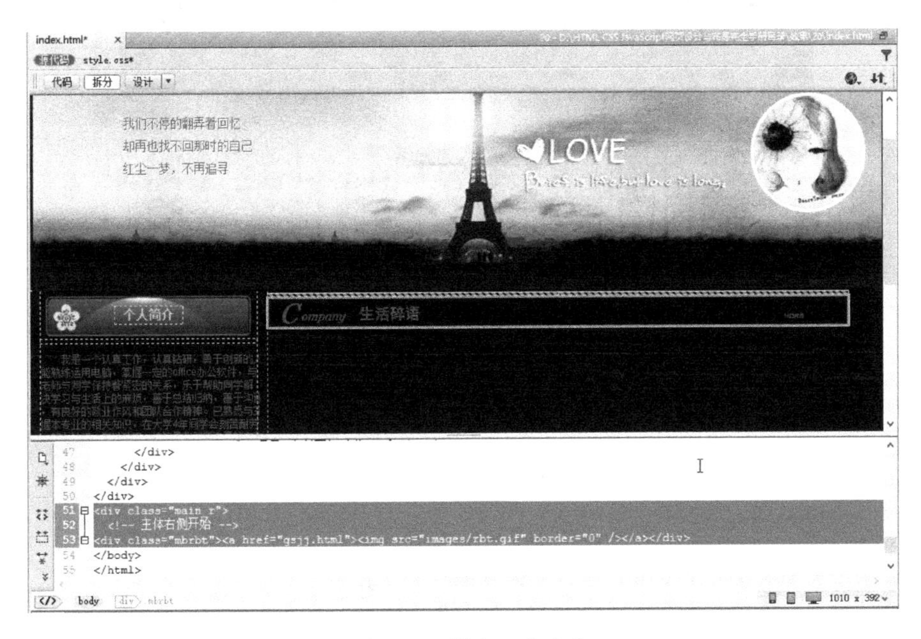

图 20-25　输入正文内容

(6) 输入如下代码，用来定义“生活碎语”正文内容的样式，如图 20-26 所示。

```
<div class="mbrnr">
<dt><img src="images/12.jpg" width="235" height="153" alt=""/></dt>
还记得那个深秋吗，当冷冷的风捎来彻骨的寒意，当落叶在这浊黄的季节里盈满你的双眼，那时候我们不懂得孤独。 挥别你的时候，我知道所有的故事已不会再来，就像走在那个寂寞的冬夜，心中盛满深深的无奈。 许多年以后我们都远远地离开了那个季节，我们想着最初的一片叶子，想着两个人的车站，那些不经意来去的人。
<br>
有的人你可能认识了一辈子却忽视了一辈子；有的人你也许只见了一面却影响了一生；有的人默默地守在你身边为你付出却被冷落；有的人无心的一个表情却成了你永恒的牵挂，我们常常是努力珍惜未得到的，而遗忘了已拥有的。不要向远方寻找幸福，它也许就在你的手中，你只要安然，握住。
</div>
```

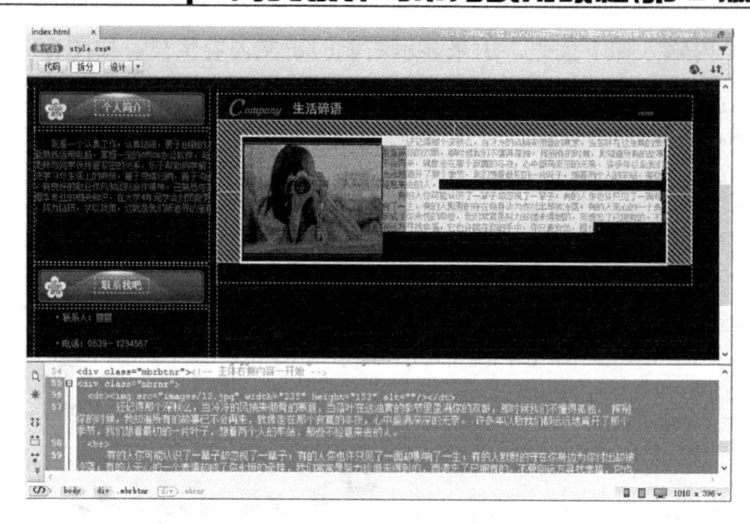

图 20-26　定义“生活碎语”正文内容

(7) 输入如下代码，用来定义“个人相册”的正文内容的样式，如图 20-27 所示。

```
<div class="mbrbt">
<a href="gcal.html"><img src="images/rbt2.gif" border="0" /></a>
</div>
<div class="mbrbtnr"><!-- 主体右侧内容二开始 -->
<div class="mbrnr">
<div class="mbgcal">
<img src="images/33.jpg" width="196" height="160" alt=""/>
<img src="images/31.jpg" width="196" height="160" alt=""/>
<img src="images/32.jpg" width="196" height="160" alt=""/>
</div>
</div>
</div><!-- 主体右侧内容二结束 -->
</div><!-- 主体右侧结束 -->
</div><!-- 主体内容结束 -->
```

图 20-27　定义“个人相册”正文内容

20.4.4　制作底部版权部分

底部版权部分的效果如图 20-28 所示，这部分主要是网站的版权介绍文字。具体制作步骤如下。

图 20-28　底部版权部分的效果

在 index 文档中，首先插入 Div，输入如下代码，如图 20-29 所示。

```
<div class="foot" id="templatemo_copyright">Copyright © 2017 萱萱个人网站版权所有</div>
```

图 20-29　定义 templatemo_copyright 样式

20.5　本 章 小 结

本章主要介绍了个人网站前期需要考虑的问题、个人网站分类、个人网站色彩搭配与结构设计、个人网站结构规划、个人网站主页的布局与制作。并且以具体案例介绍了个人网站的设计与实现过程。

页面结构的分析方法，只有在正确地分析出布局结构，然后画出结构示意图，才能正确地进行下一步编写代码的工作。如果读者希望透彻地理解和掌握本章的内容，就需要反复多实验几次，彻底地把它们搞清楚。

20.6 练 习 题

根据本章所学的知识，布局一个如图 20-30 所示的网页。

图 20-30 网页效果

第 21 章　公司宣传网站的布局

本章要点

企业在网上形象的树立已成为企业宣传的重点，越来越多的企业更加重视自己的网站。企业通过对企业信息的系统介绍，让浏览者了解企业所提供的产品和服务，并通过有效的在线交流方式搭起客户与企业间的桥梁。企业网站的建设能够提高企业的形象和吸引更多的人关注公司，以获得更大的发展。本章主要内容包括：

(1)　企业网站设计概述；

(2)　企业网站结构设计；

(3)　企业网站设计制作。

21.1　企业网站设计指南

企业网站是商业性和艺术性的结合，同时它也是一个企业文化的载体，通过视觉元素，承接企业的文化和企业的品牌。制作企业网站通常需要根据企业所处的行业、企业自身的特点、企业的主要客户群，以及企业最全的资讯等信息，才能制作出适合企业特点的网站。

21.1.1　企业网站的主要功能

一般企业网站主要有以下功能。

(1)　公司概况。包括公司背景、发展历史、主要业绩、经营理念、经营目标及组织结构等，让用户对公司的情况有一个概括的了解。

(2)　企业新闻动态。可以利用互联网的信息传播优势，构建一个企业新闻发布平台，通过建立一个新闻发布/管理系统，企业信息发布与管理将变得简单、迅速，能够及时通过互联网发布本企业的新闻、公告等信息。通过公司动态可以让用户了解公司的发展动向，加深对公司的印象，从而达到展示企业实力和形象的目的。

(3)　产品展示。如果企业提供多种产品服务，利用产品展示系统对产品进行系统的管理，包括产品的添加与删除、产品类别的添加与删除、特价产品和最新产品、推荐产品的管理、产品的快速搜索等。可以方便高效地管理网上产品，为网上客户提供一个全面的产品展示平台。更重要的是，网站可以通过某种方式建立起与客户的有效沟通，更好地与客户进行对话，收集反馈信息，从而改进产品质量和提高服务水平。

(4)　产品搜索。如果公司产品比较多，无法在简单的目录中全部列出，而且经常有产品升级换代，为了让用户能够方便地找到所需要的产品，除了设计详细的分级目录之外，增加关键词搜索功能不失为有效的措施。

(5) 网上招聘。这也是网络应用的一个重要方面。网上招聘系统可以根据企业自身特点，建立一个企业网络人才库。人才库对外可以进行在线网络即时招聘，对内可以方便管理人员对招聘信息和应聘人员的管理，同时人才库可以为企业储备人才，为日后需要时使用。

(6) 销售网络。目前用户直接在网站订货的并不多，但网上看货网下购买的现象比较普遍，尤其是价格比较贵重或销售渠道比较少的商品，用户通常喜欢通过网络获取足够信息后在本地的实体商场购买。因此，尽可能详尽地告诉用户在什么地方可以买到他所需要的产品。

(7) 售后服务。有关质量保证条款、售后服务措施，以及各地售后服务的联系方式等都是用户比较关心的信息。而且，是否可以在本地获得售后服务往往是影响用户购买决策的重要因素，对于这些信息应该尽可能详细地提供。

(8) 技术支持。这一点对于生产或销售高科技产品的公司尤为重要。网站上除了产品说明书之外，企业还应该将用户关心的技术问题及其答案公布在网上，如一些常见故障处理、产品的驱动程序、软件工具的版本等信息资料，可以用在线提问或常见问题回答的方式体现。

(9) 联系信息。网站上应该提供足够详尽的联系信息，除了公司的地址、电话、传真、邮政编码、网管 E-mail 地址等基本信息之外，最好能详细地列出客户或者业务伙伴可能需要联系的具体部门的联系方式。对于有分支机构的企业，同时还应当有各地分支机构的联系方式，在为用户提供方便的同时，也起到了对各地业务的支持作用。

(10) 辅助信息。有时由于企业产品比较少，网页内容显得有些单调，可以通过增加一些辅助信息来弥补这种不足。辅助信息的内容比较广泛，可以是本公司、合作伙伴、经销商或用户的一些相关新闻、趣事，或产品保养、维修常识等。

21.1.2 色彩搭配与风格设计

企业网站给人的第一印象是网站的色彩，因此确定网站的色彩搭配是相当重要的一步。一般来说，一个网站的标准色彩不应超过 3 种，太多则让人眼花缭乱。标准色彩用于网站的标志、标题、导航栏和主色块，给人以整体统一的感觉。至于其他色彩在网站中也可以使用，但只能作为点缀和衬托，绝不能喧宾夺主。

绿色在企业网站中也是使用较多的一种色彩。在使用绿色作为企业网站的主色调时，通常会使用渐变色过渡，使页面具有立体的空间感。

企业网站主要功能是向消费者传递信息，因此在页面结构设计上无须太过花哨。标新立异的设计和布局未必适合企业网站，企业网站更应该注重商务性与实用性。

在设计企业网站时，要采用统一的风格和结构来把各页面组织在一起。所选择的颜色、字体、图形及页面布局应能传达给用户一个形象化的主题，并引导他们去关注站点的内容。

风格是指站点的整体形象给浏览者的综合感受。包括站点的 CI 标志、色彩、字体、标语、版面布局、浏览方式、内容价值、存在意义、站点荣誉等诸多因素。

企业网站的风格体现在企业的 Logo、CI、企业的用色等多方面。企业用什么样的色调，用什么样的 CI，是区别于其他企业的一种重要手段。如果风格设计得不好会对客户造成不良影响。

通过以下步骤可以树立网站风格。

(1) 首先，必须保证内容的质量和价值性。

(2) 其次，需要搞清楚自己希望网站给人的印象是什么。

(3) 在明确自己的网站印象后，建立和加强这种印象。需要进一步找出其中最有特点的东西，就是最能体现网站风格的东西。并作为网站的特色加以重点强化宣传。如再次审查网站名称、域名、栏目名称是否符合这种个性，是否易记。审查网站标准色彩是否容易联想到这种特色，是否能体现网站的风格等。具体包括以下几个方面。

① 让标志 Logo 尽可能地出现在每个页面上。

② 突出标准色彩。文字的链接色彩、图片的主色彩、背景色、边框等尽量使用与标准色彩一致的色彩。

③ 突出标准字体。在关键的标题、菜单、图片里使用统一的标准字体。

④ 想好宣传标语，把它加入 Banner 里，或者放在醒目的位置，突出网站的特色。

⑤ 使用统一的语气和人称。

⑥ 使用统一的图片处理效果。

⑦ 创造网站特有的符号或图标。

⑧ 展示网站的荣誉和成功作品。

总之，对企业网站从设计风格上进行创新，需要多方面元素的配合，如页面色彩构成、图片布局、内容安排等。这需要用不同的设计手法表现出页面的视觉效果。

21.2　分 析 架 构

CSS 布局的最终目的是搭建完善的整站页面架构，通过新的符合 Web 标准的构建形式来提高网站设计的效率、可用性及其他实质性的优势。

21.2.1　内容分析

首先要思考一个问题，设计制作一个网站的第一步是什么？在 Photoshop 或者 Fireworks 等美工软件中绘制页面的效果吗？

答案是：先想清楚这个网站的内容是什么，通过一个网页要传达给访问者什么信息，这些信息中哪些是最重要的，哪些是相对比较重要的，哪些是次要的，以及这些信息应该如何组织。

也就是说，设计一个网页的第一步根本不是这个页面的样子，而是这个网页的内容。作为网站核心的首页是网站访问量最大之处，也是一个复杂的引导用户走向的导向页，结构设计的好坏直接影响到二级频道的访问量。如图 21-1 所示是本例制作的网站首页。

图 21-1　网站主页

21.2.2　HTML 结构设计

在理解了网站的基础上，我们开始搭建网站的内容结构。现在完全不要管 CSS，而是完全从网页的内容出发，根据上面列出的要点，通过 HTML 搭建出网页的内容结构。如图 21-2 所示是搭建的 HTML 在没有使用任何 CSS 设置的情况下，使用浏览器观察的效果。

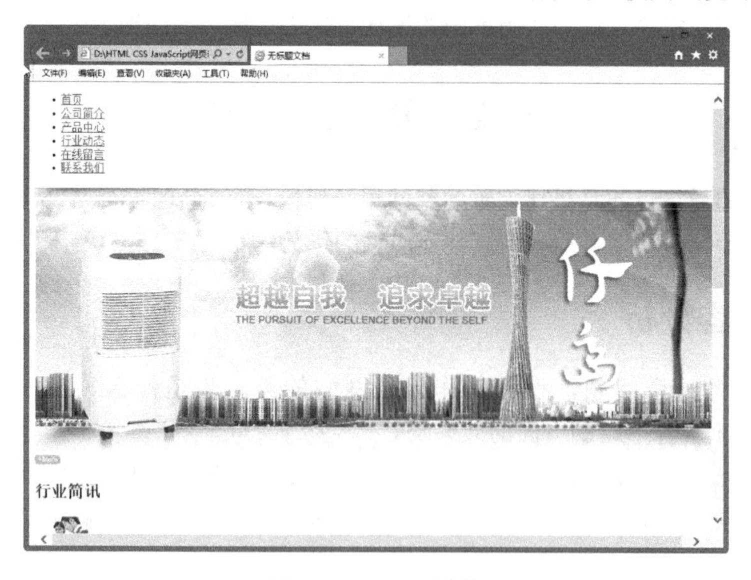

图 21-2　HTML 结构

提示： 提示读者一点，任何一个页面，应该尽可能保证在不使用 CSS 的情况下，依然保持良好的结构和可读性。这不仅仅对访问者很有帮助，而且有助于网站被百度等搜索引擎了解和收录，这对于提升网站访问量是至关重要的。

其页面中的 HTML 框架代码如下：

```
<div id="wrapper">
  <div id="inner">
    <div id="topnav"></div>
    <ul id="nav"></ul>
  <div id="leftcol">
      <div id="searchbox"></div>
      <div id="special"></div>
  </div>
    <h2></h2>
    <div id="news"></div>
    <div id="houses"></div>
   <div class="clear" id="footer">
   </div>
  </div>
</div>
```

21.3　各模块设计

整理好页面的框架后，就可以利用 CSS 对各个板块进行定位，实现对页面的整体规划，然后再往各个板块添加内容。

21.3.1　布局设计

下面使用 Dreamweaver 布局页面。具体操作步骤如下。

(1) 启动 Dreamweaver CC，选择“文件”|“新建”菜单命令，弹出“新建文档”对话框，在该对话框中选择“空白页”| HTML |“无”选项，如图 21-3 所示，单击“创建”按钮，新建名称为 index.htm 的空白文档。

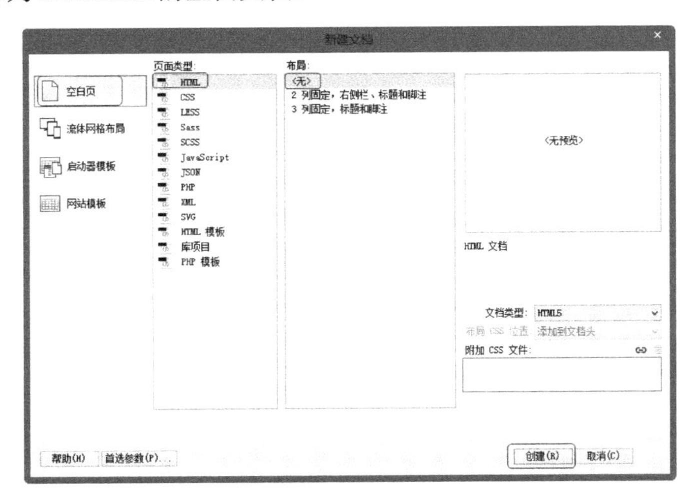

图 21-3　新建文档

(2) 将光标置于页面中，选择“插入”|“Div 标签”菜单命令，弹出“插入 Div”对话框，在该对话框中的“插入”下拉列表框中选择“在标签开始之后”选项，在其后的下拉列表框中选择<body>，表示新插入的 Div 对象放置在 body 标签之后，ID 设置框中输入 wrapper，如图 21-4 所示。单击“确定”按钮，插入#wrapper 对象。此时在 Dreamweaver 中的效果如图 21-5 所示。

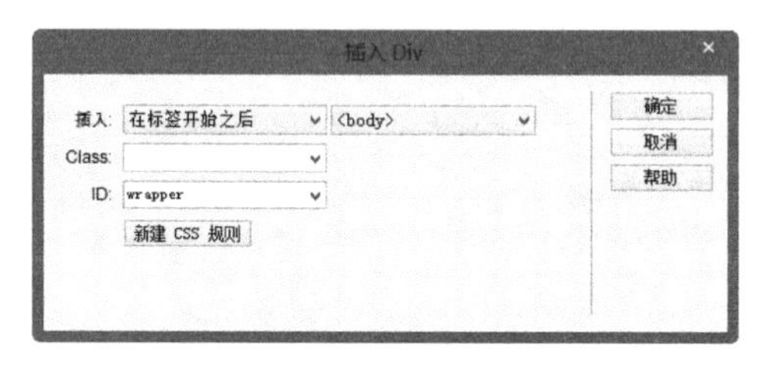

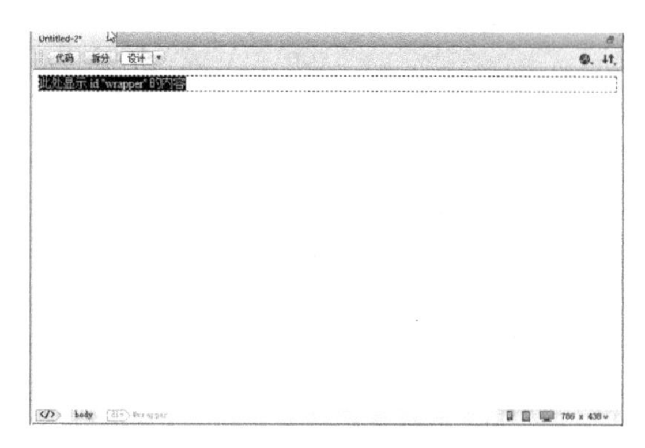

图 21-4　插入#wrapper 对象　　　　图 21-5　插入#wrapper 对象的效果

(3) 将光标置于#wrapper 对象之后，选择“插入”|“布局对象”|“Div 标签”菜单命令，弹出“插入 Div”对话框，在该对话框中的“插入”下拉列表框中选择“在标签后”选项，在其后的下拉列表框中选择“<div id="wrapper">”选项，表示新插入的 Div 对象放置在# wrapper 对象之后，在 ID 下拉列表框中输入 inner，如图 21-6 所示。单击“确定”按钮，插入#inner 对象。

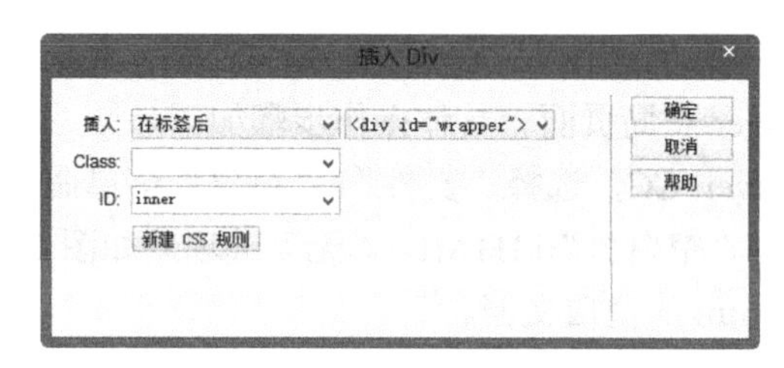

图 21-6　插入#inner 对象

(4) 使用同样的方法插入其他 Div 对象，上面布局的 HTML 代码如下：

```
<div id="wrapper">
  <div id="inner">
    <div id="topnav"></div>
    <ul id="nav"></ul>
  <div id="leftcol">
      <div id="searchbox"></div>
      <div id="special"></div>
  </div>
    <h2></h2>
    <div id="news"></div>
    <div id="houses"></div>
   <div class="clear" id="footer">
```

```
    </div>
  </div>
</div>
```

21.3.2　制作页头部分

下面开始对页头部分进行讲述，如图 21-7 所示。这部分主要是网站的 Logo 图片和网站的 Home 和 Contact 图片。

图 21-7　页头部分

(1) 新建文档，在 head 中输入如下 HTML 代码，用来导入 CSS 代码，如图 21-8 所示。

```
<link href="images/style.css" rel="stylesheet" type="text/css">
```

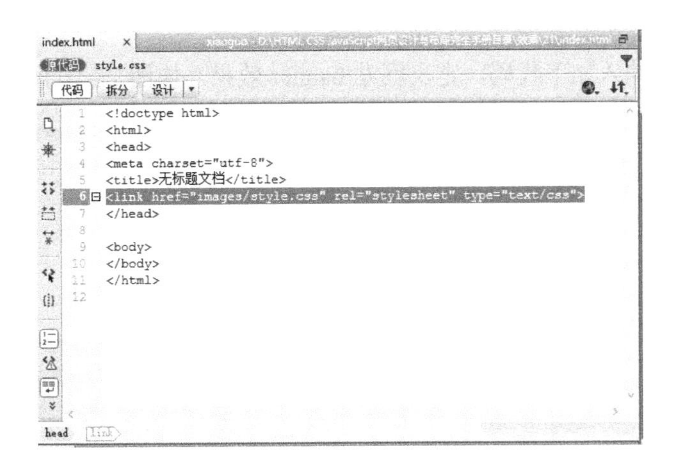

图 21-8　导入 CSS 代码

(2) 在 index 文档中，头部导航部分的 HTML 代码如下，如图 21-9 所示。

```
<div class="top">
  <div class="f_l" id="nav">
    <ul>
      <li><a href="index1.asp">首页</a></li>
      <li><a href="channel.asp?channelid=1">公司简介</a></li>
      <li><a href="product.asp">产品中心</a></li>
      <li><a href="article.asp">行业动态</a></li>
```

```
    <li><a href="bookwrite.asp">在线留言</a></li>
    <li><a href="channel.asp?channelid=2">联系我们</a></li>
  </ul>
 </div>
 <div class="search f_r"></div>
 <div class="clear"></div>
</div>
```

首页　公司简介　产品中心　行业动态　在线留言　联系我们

```
9  <DIV class="top">
10   <DIV class="f_l" id="nav">
11     <UL>
12       <LI><A href="index1.asp">首页</A></LI>
13       <LI><A href="Channel.asp?Channelid=1">公司简介</A></LI>
14       <LI><A href="product.asp">产品中心</A></LI>
15       <LI><A href="Article.asp">行业动态</A></LI>
16       <LI><A href="bookwrite.asp">在线留言</A></LI>
17       <LI><A
18 href="Channel.asp?Channelid=2">联系我们</A></LI>
19     </UL>
20   </DIV>
21   <DIV class="search f_r"></DIV>
22   <DIV class="clear"></DIV>
23 </DIV>
24 </body>
```

图 21-9　头部导航部分的 HTML 代码

(3) 在 Div 内输入如下代码，定义网站 banner 效果，如图 21-10 所示。

```
<div class="nav_bg wrap"><img alt="navbg" src="images/nav_bot.jpg"></div>
<div class="banner wrap"><img alt="navbg" src="images/banner.jpg"></div>
<div class="clear"></div>
</div>
```

图 21-10　定义网站 banner

21.3.3　制作网页正文部分

下面制作网页正文部分，如图 21-11 所示。

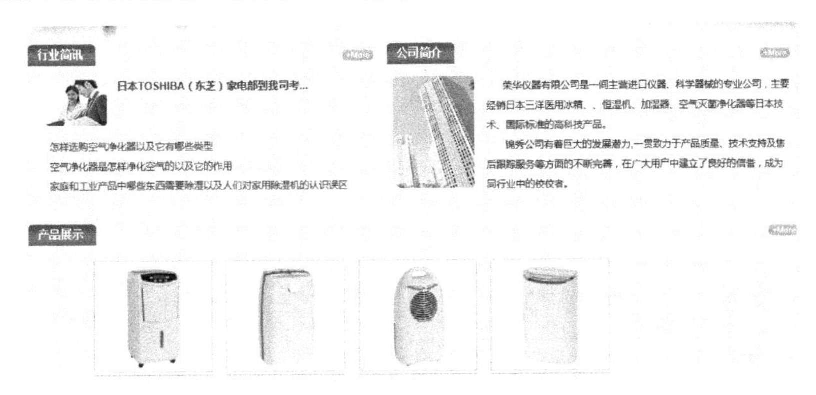

图 21-11　网页正文部分

(1) 在 index 文档中，左侧部分的 HTML 代码如下，如图 21-12 所示。

```
<div class="f_l" id="left_sidebar">
 <div class="title1"><span class="f_r more"><a href="/article.asp"><img
alt="more" src="images/more.jpg"></a></span>
   <h2>行业简讯</h2>
 </div>
 <div class="news">
   <div class="news11">
     <dl>
       <dt><img alt="images" src="images/newss.jpg"
 border="0"></dt>
       <span>
      <dt><a title="日本 toshiba(东芝)家电部到我司考察" href=
"/articleshow.asp?artid=48">日本 TOSHIBA(东芝)家电部到我司考...</a></dt>
       </span> <span>
      <dd><a title="日本 toshiba(东芝)家电部到我司考察"
href="/articleshow.asp?artid=48"></a></dd>
      </span>
     </dl>
   </div>
   <div class="clear"></div>
   <div class="news111">
     <ul>
    <li><a title="怎样选购空气净化器以及它有哪些类型"
href="/articleshow.asp?artid=47">怎样选购空气净化器以及它有哪些类型</a></li>
   <li><a title="空气净化器是怎样净化空气的以及它的作用"
href="/articleshow.asp?artid=46">空气净化器是怎样净化空气的以及它的作用
</a></li>
```

```
    <li><a title="家庭和工业产品中哪些东西需要除湿以及人们对家用除湿机的认识误区"
href="/articleshow.asp?artid=45">家庭和工业产品中哪些东西需要除湿以及人们对家用
除湿机的认识误区</a></li>
      </ul>
    </div>
  </div>
</div>
```

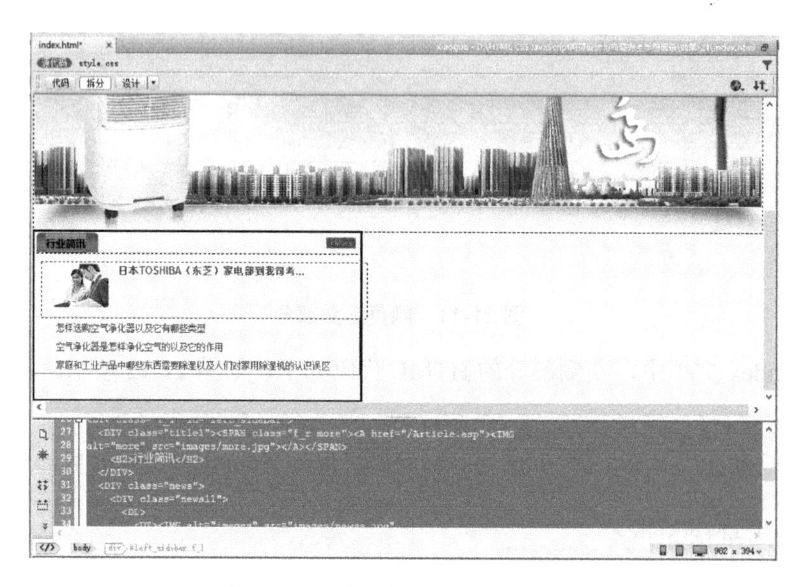

图 21-12　左侧部分的 HTML 代码

(2)　在 DIV 内输入如下代码，定义右侧部分的元素样式，如图 21-13 所示。

```
<dt><img alt="more" src="images/about.jpg"></dt>
 <dd>
 <p>      荣华仪器有限公司是一间主营进口仪器、科
学器械的专业公司，主要经销日本三洋医用冰箱、仟岛除湿机、恒湿机、加湿器、空气灭菌净化器
等日本技术、国际标准的高科技产品。<br>
       公司有着巨大的发展潜力，一贯致力于产
品质量、技术支持及售后跟踪服务等方面的不断完善，在广大用户中建立了良好的信誉，成为同行
业中的佼佼者。</p>
</dd>
</dl>
</div>
</div>
```

(3)　在 DIV 内输入如下代码，定义产品展示导航元素样式，如图 21-14 所示。

```
<li><span class="f_r more"><a href="http://product.asp">
<img alt="more" src="images/more.jpg"></a></span>
  <p>产品展示</p>
</li>
```

图 21-13　定义右侧部分的元素样式

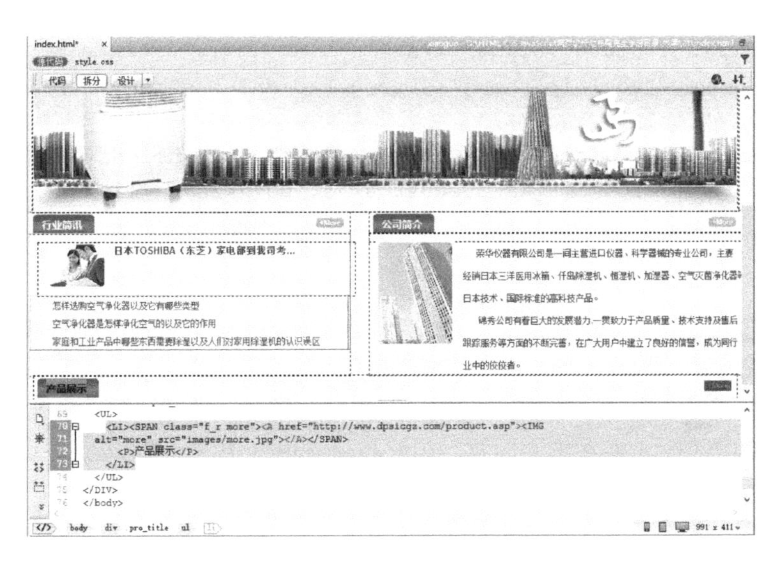

图 21-14　定义产品展示导航元素样式

(4) 在 DIV 内输入如下代码，定义产品展示内容元素样式，如图 21-15 所示。

```
<div class="product_list wrap">
  <div id="iproduct"><a class="arrleft" id="carleft"
href="/index1.asp#"></a><a
class="arrright" id="carright" href="/index1.asp#"></a>
  <div id="iloop"><a
onmouseover="tooltip.show('<strong>bd-1233</strong>');"
onmouseout="tooltip.hide();" href="/productshow.asp?picid=82"><img
width="83" height="129" alt="bd-1233" src="images/s01001000_82.jpg"></a>
<a onmouseover="tooltip.show('<strong>bd-1220</strong>');"
onmouseout="tooltip.hide();" href="/productshow.asp?picid=81"><img
width="83" height="129" alt="bd-1220" src="images/s01001000_81.jpg"></a>
```

```
<a onmouseover="tooltip.show('<strong>bd-1210</strong>');"
onmouseout="tooltip.hide();" href="/productshow.asp?picid=80"><img
width="83" height="129" alt="bd-1210" src="images/s01001000_80.jpg"></a>
<a onmouseover="tooltip.show('<strong>bd-1216</strong>');"
onmouseout="tooltip.hide();" href="/productshow.asp?picid=79"><img
width="83" height="129" alt="bd-1216" src="images/s01001000_79.jpg"></a>
<a onmouseover="tooltip.show('<strong>bd-1211</strong>');"
onmouseout="tooltip.hide();" href="/productshow.asp?picid=78"><img
width="83" height="129" alt="bd-1211" src="images/s01001000_78.jpg"></a>
<a onmouseover="tooltip.show('<strong>转轮除湿机 bd-100</strong>');"
onmouseout="tooltip.hide();" href="/productshow.asp?picid=77"><img
width="83" height="129" alt="转轮除湿机 bd-100"
src="images/s01001000_77.jpg"></a> <a
onmouseover="tooltip.show('<strong>rad-n63(h)</strong>');"
onmouseout="tooltip.hide();"
href="/productshow.asp?picid=76"><img width="83" height="129"
alt="rad-n63(h)"
src="images/s01001000_76.jpg"></a>
<a onmouseover="tooltip.show('<strong>rad-dn70</strong>');"
onmouseout="tooltip.hide();"
href="/productshow.asp?picid=75"><img width="83" height="129"
alt="rad-dn70" src="images/s01001000_75.jpg"></a> </div>
</div>
</div>
```

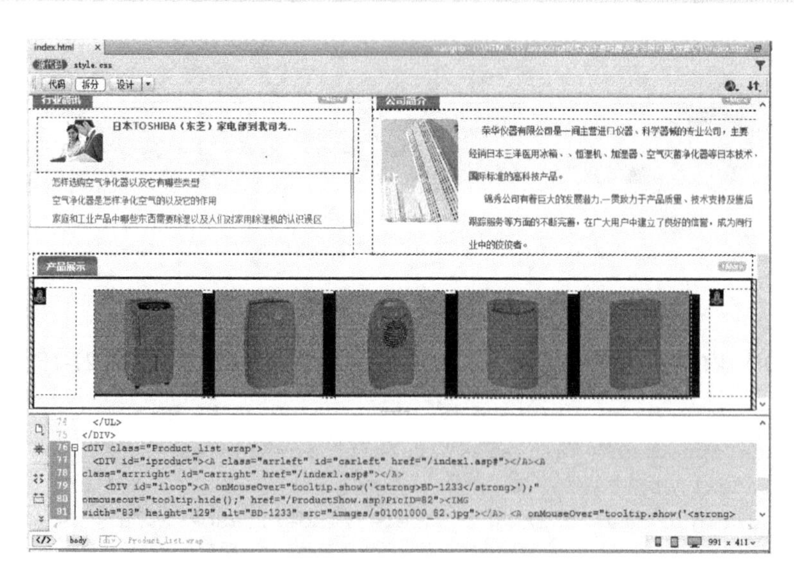

图 21-15　定义产品展示内容元素样式

21.3.4　制作网页版权部分

下面制作网页底部版权部分，如图 21-16 所示。

版权所有 Copyright © 2017 荣华仪器有限公司 All Rights Reserved 网站建设:三源网络

图 21-16　网页版权部分

(1) 在 html 文档中输入如下代码，来制作网页底部分割线，如图 21-17 所示。

```
<div class="foot_top wrap"><img alt="foot" src="images/foot_top.jpg"></div>
```

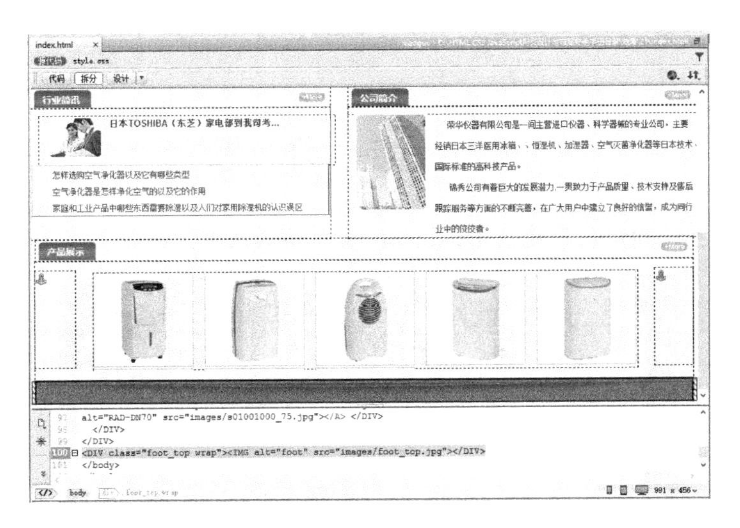

图 21-17　网页底部分割线

(2) 在 DIV 内输入如下代码，定义底部版权部分，如图 21-18 所示。

```
<div class="foot wrap">
  <ul>
  <li>版权所有 copyright © 2017 荣华仪器有限公司 all rights reserved  
  <a title="网站建设" href="http://www.xxx.com/">网站建设</a>:三源网络</li>
  </ul>
</div>
```

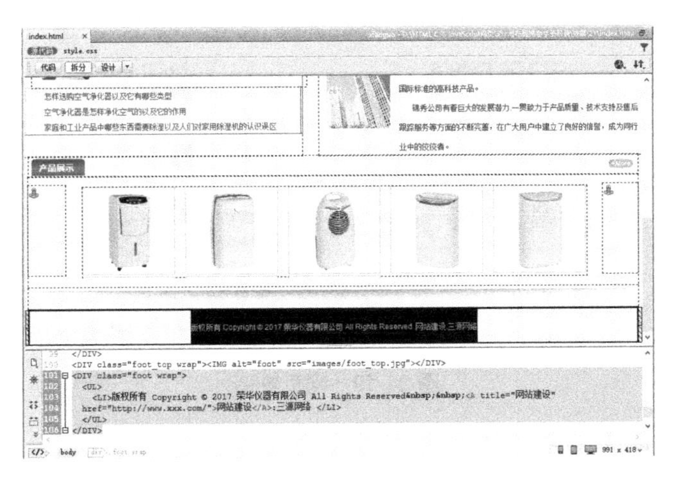

图 21-18　定义底部版权部分

21.4 本 章 小 结

网站就是企业的形象，是企业的一项无形资产。随着网络的普及与发展，企业在 Internet 上拥有自己的网站将是必然趋势，网上形象的树立将成为企业宣传产品和服务的关键。本章主要讲述了企业网站的主要功能、企业网站色彩搭配与风格设计、企业网站主页的分析架构、主页各模块设计布局。通过本章的学习能快速掌握企业网站建设的一些技巧和基本网站建设过程。

21.5 练 习 题

根据本章所学的知识，布局一个如图 21-19 所示的网页。

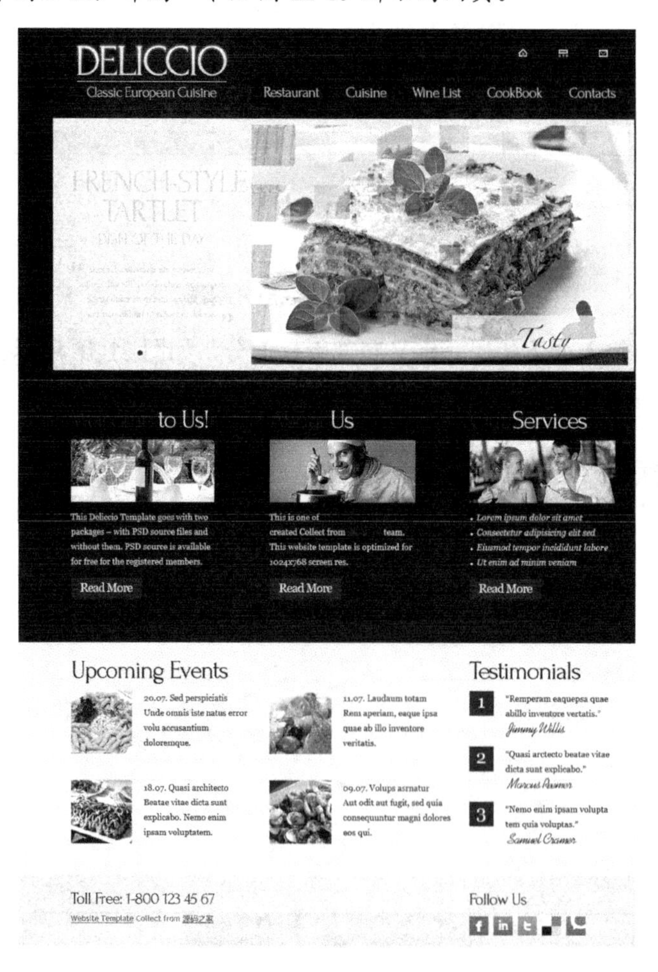

图 21-19　网页效果

附录　部分习题参考答案

第 1 章

填空题(1)<html>、</html>、<head>、<body>

(2)记事本、Dreamweaver、FrontPage

第 2 章

填空题(1)bgcolor、background

(2)<head>、</head>

(3)name、http-equiv、name

(4)<meta/>、http-equiv、content

第 3 章

填空题(1)<font>

(2)<p>、<p>、</p>

(3)nobr

(4)<hr>、marquee

第 4 章

填空题(1)GIF、JPEG、PNG

(2)img、border、

(3)embed、声音文件、视频文件

(4)bgsound、loop

第 5 章

填空题(1)<a>、</a>

(2)＃、href

(3)<form>、</form>、<form>、action、method

第 6 章

填空题(1)table、tr、td、<table>、</table>

(2)width、height

(3)<thead>、<tdoby>、<tfoot>

(4)<thead>、</thead>、背景颜色、文字对齐方式、文字的垂直对齐方式

第 7 章

填空题(1)双引号、单引号

(2)footer 元素

(3)time

第 8 章

填空题(1)article 元素

(2)多

(3)headering 元素

(4)h1～h6

第 9 章

填空题(1)属性

(2)标签选择器、类选择器、ID 选择器

(3)链接方式、行内方式、导入样式、内嵌样式

第 10 章

填空题(1)font-family、font-family_

(2)font-size

(3)font-variant

(4)text-decoration

第 11 章

填空题(1)bgcolor、background-color

(2)图像和文字的混合排版

第 12 章

填空题(1)单元格、行、列、行、列、单元格

(2)color、background

(3)表单界面、处理表单数据的程序

第 13 章

填空题(1)从一个网页或文件到另一个网页或文件

(2)绝对路径、文档相对路径
(3)link、visited、active、hover
(4)设计单列的菜单列表

第 14 章

填空题(1)XHTML、XML、CSS
(2)<div>、<Span>
(3)边界(margin)、边框(border)、填充(padding)
(4)static、absolute、fixed、relative

第 15 章

填空题(1)<div>、CSS
(2)Banner、主体内容(content)、菜单导航(links)、脚注(footer)

第 17 章

填空题(1)<script>
(2)true、false
(3)for
(4)switch、switch

第 18 章

填空题(1)完成按下鼠标键并释放这一个完整的过程后
(2)Select
(3)onMouseOut、onMouseOver

第 19 章

填空题(1)以变量的方式定义函数
(2)函数与外界交换数据的接口
(3)时间对象 Date、数学对象 Math、字符串对象 String、数组对象 Array
(4)窗口对象